书山有路勤为径，优质资源伴你行
注册世纪波学院会员，享精品图书增值服务

不止
DeepSeek！

王林 何平 郭龙 · 著

职场AI效率提升
一本通

电子工业出版社

Publishing House of Electronics Industry

北京 · BEIJING

图书在版编目（CIP）数据

不止 DeepSeek！ ：职场 AI 效率提升一本通 / 王林，
何平，郭龙著 . -- 北京 ：电子工业出版社，2025. 5.
ISBN 978-7-121-50169-2

Ⅰ．TP18

中国国家版本馆 CIP 数据核字第 20259XS005 号

责任编辑：杨洪军
印　　刷：三河市良远印务有限公司
装　　订：三河市良远印务有限公司
出版发行：电子工业出版社
　　　　　北京市海淀区万寿路173信箱　　邮编100036
开　　本：720×1000　1/16　　印张：17.5　　字数：392千字
版　　次：2025年5月第1版
印　　次：2025年5月第1次印刷
定　　价：69.00元

凡所购买电子工业出版社图书有缺损问题，请向购买书店调换。若书店售缺，请与本社
发行部联系，联系及邮购电话：（010）88254888，88258888。
质量投诉请发邮件至zlts@phei.com.cn，盗版侵权举报请发邮件至dbqq@phei.com.cn。
本书咨询联系方式：（010）88254199，sjb@phei.com.cn。

赞誉[1]

AI重构生产力，何平老师（作者之一）凭借敏锐的洞察力捕捉市场风向，亲身投入实践，最终聚焦于"职场AI效率提升"，与团队携手重构敏捷工作流，淬炼并验证人机协同新范式。我期待与你一同让智识双翼共振，开启人机共生新纪元。

——陈丽　沃思创新研究院发起人，连锁餐企AI创新实践者

在AI重塑职场的浪潮中，这本书堪称一部实战宝典。王林（作者之一）凭借深厚的专业积淀，将生成式AI与职场场景深度融合，从目标管理到创意策划，从数据分析到职业赋能，系统拆解了12大效能跃迁路径。书中既有"多快好神"的效率法则，更揭示了"人机协同"的底层逻辑，辅以大量真实案例与工具指南，助你将AI从概念转化为生产力。无论是初探AI的新手，还是寻求突破的资深人士，本书皆能为你打开一扇通向高效未来的大门。

——储君　AI创业导师，亿琪富品牌创始人，
畅销书《Excel极简思维》的作者

王林（作者之一）是将"长期主义"刻进DNA的实干派——八年如一日，5点起床，累计举办读书会40余期。他如同AI般精准可靠，做一事成一事，是身边公认的"靠谱天花板"。

作为AI领域深耕者，他所著的这本书不仅是职场人的效率指南，更是私域从业者的实战手册。如何突破职场与私域运营的瓶颈？书中系统拆解了如何用AI思维重构目标管理、加速学习转化、优化内容创作等核心场景，结合DeepSeek等工具落地实操，没有复杂理论，全是刚需场景的"拿来即用"方案。

——陈果儿　上市公司私域操盘手

1　按姓氏音序排列

热情推荐王林老师（作者之一）的新书。这本书以"多快好神"为内核，将AI与12大职场场景深度融合，既授工具又传心法，是每位职场人拥抱AI的实战指南。

作为文兜的CEO，我见证了王林老师带领文兜相关同事，将书中"知行合一"四步法注入文兜智写——这款获得用户高度评价的智能标书编写工具。更欣喜地看到他将文兜赋能企业和职场人的初心践行和深化，不仅在产品和服务上有所体现，还以一本兼具理论高度和实操方法的书的形式传递价值。

这本书源于实践，极具诚意。我推荐每一位追求"人机共生"的职场人以及需要释放企业生产力的企业领导者深度阅读，让AI从概念落地为你的核心竞争力！

——葛佳音　文兜CEO

使用DeepSeek就能解决职场效率问题？本书告诉我们，并非如此。真正的AI效率革命需要综合应用，系统思考。更值得思考的是，我们追求效率，到底是为了什么？不只是为了工作，更是为了让生活有更多可能，让心灵有更多空间。

——鹤竹子　AI写出我心全球发起人，
中国音乐学院人工智能应用实践课程导师

我推荐大家在阅读时，要思考自己所读的内容，并将其运用到实践中，帮助自己更好地理解事物，从而更快速地完成作业或工作。

——何行之　成都市菱窠路小学2022级学生

郭龙老师（作者之一）是我身边唯一一位文科学者对理工科痴迷的培训师。他对于工具的研究与应用令人佩服。最关键的是，郭龙老师能把AI工具和企业实际业务场景深度匹配，解决实际问题，提升可量化效率。这本书里潜藏着郭龙老师对AI+各种场景的洞见，是一本务实的AI手册。

——刘思玥（将军）　华为出身的高管演讲教练，
TEDX演讲教练

AI发展速度迅猛，只有躬身领域中的实干家才能写出理论与实践兼备的干货。本书三位作者既有AI产品创业者，又有AI领域的培训师，他们探索出的实战经验，值得边学边用，快速提升职场发展效能。

——梅俊　方寸智能副总裁，得到App
"如何用AI辅助高效写公文"课程主理人

作为一名讲AI的商业讲师，我深知在讲解前沿技术时，内容的实用性与落地性至关重要。王林老师（作者之一）的著作为我提供了不可多得的宝贵资源，其内容不仅理论扎实，而且操作简便、案例丰富。在商业交付过程中，王林老师提出的许多方法论与实战要点，帮助我将复杂的AI技术转化成易于理解和应用的知识架构，使我的课程更加生动、实用，客户反馈也极为优异。

书中详细阐述了生成式AI的工作原理、提示词工程和跨学科整合等关键技术，同时辅以真实案例和操作指南，真正做到了理论与实践的无缝对接。正是这些精心设计的内容，让我在面对各类商业应用时能够迅速找到解决方案，大大提高了工作效率和项目质量。

我由衷地认为，王林老师的这本书不仅适合AI初学者入门，也为资深从业者提供了进一步提升实战技能的路径。它使我在授课与商业交付中，能够更加自信地展示AI的魅力和商业价值。对于每一位希望在AI时代中获得突破和成长的同人，我都真诚推荐这本书，相信它一定会给你带来全新的启发和助力。

——孙林　AI商业讲师

郭龙老师（作者之一）有个"超能力"——他总能把高深的技术变成职场人踮脚就够得着的工具。合作多年，他给天元客户讲的AI课程好评如潮。本书延续了他"学为效用"的风格，全是好用的硬核招式。最佩服他两点：一是15年淬炼的"职场翻译力"，再复杂的概念到他手里都能变出几套新手操作指南；二是骨子里的利他劲儿，恨不得把压箱底的技巧都塞给你。与其说这是本书，不如说是他给职场人配了个随身AI军师——还是24小时待命、专治"卡壳焦虑"的那种！

——赵璐　天元鸿鼎董事长

何平老师（作者之一）是学习效率极高的人，连AI都难以望其项背。跟随他学习AI，你将获得一位随身秘书般的助力。作为教师，我也要跟上何平老师的步伐，了解AI，才能和学生共同与这位新朋友融洽相处。

——张雅文　IB（国际文凭组织）Visual Arts（视觉艺术）

Examiners（全球考官）

价值：击败你的不是 AI，而是懂 AI 的人

传统职场人的一天

早晨7:00，闹钟响起，林巧思睁开惺忪的双眼，开始了她作为一名市场营销专员的忙碌一天。匆匆洗漱后，她边吃早饭边查看邮件，脑海中已经开始盘算当天的工作安排。

8:30，林巧思到达办公室。她首先要做的是整理昨天的会议纪要。翻阅笔记本，回忆会议内容，整理成文档，这个过程花了将近一小时。接下来，她开始着手准备下周的产品发布会文案。面对空白的文档，林巧思一时不知从何下手。她花了20分钟浏览竞品的宣传材料，试图寻找灵感。

11:00，主管突然要求林巧思准备一份上个季度的销售数据分析报告，15:00之前交付。林巧思匆忙打开Excel，开始整理庞大的数据表格。数据处理和分析占用了她大部分的午餐时间。

下午，林巧思继续与数字搏斗，努力从中提炼出有价值的洞见。然而，面对如此多的数据，她感到有些力不从心。报告勉强在截止时间前完成，但林巧思对质量并不满意。

16:30，林巧思终于有时间继续撰写产品发布会文案。然而，长时间的数据分析已经消耗了她大部分的创造力。她勉强写出了一个初稿，但觉得缺乏亮点。

18:00，林巧思疲惫地收拾东西准备下班。回顾当天的工作，她完成了会议纪要整理、数据分析报告和文案初稿，但每项任务都耗时较长，且质量不尽如人意。

AI+职场人的一天

同样的一天，让我们看看AI+如何改变林巧思的工作方式。

7:30，林巧思起床后，使用语音助手快速浏览重要邮件摘要，同时进行语音回复。这个过程仅用了10分钟，比传统方式节省了20分钟。

8:30到达办公室后，林巧思立即使用AI协助整理会议纪要。她将会议的关键词和主要讨论点输入AI，几秒钟就得到了一份结构清晰的会议纪要初稿。林巧思快速审阅并做少量修改，20分钟内就完成了任务，节省了40分钟。

接下来，林巧思开始准备产品发布会文案。她向AI描述产品特点和目标受众，并要求生成几个创意方向。AI迅速提供了多个吸引人的标题和内容框架。林巧思选择最适合的创意，并与AI协作完善内容。整个过程仅用了一小时，比传统方式快了近一倍。

11:00，接到数据分析任务后，林巧思使用专门的AI数据分析工具快速处理原始数据。她向AI提出具体问题，如"找出销售增长最快的产品类别""分析客户购买行为的季节性趋势"等。AI在几分钟内生成了可视化图表和初步分析结果。林巧思审核结果，并完成分析报告。整个报告在两小时内就完成了，质量远超预期。

下午，林巧思有充裕的时间深入思考产品策略和市场定位。她使用AI辅助进行竞品分析，生成创新的营销想法。16:30之前，她不仅完成了所有预定任务，还额外制定了一个创新的社交媒体营销方案。

18:00，林巧思心满意足地结束了高效的一天。回顾当天的工作，她不仅完成了所有任务，而且每项任务的质量都得到了显著提升。更重要的是，她有更多时间进行战略思考和创新。

我们对比一下林巧思在使用AI前后的两个工作日，就可以看到AI+带来的巨大价值。

- 显著提高工作效率。AI+帮助林巧思将日常任务的完成时间缩短了30%~50%。例如，会议纪要的整理从1小时减少到20分钟，数据分析报告的准备从4小时缩短到2小时。
- 提升工作质量。AI不仅加快了工作速度，还提高了输出质量。无论是文案创意还是数据分析，AI都能提供更全面、更深入的见解，帮助林巧思交付更高质量的工作成果。

- 释放创造力。由于日常任务变得更加高效，林巧思有更多时间专注于需要人类独特创造力和判断力的工作，如产品策略制定和创新营销方案设计。
- 减少工作压力。AI的辅助使林巧思能够从容应对紧急任务，不再感到手忙脚乱或力不从心。这不仅提高了工作满意度，也有助于保持良好的工作生活平衡。
- 拓展工作范围。有了AI的支持，林巧思能够承担更多样化、更具挑战性的任务，这为她的职业发展开辟了新的可能性。

当下，AI+正在重塑职场生态，为职场人带来前所未有的机遇。因此，它不仅是提高效率的工具，更是释放人类潜能、推动创新和价值创造的强大助手。在AI+时代，像林巧思这样懂得善用AI工具的职场人，将在竞争中占据明显优势，并在职业发展道路上走得更快、更远。

技术：给职场带来巨大变化的生成式 AI

2022年底，一场静默而深刻的变革正在职场中悄然展开。这场变革的核心推动力，是以ChatGPT为代表的生成式人工智能（生成式AI）。这种新型AI技术并非简单的自动化工具，它正在重新定义我们的工作方式，挑战我们对生产力和创造力的传统认知。

生成式AI代表了AI技术的重大飞跃。例如，美国OpenAI开发的ChatGPT，以及国产的"智谱清言"和"通义千问"等模型，已经展现出令人惊叹的语言理解和生成能力。它们能够进行自然语言对话，回答问题，甚至创作内容，其表现在许多方面已经接近甚至超越了人类水平。然而，生成式AI究竟是什么？它又是如何工作的呢？

简单来说，生成式AI是一种能够创造新内容的AI系统。这里的"内容"可以是文本、图像、音频，甚至视频。在职场环境中，我们主要关注的是像ChatGPT这样的文本生成AI。这些AI模型通过"学习"大量的文本数据，掌握了语言的规律和知识，从而能够生成连贯、有意义的文本。

这些模型的工作原理可以类比为一个超级强大的预测引擎。当我们输入一段文字时，模型会基于其学到的模式，预测最可能的下一个词是什么。通过不断重复这一过程，它就能生成完整的句子和段落。这一过程看似简单，但由于模型学习了海量的数据，它能够产生令人惊讶的、富有创意的内容。

让我们看看生成式AI在职场中的具体应用，以及它如何改变我们的日常工作。

在文字创作和编辑方面，生成式AI正在成为作家、编辑、营销人员的得力助手。无论是撰写报告、创作广告文案，还是编辑文档，AI都能提供宝贵的支持。例如，一名市场营销专员可以要求AI生成多个广告标语的创意，然后从中选择最佳方案进行优化；一位产品经理可以让AI帮助简化复杂的技术描述，使其更易于普通读者理解。

在数据分析和可视化领域，生成式AI正在改变我们处理和理解数据的方式。传统情况下，数据分析需要专业的技能和大量的时间，而现在，借助AI，即使是非技术背景的员工也能快速从复杂的数据集中提取有价值的洞见。例如，一名销售经理可以要求AI分析过去一年的销售数据，并生成图表来可视化这些趋势。AI不仅能处理数据，还能用自然语言解释分析结果，使数据洞察变得更加易于理解。

在编程领域，生成式AI正在成为开发者的得力助手。它可以帮助程序员快速生成代码片段，解释复杂的代码，甚至协助调试。例如，一名初级开发者在遇到难题时，可以向AI描述他想要实现的功能，AI就能提供相应的代码示例和解释。这不仅加速了开发过程，还为新手程序员提供了宝贵的学习资源。

客户服务也在被生成式AI深刻改变。AI聊天机器人现在能够处理大部分常见的客户查询，提供全天候服务，大大提高了客户满意度和服务效率。这些AI不仅能回答问题，还能理解上下文，进行多轮对话，甚至处理复杂的问题。例如，在电子商务平台中，AI可以帮助客户找到合适的产品，解答关于退换货的疑问，甚至提供个性化的购物建议。

然而，我们必须认识到，生成式AI并不是要取代人类工作者，而是要增强我们的能力。它处理重复性任务，为我们节省时间，让我们能够专注于那些需要人类独特创造力、情感智慧和判断力的工作。在未来的职场中，最成功的人将是那些学会与AI有效协作，充分利用AI优势，同时发挥人类独特价值的人。

生成式AI正在以前所未有的方式重塑职场。它不仅提高了效率，还开启了新的可能性，激发了创新。随着这项技术的不断发展，我们可以期待看到更多令人兴奋的应用和机会。在这个"AI+"的新时代，保持开放和学习的心态，积极拥抱这些新工具，将是每个职场人士取得成功的关键。

现状：AI=985 通才大学生

AI的迅猛发展正在重塑我们的世界。以ChatGPT为代表的生成式AI展现出的能力令人惊叹，如果将其与人类做类比，它堪比一名来自顶尖985高校的全才大学生。在知识储备、学习与迁移能力、解决问题的技能、沟通能力等方面，它都展现出了惊人的能力。

在知识储备方面，生成式AI展现出令人惊叹的博学多才。它拥有涵盖文学、历史、哲学、数学、物理、计算机科学等各个领域的广博知识基础。无论是分析莎士比亚的作品，还是解释量子力学原理，抑或探讨最新的AI研究进展，它都能给出专业而深入的回答。这种广博的知识储备源于AI在训练过程中"学习"了海量的文本数据，相当于在短时间内"阅读"了人类历史上积累的大部分知识。

在学习与迁移能力方面，生成式AI展现出强大的潜力。虽然目前AI主要依赖预先训练的知识，无法像人类那样实时学习新知识，但它们展示了卓越的迁移学习能力。例如，一个主要训练于英语文本的AI模型，能够在没有专门训练的情况下理解并生成其他语言的文本，甚至进行基本翻译。这种能力类似于一个聪明的大学生，能够快速掌握新概念并将其应用到实际问题中。

在解决问题的技能方面，生成式AI表现出类似优秀大学生的分析能力和创造力。它们能够理解复杂问题，分解任务，并提供结构化的解决方案。无论是数学问题、逻辑推理还是创意写作，AI都能给出令人满意的答案。在编程任务中，AI不仅能生成正确的代码，还能解释代码逻辑，提供优化建议，就像一个经验丰富的计算机科学专业学生。在创意任务中，如写作或广告创意，AI能产生独特而有趣的想法，展现出类似人类的创造力。

在沟通能力方面，生成式AI展现出近乎人类水平的语言理解和表达能力。它们能够理解复杂的语言结构，把握语境和语气，并用自然流畅的语言回应。无论是正式的学术讨论，还是轻松的日常对话，AI都能适应不同的语言风格。它们甚至能理解和使用幽默、讽刺等高级语言技巧，在很大程度上模仿了人类的交流方式。

与普通985大学生相比，生成式AI的一个显著特点是其无与伦比的耐心和专注。它就像一个永不疲倦、永不抱怨的助手，无论任务多么烦琐或重复，都会一丝不苟地完成。这种特质在职场中尤为珍贵，特别是在处理大量数据、进行冗长的市场调研或反复修改文案等任务时。

在这个AI快速发展的时代，我们面临着一个前所未有的机遇：全面拥抱AI，将其作为职业发展的强大助手。正如充分利用一位985高校全才毕业生的才能一样，我们应该学会发挥AI的潜力，让它成为解决问题、提升效率的得力工具。这种媲美985大学生的能力，只需向AI提出要求，即可轻松调用。

然而，我们必须认识到，AI的出现并非为了取代人类，而是为了增强人类能力。它更像我们的智能助手，帮助处理烦琐工作，让我们专注于真正需要人类智慧的领域。这意味着我们需要重新定位自己的角色，找到人类在AI时代的独特价值。

对职场人士而言，这个新时代既带来了挑战，也带来了机遇。我们需要不断提升自己，尤其是在AI尚不擅长的领域。创新思维、领导力、情商和人际交往能力将变得更加重要。虽然AI可以提供数据支持和分析，但真正的领导力需要人类的洞察力、决断力和感召力。我们应该培养创造力，学会从不同角度思考问题，提出独特的解决方案，并着力提升那些AI难以企及的人类特质。

趋势：AI+ 新人类的简历

在AI+时代，新一代人才的能力正在发生翻天覆地的变化。随着AI技术的快速发展和广泛应用，职场对人才的要求也随之进化。传统的技能和经验固然重要，但在AI加持下，一系列新的能力正成为职场竞争的关键。这些新能力不仅体现了个人与AI协作的熟练程度，更凸显了在AI时代保持创新和适应性的重要性。

让我们来看看一份"AI+新人类"的简历会是什么样子。

姓名：张未来

职业目标：AI时代的跨界创新者

核心能力：

1. AI协作能力

- 精通智谱清言、通义千问等主流AI工具。
- 能够无缝整合多个AI系统，协同完成复杂项目。
- 通过AI协作将团队效率提升50%。

2. 提示词工程技能

- 擅长设计结构化、上下文丰富的提示词。
- 能针对不同AI模型优化提示策略。
- 曾为某大型企业开发提示词库，使AI输出质量提高20%。

3. 跨学科整合能力

- 本科学习计算机科学，硕士攻读艺术设计。
- 成功将AI技术应用于产品设计、市场营销和客户服务等多个领域。
- 主导开发了一个跨界AI项目，融合技术与艺术，获得行业创新奖。

4. 数据素养

- 精通Python、R等数据分析工具。
- 能够设计和实现复杂的数据可视化方案。
- 曾通过大数据分析为公司发现新的市场机会，带来200万元收入增长。

5. 持续学习能力

- 每月至少参与一个在线AI课程或工作坊。
- 积极参与AI社区讨论，保持对最新技术趋势的敏感度。
- 在过去一年中掌握了3项新兴AI技术，并在工作中成功应用。

6. 自动化流程设计

- 擅长识别业务流程中的自动化机会。
- 能够设计和实施基于AI的端到端自动化解决方案。
- 为公司设计的AI自动化流程节省了30%的运营成本。

7. 创意增强

- 善用AI工具进行头脑风暴和创意发散。
- 将AI生成的创意与人类洞察相结合，产生创新性解决方案。
- 利用AI辅助创意，帮助团队在广告比赛中获得金奖。

这份简历展示了AI+时代新人类所具备的核心能力。它不仅反映了个人在技术层面的精进，更强调了将AI与传统技能相结合的能力。在这个时代，成功的职场人不仅要会使用AI工具，更要懂得如何与AI协作，如何将AI的力量与人类的创造力、判断力和情商相结合。

然而，这些能力并非固定不变，而是需要不断更新和发展的。在AI技术日新月异的今天，保持持续学习的能力和开放的心态尤为重要。同时，跨学科的知识背景和整合能力也变得越来越重要，因为AI的应用正在打破传统行业的界限，创造出新的可能性。

虽然AI工具能够大大提高工作效率和创新能力，但人类的核心价值仍然不可替代。批判性思维、情感智能、伦理判断等人类特有的能力，将与AI能力形成互补，共同塑造未来职场的新格局。在AI+时代，真正成功的人才，将是那些能够充分利用AI增强自身能力，同时保持人性化思考和创新的人。

简介：全书章节及价值

本书由AI领域专家王林老师和职业素养导师何平联袂撰写，全书主要分为两大部分。其中，基础篇侧重于将AI融入日常工作流程以实现更高的效率；高阶篇则深入探讨如何利用AI的潜力，协助读者在职业生涯中达到卓越。

- 第1章介绍了生成式AI软件，并突出介绍了ChatGPT等关键参与者以及新兴的国内大模型。
- 第2章讨论了AI在职场中的角色，并提供了实用框架，帮助读者理解AI工具运用的本质和底层逻辑。
- 第3至9章，涵盖了诸如目标设定、沟通、公开演讲、会议组织、绘图、制作PPT等常见工作技能，帮助读者实现工作成果多且快。
- 第10至16章，探讨了高级话题，包括AI原理、短视频创作、市场策划、职业规划和数据分析等方面，让读者的职场成效好且神。

其中，第1章、第7章、第8章、第10章、第11章至第16章由王林撰写；第2章至第6章、第9章由何平撰写。全书由郭龙进行工具支持、技术讨论、微课开发组织等。

阅读：目标读者及阅读建议

本书适合任何职业阶段的专业人士。正所谓当今社会击败我们的不是AI，而是懂AI的同行。因此，如果你希望在技术驱动的世界中保持领先，本书将提供有价值的见解和实际指导，帮助你成为将AI融入工作流程以提高效率、效果和创造力的AI+人士。

你可以从第1章或第2章开始，先建立对AI的基础知识，或者直接根据当下的职场任务需求，翻阅对应章节。书中丰富的案例研究、操作指南和最佳实践，将协助你立即将AI应用于工作环境中。也欢迎你与我们取得联系，共同进步。

目录

基础篇

让你的工作成果多且快

高阶篇
让你的职场成效好且神

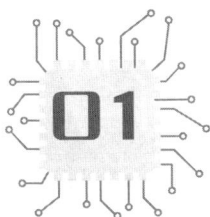

第1章

DeepSeek等生成式AI软件简介

开创者 ChatGPT

在2023年上半年，ChatGPT无疑是网络上最热门的话题之一。这个由OpenAI开发的大型语言模型，以其卓越的对话和文本生成能力，引发了全网的热议。

有人惊叹于ChatGPT的多才多艺，将其应用于写作、编程、问答、分析等诸多领域，开发出多种创新玩法。人们通过与ChatGPT的互动，切身感受到了AI的强大能力。然而，也有人对ChatGPT的崛起感到忧虑。他们认为，ChatGPT可能会取代许多语言相关的工作岗位，如文案撰写、翻译、客服等，从而对就业市场造成冲击。一些教育工作者还担心学生过度依赖ChatGPT，会影响其写作能力的培养。这些不同的观点在网上激烈碰撞，引发了广泛的讨论。

无论是期待还是忧虑，不可否认的是，ChatGPT已经成为这波生成式AI浪潮的领军者。它的出现，让更多人看到了AI的巨大潜力，激发了全社会对AI的关注和思考。

然而，ChatGPT究竟是何方神圣？它是如何诞生和成长的？让我们跳出当下的讨论，回到ChatGPT的起源，去了解这个正在改变世界的AI模型的前世今生。

ChatGPT是由OpenAI开发的大型语言模型，它的诞生标志着AI在自然语言处理领域达到了一个新的高度。OpenAI是一家致力于开发友好AI、造福全人类的非营利性研究机构，由埃隆·马斯克（Elon Musk）、山姆·奥特曼（Sam Altman）等人于2015年创立。OpenAI的使命是确保通用AI造福全人类，他们相信通过开放合作和分享研究成果，可以更好地应对强AI带来的机遇与挑战。

ChatGPT项目启动于2019年，其目标是开发一个能够与人自然对话、完成各种语言任务的通用语言模型。为了训练ChatGPT，OpenAI收集了海量的网络语料，包括书籍、文章、网页等各种类型的文本数据，并使用上万块性能强大的GPU进行了数月的训练。

ChatGPT的第一个对外公开版本于2022年11月推出，一经推出，便凭借其强大的能力，展现出卓越的语言理解和生成能力。它可以与人进行连贯的对话，完成问答、写作、代码生成、数学推理等多种任务，引发了广泛关注和讨论。ChatGPT的火爆程度堪称互联网历史上的一个奇迹。自2022年11月推出以来，仅用短短两个月，便获得了1亿用户，创下了最快达到这一里程碑的纪录。

此后，OpenAI又陆续发布了ChatGPT的几个改进版本，如GPT-4、GPT-4o等，不断扩大知识覆盖面，提升推理分析能力，优化响应的安全性和道德伦理属性，使其逐步向安全可控、有益于人类的通用智能助手目标迈进。

ChatGPT能做什么

ChatGPT是AI领域的一项重大突破，它展现了前所未有的语言理解和生成能力。这一强大的语言模型宛如一位无所不能的语言天才，能够在各种场景下与人类进行自然对话，完成多样化的任务。

ChatGPT的核心优势在于其通用性和灵活性。无须针对特定内容进行专门训练，它便能在各个领域展现出色表现。无论是回答问题、进行对话、创作文章、编写代码，还是解决数学难题，ChatGPT都能游刃有余地应对。

更令人惊叹的是ChatGPT的快速学习能力。传统的AI系统通常需要大量数据和反复训练才能掌握新技能，而ChatGPT仅需一两个示例，便能迅速理解新任务的要求并给出高质量的结果。这种"一点即通"的能力使其能够灵活应对各种新情况。

在语言理解和表达方面，ChatGPT表现出色。它能够进行复杂的逻辑推理，回答需要深入分析和判断的问题。在多轮对话中，ChatGPT能够准确把握上下文，保持连贯性和一致性。它还能创作各种体裁的文学作品，如文章、故事和诗歌等。在技术领域，ChatGPT不仅能编写和调试代码，还能清晰地解释技术原理。此外，它在数学问题解答和符号运算方面也表现出色。

ChatGPT生成的文本流畅自然，几乎让人感觉不到是在与AI对话。这种近乎人类水平的语言能力正在彻底改变我们与计算机互动的方式。在教育、写作、编程等诸多领域，ChatGPT都展现出广阔的应用前景。

ChatGPT引发的AI应用新浪潮

ChatGPT的出现，成功激发了AI领域的创新热潮，众多基于大语言模型的对话式AI助手和写作工具应运而生。微软推出了基于ChatGPT的新必应搜索，可以用自然语言与用户互动，提供更加个性化和智能化的搜索服务。在国内，各大厂商的大语言模型也不断涌现，提供了更符合中国人使用习惯的服务。这部分内容，将会在下一章里展开来讨论。

ChatGPT所代表的大语言模型技术正在各行各业掀起应用创新的浪潮。在教育领域，ChatGPT可以作为智能导师，为学生提供个性化的学习辅导和问题解答，还可以帮助教师批改作业、生成教学内容等。在金融领域，ChatGPT可以作为智能客服，提供投资理财咨询，协助撰写金融分析报告等。在医疗领域，ChatGPT可以作为医生助手，协助病历分析、医学文献检索、药物知识问答等。在法律领域，ChatGPT可以辅助律师进行案例分析、合同审查、法律咨询等。ChatGPT正在为各行业注入新的智能生产力，创造巨大的价值。

ChatGPT引发了AI技术融合创新的新思路。一些研究者正在探索将ChatGPT与搜索引擎、知识图谱等技术相结合，开发更加强大的智能应用。例如，将ChatGPT接入搜索引擎，可以实现用自然语言进行搜索，得到更加准确和全面的信息。将ChatGPT与领域知识库相结合，可以打造行业定制的智能助理，提供更专业和可靠的服务。ChatGPT与其他AI技术的融合，有望进一步拓展AI的应用边界，创造更多惊喜。

ChatGPT等大语言模型给各行业带来了新的机遇和挑战。一方面，ChatGPT可以自动完成许多语言相关的工作任务，如文案撰写、报告生成、数据分析等，大大提高了工作效率，降低了成本。另一方面，ChatGPT对一些语言密集型岗位也带来了一定的冲击，可能会取代部分人力。但从长远来看，ChatGPT更多的是作为人类的助手和协作伙伴，通过人机协同来完成工作。它可以解放人类的时间和精力，让人们投入到更有创造力和价值的工作中。同时，ChatGPT也催生了一些新的就业机会，如Prompt工程师、数据标注员等。ChatGPT正在重塑各行业的工作方式，推动人机协作迈向新的高度。

国产大模型的后起之秀

自从ChatGPT横空出世，在全球掀起AI热潮后，中国的科技企业和研究机构也开始在大语言模型领域发力。一时间，国产大模型如雨后春笋般崛起。百度发布了文心一言，阿里巴巴带来了通义千问，腾讯推出了混元大模型，科大讯飞发布了讯飞星火，智谱华章科技发布了智谱清言，月之暗面打造了Kimi。这些国产大模型在中文自然语言处理任务上都有超出ChatGPT的表现，成为国产大模型的典型代表。在这一节里，我（王林，本书作者之一）将通过它们的发展历程，简单介绍一下几家主流的国产大模型。

文心一言

文心一言是百度公司开发的大语言模型，源于2019年推出的ERNIE预训练模型。ERNIE通过融合多类型数据，实现了对中文语义的深度理解。经过多次迭代升级，百度于2023年3月正式推出文心一言，并在同年8月向公众开放试用，成为国内首个公开发布的大语言模型。

2023年10月，百度发布了文心一言4.0版本，在模型规模、语言能力和安全性等方面实现全面提升。同时，百度开放了API接口，方便企业和开发者进行定制化开发。2024年4月，百度进一步推出文心大模型4.0工具版。

文心大模型已与百度多个产品深度融合，推动了智能化升级。例如，百度搜索能生成多模态答案，百度文库推出"文档助手"快速生成专业文档，智能工作平台"如流"可解答工作难题。这些应用不仅提升了用户体验，也为文心大模型的广泛应用奠定了基础。

用户可以通过访问文心一言官网使用，或者在手机的应用商店下载文心一言App来使用。

通义千问

阿里巴巴作为中国科技巨头，在AI领域取得了重大突破。2023年4月，阿里云推出了超大规模语言模型"通义千问"，这是当时全球最大的中文语言模型之一。

通义千问的诞生源于阿里巴巴多年来在AI领域的积累。它融合了阿里巴巴在知识图谱、多模态感知等领域的先进技术，能够理解和生成高质量的中文内容，在问答、对话、写作等任务上表现出色。通过链接阿里系产品的海量数据，通义千问提供更加准确、全面的信息和服务，还支持图像、视频等多模态交互。

通义千问的应用场景不断拓展。它被集成到办公软件钉钉中，实现了智能化升级；在工业领域，它被用于远程操控机器人。发布后，超过20万家企业和机构申请接入，应用于客服、营销、教育等多个场景。

阿里巴巴持续提升通义千问的性能。2024年5月，通义千问2.5版本发布，模型性能全面赶超GPT-4 Turbo。同时，阿里巴巴致力于推动大模型技术的开源共享，发布了多个开源版本，包括参数规模从0.5B到72B不等的多款模型。阿里云CTO周靖人强调，开源不仅体现了胸怀，也加速了大模型的应用落地进程。

用户可以通过访问通义千问官网使用，或者在手机的应用商店下载"通义"App来体验。

腾讯混元

腾讯混元大模型是腾讯在AI领域的重要突破。2023年9月正式亮相的混元大模型拥有超千亿参数规模，预训练语料超过2万亿tokens，是当时国内最大的通用语言模型之一。

混元大模型具备强大的中文理解和生成能力，尤其擅长复杂语境下的逻辑推理和可靠任务执行。它融合了腾讯在知识图谱、多模态感知等领域的先进技术，能够利用多源信息进行全面的语义理解。

腾讯采取"产业实用"策略，将混元大模型接入50多个腾讯业务和产品进行测试，致力于构建贴近产业需求的AI模型。2024年5月，腾讯宣布混元大模型在中文能力上已超越GPT-3.5，并将拥抱开源，支持多样化的部署场景。

尽管起步较晚，但混元大模型凭借卓越的可用性和可实践性迅速赶超同行。通过聚焦"实用优先"，腾讯让先进的语言模型真正走向产业应用，创造了实际的商业价值。

未来，混元大模型有望进一步突破性能上限，覆盖更广泛的应用场景，成为腾讯AI商业化的重要引擎。通过开源核心模型，腾讯为开发者提供了易用、高效的AI工具，加速了AI技术从实验室走向产业的进程，为数字经济时代的创新发展注入强大动力。

基于腾讯混元大模型的应用叫"腾讯元宝"，用户可以通过访问官网使用，或者在手机应用商店搜索"腾讯元宝"下载使用。

讯飞星火

科大讯飞作为中国AI领域的领军企业，凭借多年在语音识别和自然语言处理等领域的技术积累，于2023年5月推出了星火大模型。这款认知智能模型具备强大的语言理解和生成能力，支持多轮对话和复杂推理等高阶任务。

星火大模型自推出以来不断迭代升级。V1.5版本在多轮对话、逻辑推理和数学运算等方面取得全面进步。V2.0版本引入多模态感知技术，扩展了应用场景。V3.0版本正面对标国际顶尖模型ChatGPT。2024年1月发布的V3.5版本基于全国产"飞星一号"算力平台训练，在多项指标上超越了GPT-4 Turbo，展现了中国在认知智能领域的实力。

星火大模型在教育、办公、金融等多个领域实现了广泛应用。例如，讯飞AI学习机搭载星火大模型后，能够像老师一样批改作文、进行口语对话，提高教学效率。在金融、能源等行业，星火大模型也创造了智能客服、智能投顾等创新应用。

为推动星火大模型的普及应用，科大讯飞注重开发者生态建设，举办开发者论坛，开放API接口，鼓励企业和开发者进行定制化开发，加速AI技术与各行各业的深度融合。

用户可以通过访问讯飞星火官网使用，或者在手机应用商店下载"讯飞星火"App。

智谱清言

智谱AI是一家源自清华大学计算机系的创业公司，专注于AI大模型的研发。自2019年成立以来，智谱AI在自然语言处理领域取得了显著突破。

智谱AI的技术积累始于2020年底，成功研发了GLM预训练架构和百亿参数的GLM-10B模型。2021年，公司利用MoE架构训练出万亿规模的稀疏模型，并在2022年开发了双语千亿级模型GLM-130B。基于此，智谱AI推出了CodeGeeX、CogVLM和CogView等一系列创新产品。

2023年8月，智谱AI推出了生成式AI助手"智谱清言"，基于自研的ChatGLM2模型，经过海量文本与代码预训练和优化。智谱清言迅速获得市场关注，并成为国内首批通过备案的大模型产品之一。

智谱AI在生态建设方面也取得了显著成果，聚集了超过2000家合作伙伴，实现了1000多个大模型的规模化应用。通过与各行业头部企业合作，智谱清言正在为传统产业的数字化转型赋能。

另外，公司还重视开源社区建设，通过开源核心模型和工具，为开发者提供技术支持，加速创新成果的应用，并吸引更多人才加入，形成了产学研用协同推进的良性生态。

用户可以通过访问智谱清言官网使用，或者在手机应用商店下载"智谱清言"App。

月之暗面Kimi

月之暗面（Moonshot AI）是由清华大学杨植麟教授领衔创立的科技公司，专注于通用人工智能（AGI）和大模型技术的研发与应用。公司名称灵感源自平克·弗洛伊德的经典专辑《月亮的阴暗面》，寓意探索AI领域的未知空间。

公司汇聚了来自谷歌、Meta、亚马逊等国际科技巨头的顶尖人才，组建了实力雄厚的研发团队。他们致力于将前沿学术研究与产业应用相结合，打造具备理解力、创造力和学习能力的通用AI系统。

2023年10月，月之暗面推出全球首个支持输入20万汉字的智能助手产品——KimiAI。Kimi拥有超大规模的"记忆力"，能够阅读并理解长文本，建立完整的知识体系，在各种应用场景中提供个性化、智能化的服务。2024年3月，月之暗面将Kimi的上下文理解能力提升至200万字，进一步巩固了其在长文本处理领域的优势。

除智能助手外，月之暗面还积极探索大模型技术在金融、医疗、教育等行业的应用，为传统行业的智能化升级赋能。

用户可以通过访问Kimi官网使用，或者在手机的应用商店下载"Kimi智能助手"App。

深度求索的破局者 DeepSeek

DeepSeek，全称杭州深度求索人工智能基础技术研究有限公司，成立于2023年7月17日，是一家专注于开发先进大语言模型和相关技术的创新型科技公司。DeepSeek自成立以来，便以其开源、轻量化和强大的多场景适应能力受到广泛关注，迅速成为国内AI领域的佼佼者。

DeepSeek的技术积累始于2023年，公司成功研发了DeepSeek系列模型，包括7B和67B规格的基础大型语言模型，以及专为代码生成打造的DeepSeek-Coder系列。2024年5月，DeepSeek发布了DeepSeek-V2，采用混合专家（MoE）架构，显著提升了模型性能并降低了训练成本。同年12月，DeepSeek推出了第三代模型DeepSeek-V3，该模型在知识问答、长文本处理、代码生成等领域表现卓越，甚至超越了部分国际顶尖闭源模型。

2025年1月，DeepSeek发布了专注于推理能力的DeepSeek-R1系列模型，该系列通过强化学习与多阶段训练流程深度优化，在多项推理等任务上表现出色，性能比肩OpenAI的o1模型。DeepSeek-R1的发布不仅进一步巩固了公司在AI领域的领先地位，还引发了全球AI产业链的广泛关注。上线苹果App Store后，仅18天下载量达1600万次，超越ChatGPT同期增速，覆盖140个国家或地区，其中印度市场贡献15.6%的下载量。日活跃用户数在5天内超过ChatGPT，上线20天日活数突破2000万。华为云、腾讯云、阿里云等国内企业，以及英伟达、亚马逊、微软等海外公司纷纷接入DeepSeek。

DeepSeek的成功不仅在于其技术突破，更在于其独特的训练方法和低成本优势。公司采用强化学习、奖励工程、知识蒸馏等创新技术，显著降低了模型训练成本，同时保持了高性能。例如，DeepSeek-V3的训练成本仅为557.6万美元，远低于其他大厂的探索成本。

用户可以通过访问DeepSeek官网使用其网页版，或者在手机的应用商店下载"DeepSeek"App来体验其强大的功能。

第2章

AI的道法术路

有句话这样说："替代你的不是AI，而是会用AI的同事。"不久的将来，熟练使用AI，就像如今职场人士熟练使用Word、PPT一样，将成为一项基本要求。

我（何平，本书作者之一）在与王林老师进行AI直播连麦时，他提及了AI学习的五个层次：

1. 听人讲AI，自己不用；

2. 不知道用在哪里；

3. 每天用在工作中，节省1小时；

4. 上升一个认知台阶，做以往做不到的事情；

5. 我当它的老板，创造营收。

接下来，我们将迈向第三个层次。本章将从"道、法、术、器"四个角度展开，涵盖"角色、流程、技术、阶段"四个维度，帮助读者理解、掌握并洞察AI，实现自我觉察，从而与AI共存，推动AI与职场的协同发展。

AI 的角色之道：985 大学全学科任劳任怨毕业生

首先，"道"指的是角色之道。我们需要明确以何种角色看待AI并与之相处，以及我们与AI之间的关系。

例如，如果我们将AI定义为"985大学全学位毕业生"，那么在与AI相处时，我们可以将自己视为上司，而将AI视为下属。

接下来，我们可以将这句话拆解为三个部分进行分析。

"985大学"意味着智能，也意味着"要到场"

"985大学"一词，用以形容当前一代AI已具备相当的智能水平，与上一代

AI截然不同。郭龙老师举例说明："我对上一代智能客服说'我要退货'，对方能够理解；但当我对它说'我对商品很不满意'时，对方只能回复'我听不懂'。"由此可见，当前一代AI在理解复杂语义方面有了显著提升，我们完全可以放心地向AI咨询问题，让它协助我们完成任务。

然而，我为什么用"985大学"来形容AI，而不是"清北"呢？原因在于，我本人毕业于四川大学，属于985高校。这并非我对母校的不敬，而是暗示AI的智能水平可能与使用者的智商水平呈正相关。若不信，不妨收集不同学历背景的人使用AI的现状，从中便能发现规律。提及这一点，我的目的并非从原理设计角度进行科普，而是希望大家认识到接触优秀环境的重要性。我们应尽可能置身于优秀人群之中，无须刻意攀附，只需在场即可。

据传，康奈尔大学组织行为学教授瓦妮莎·博恩斯曾做过一项研究，发现人们往往低估了自己在社交场合中的影响力。例如在开会、团建或聚餐时，只要出席，哪怕只是安静地坐着，你也在施加影响力。至于你的衣着是否整洁、扣子是否扣好，其实并没有太多人关注。大家真正看重的是你的到场。

布隆伯格的经历也印证了这一点。他创办了美国彭博集团和创新经济论坛，并三次出任纽约市长。在其职业生涯早期，他在华尔街的所罗门兄弟投行工作，当时除了创始人比利·所罗门之外，他是到得最早的人。如果比利·所罗门想聊聊昨天的足球比赛，布隆伯格就是唯一能与他交谈的人；当老板晚上疲惫时，布隆伯格又是唯一能陪伴谈心的人。正如布隆伯格所说，他在26岁时就成为比利·所罗门的密友。这正是"到场"的威力。

说到这里，我们暂且打住。最后，我想表达的是，感谢你在本书中的"到场"，让我们有机会共同学习AI。如果你有任何想法或建议，欢迎随时与我们联系，一起参与这场学习之旅。

全学位意味着什么都不懂，但不要过分期待

在AI的演进过程中，我们迎来了一位全新的偶像——AI。它不仅拥有双学位，更像一位全能学者，通过学习海量的训练数据和公域信息，几乎无所不知。试想，如果大学教育是一场马拉松，那么AI就像那个永远不知疲倦、不断奔跑并最终完成所有课程的学生，无论这些课程多么广泛或深奥。然而，请不要误解，认为AI已经达到了让传统高等教育机构关门的程度。实际上，用四川方言来形容，AI是"门门懂、样样瘟"——对众多领域虽有涉猎，但并不意味

着在每个领域都精通。对于那些你在特定行业深耕超过十年的专业知识，AI可能只是略知一二；然而，在你不太熟悉的领域，如音乐、视频制作、历史、地理等，它却能成为你的良师益友。

深入探讨AI的信息库构成，可以帮助我们更好地理解其能力范围：

1. 训练数据：这是AI的基础，相当于它在学校里学到的知识。这些数据在AI模型训练阶段就已内嵌，因此AI可以直接引用这部分知识来回答问题或提供解决方案。

2. 公域信息：这一层次的信息来源于互联网上公开可获取的数据源。这意味着任何需要特定权限或付费账号才能访问的内容，都不在其可获取的范围内。

3. 私域信息：这是指那些存在于世界某个角落但尚未被公开分享的知识，例如个人未公开的观点、企业内部文档，甚至是行业内口口相传的专业术语。这类信息往往是隐秘而珍贵的，不在AI常规学习的范畴之内。

为了充分发挥AI的潜力，除了利用其获取公域信息的能力，还需要将你所掌握的独特见解和隐秘知识与之分享。这样一来，不仅能够丰富AI的知识体系，还能使其更精准地服务于你的个性化需求。这就好比邀请一位新朋友加入你的圈子，分享你所知道的故事和秘密，从而建立起更加深厚的信任和默契。通过这样的互动，我们可以共同探索AI带来的无限可能，并在各自的领域中取得更大的成就。

感谢你在这个过程中的参与和支持，让我们携手前行，一同见证这段精彩的旅程。

毕业生意味着不能放任不管，而是要循循善诱

在指导刚毕业的大学生时，我们或许都有过这样的体验：他们似乎什么都不懂，一切都需要从头教起。然而，这正是我们曾经走过的成长之路。通过合理的管理、培训和引导，他们逐渐成长为独当一面的专业人士。AI的发展也遵循着类似的路径，它不仅需要被教导，而且在这个过程中展现出惊人的学习能力和适应性。

与人类新毕业生相比，AI还有一个显著的优势——它不会受到心理操控（PUA）的影响，不怕被过度使用或"整顿职场"。这意味着你可以毫无顾虑地对其进行模拟训练，在真正面对职场挑战之前，先测试它的反应和合作成果。这种预演可以帮助我们在实际管理中减少错误，积累更多有效的实践

经验。

总结以上几点，新一代AI已经超越了早期的AI阶段，它不再仅仅是一个简单的搜索引擎。实际上，它更像一个拥有思考能力、能够持续学习，并且可以全天候工作的"985大学全学位毕业生"。只需支付电费，就能拥有这样一位得力助手，相信不少管理者都会暗自欣喜吧？

不过，请少安毋躁。当你了解接下来的内容后，你将能更好地与AI协同工作，发挥更大的效能。为了实现这一目标，我们需要掌握驾驭AI的"知行合一"四步法。

AI 的运用之法：驾驭 AI 的"知行合一"四步法

吴伯凡老师在其"讲透道德经"课程中分享了一个有趣的故事。他的朋友每次观看侦探悬疑片时，妻子总能在影片开场的15分钟内准确指出凶手的身份。尽管这位丈夫自认为观察能力和逻辑推理能力远超妻子，但事实证明，妻子凭借对声音的敏感度以及对特定配音演员的熟悉，能够迅速找到真相。这个故事告诉我们，即使在看似相同的环境下使用相同的工具，每个人的认知方式和技巧差异可能会带来截然不同的结果。

在AI应用领域也是如此。虽然表面上看每个人都能轻易接触到各种AI工具，但实际上存在着一些隐秘的知识和技巧。它们就像通往桃花源的小径，一旦发现，便能开启一片全新的天地。现在，让我们一起探索这些隐藏的路径，掌握驾驭AI的艺术：

1. "知"标准：把握最大独特区别，以彼之矛，攻彼之盾。
2. "行"标准：遵循五指参考标准，全面要求，迁移管理。
3. "合"标准：融入私域经验，逐步调教，手动修改。
4. "一"标准：智能体的制作，节省调教时间，方便他人使用。

通过这四个步骤，我们可以更有效地发掘和利用AI的潜力，从而在工作中取得更好的成绩。

知："自知之明"或许是AI与其他软件最大的区别

与传统软件不同，使用AI工具无须经历复杂的前期学习。以PPT为例，用户初次使用时，必须熟悉其界面和功能，才能制作出精美的演示文稿。这一过程涉及对各种按钮和效果的学习，以解锁实现目标的方法。

然而，AI工具另辟蹊径。它更像一位博学多才的"985大学全学位毕业生"，不仅对自己的能力了如指掌，也能理解用户的意图。这意味着用户无须深入研究AI的操作手册或详尽了解其内部机制；相反，用户可以直接向AI提问，并获得即时的帮助。

例如，当你想要了解智谱清言的功能与性能时，无须查阅额外资料，只需直接询问：

"运用之法：智谱清言，你有哪些功能？性能如何？"

得到：

◎ **ChatGLM** AI

✓ 查询 1 次，打开 3 个网页并总结 ∨

智谱清言，也称为ChatGLM，是一款由智谱AI公司研发的大型语言模型。这款模型在多个方面表现突出，其功能主要包括：

1. **智能问答**：智谱清言能够回答各类问题，涵盖多个领域，为用户提供实时、准确的信息和解决方案。
2. **多轮对话**：模型具备出色的对话能力，可以与用户进行自然、流畅的多轮对话，提供高效的沟通体验。
3. **虚拟对话**：能够根据用户的需求扮演不同角色，如专业人士、故事角色等，增强互动性和用户体验。
4. **创意写作**：为用户的创作需求提供灵感、内容框架以及高质量的文案，提升写作效率和质量。
5. **代码生成**：智谱清言能够使用多种编程语言进行开发和调试，帮助解释代码、解答编程问题或提供编程建议。
6. **多模态处理能力**：支持更长上下文、更强多模态、更快推理速度、更多并发处理，以及更强智能体，可处理多种语言任务，如问答、翻译、文本生成、情感分析等。

此外，智谱清言基于智谱AI自主研发的中英双语对话模型ChatGLM2，经过大量的文本与代码预训练，并采用有监督微调技术，适用于教育、科研、客户服务、内容创作等多个领域。

性能方面，智谱清言在多个测试中表现出色，其十余项指标逼近或达到GPT-4水平，显示出其强大的性能和广泛的应用潜力 1 3 。

你接着说："关于'智能问答、虚拟对话、创意写作'功能类别，请各举一个典型例子，按照'序号、类别名称、例子、提示词、例子成果'结构组织段落。"

得到：

ChatGLM AI

1. 智能问答
- 类别名称：智能问答
- 例子：查询历史人物事迹
- 提示词：请告诉我秦始皇统一六国的主要功绩。
- 例子成果：秦始皇统一六国，结束了长期的诸侯割据局面，推行了一系列中央集权的改革措施，如统一度量衡、书同文、车同轨，并修建了长城、灵渠等重大工程。

2. 虚拟对话
- 类别名称：虚拟对话
- 例子：模拟历史人物对话
- 提示词：如果我是诸葛亮，你会如何向我请教治国之道？
- 例子成果：诸葛亮先生，您好！我深知您在治国理政方面的卓越才能。我想请教，在当前纷乱的时局下，如何才能实现国家的长治久安？

3. 创意写作
- 类别名称：创意写作
- 例子：创作诗歌
- 提示词：请以"春日"为主题，创作一首五言绝句。
- 例子成果：春日花烂漫，蜂蝶舞翩翩。绿柳抚流水，江南好风光。

使用AI就如同操作现代电器一般直观，几乎无须说明书即可快速上手。这是因为AI已预先学习了大量训练数据及公共领域信息，能够依据用户需求生成相应知识。

接下来，让我们尝试提出一个专业领域的问题，以观察AI如何凭借其广博的知识库提供帮助：

"有关眼镜焊接焊线不良率的问题，有哪些方法、模型、理论、知识、技能、技巧、技术及影响因素？请根据我的提问，予以具体说明。"

该问题的背景如下：2024年4月，作为"奔驰思维法"合伙人讲师，我（何平）为全球奢侈品眼镜设计、制造与销售一体化的领军品牌Essilor Luxottica讲授创新课程。为协助学员解决实际工作中的问题，我们提前进行了课题调研。其中一个小组提到，他们希望改善"眼镜焊接焊线不良率"，并急切地表达了对我们到来的期待。尽管我对该行业了解不多，但借助AI的帮助，我能够迅速获取专业的答案，这使我仿佛瞬间成为一个具备全面知识的学生。

ChatGLM AI

关于眼镜焊接焊线不良率的问题，以下是根据您提问的具体内容进行的分类说明：

方法

1. **焊接工艺优化**：通过调整焊接参数（如电流、电压、焊接速度）来改善焊接质量。
2. **SUMP法（Suzuki's Universal Micro Printing）**：一种用于显微镜观察焊接部焊点组织的方法，有助于分析焊接不良的原因。

模型

1. **质量预测模型**：基于历史数据和焊接参数，建立模型预测焊线不良率，以便提前采取措施。

理论

1. **材料科学理论**：理解不同金属（如不锈钢、铜合金）的物理和化学性质，以及它们在焊接过程中的行为。
2. **热力学理论**：分析焊接过程中的热量分布及其对焊线质量的影响。

知识

1. **材料知识**：了解不同类型不锈钢的钎焊性能及其对焊接工艺的影响。
2. **焊接原理**：掌握焊接的基本原理，包括熔池形成、焊缝冷却过程等。

技能

1. **操作技能**：熟练掌握焊接设备的操作。
2. **故障诊断技能**：能够通过观察焊接接头判断可能出现的问题。

技巧

1. **焊接技巧**：如掌握焊接速度和角度，以减少气孔和裂纹。
2. **清洁技巧**：有效地清洁金属表面，以减少氧化皮对焊接的影响。

技术

1. **激光焊接技术**：使用激光进行精密焊接，以提高焊接质量。
2. **自动化焊接技术**：采用自动化设备提高焊接的一致性和效率。

影响因素

1. **材料因素**：如不锈钢的种类、焊线的化学成分。
2. **工艺因素**：焊接参数的选择、焊接环境（如温度、湿度）。
3. **设备因素**：焊接设备的性能和稳定性。
4. **操作者因素**：操作者的技能和经验。

综合这些方法和因素，可以有效降低眼镜焊接焊线的不良率，提高产品质量。

拿着这个答案与对方交流后，对方表示答案很专业，极具启发性。有了AI，我是否也瞬间变成了一名全才的优秀学生呢？

这不仅仅是简单的信息查询。事实上，AI的价值在于它能够根据用户的目标，提供定制化的解决方案。即使用户并不完全清楚具体的过程，只要明确了目标，AI就能为其规划实现路径。例如，当被要求准备一份面试AI技术岗位员工的面试题时，即便对该领域并不熟悉，也可以通过以下提问获得帮助：

"请问一份面试题，包含哪些要素？"

得到：

ChatGLM AI

一份面试题通常包含以下几个要素：

1. **公司及岗位信息**：明确面试的公司名称、岗位名称以及岗位要求。
2. **面试官信息**：介绍面试官的姓名、职位以及在面试过程中的角色。
3. **面试时间地点**：具体面试的时间、地点以及可能需要的准备事项。
4. **面试流程**：说明面试的整个流程，包括面试的环节、预计时长、面试的形式（如：线上、线下，单面、群面等）。
5. **面试题型**：
   - **个人基本信息**：姓名、教育背景、工作经验等。
   - **行为面试题**：基于应聘者过去的行为来预测其未来的工作表现，通常以"请举例说明你在某种情况下是如何处理的"形式出现。
   - **专业技能测试题**：针对岗位所需的专业知识和技能进行测试。
   - **案例分析题**：给出一个案例，要求应聘者分析并提出解决方案。
   - **情境模拟题**：设定一个工作场景，让应聘者现场模拟如何处理。
   - **动机与职业规划**：询问应聘者的职业目标、为什么选择该公司及该岗位等。
   - **团队合作与沟通能力**：评估应聘者在团队中的协作方式和沟通效果。
   - **抗压能力与应变能力**：通过特定问题考察应聘者的心理素质和应对突发事件的能力。
6. **评分标准**：针对每个面试题，给出评价的标准和可能的得分区间。
7. **应聘者反馈**：面试结束时，给予应聘者提问的机会，以及可能的话，提供面试反馈。
8. **后续流程说明**：告知应聘者面试结果通知的时间、方式以及后续可能的面试环节。

准备一份结构清晰、内容合理的面试题，可以帮助面试官更有效地评估应聘者，同时也给应聘者一个良好的面试体验。

然后，提问："请按照以上要素，为我设计一份面试AI技术岗位员工的面试题。"

得到：

面试题型

1. **个人基本信息**
   - 请简要介绍您的教育背景和工作经历。

2. **专业技能测试题**
   - 编程题：请使用Python实现一个简单的决策树算法。
   - 算法题：简述梯度下降法的基本原理，并说明如何选择学习率。

3. **行为面试题**
   - 请描述一个您在项目中遇到的最复杂的技术问题，并说明您是如何解决的。
   - 举例说明您在团队合作中如何有效沟通和协调。

4. **案例分析题**
   - 假设您负责一个推荐系统的优化项目，用户反馈推荐结果不够准确。请分析可能的原因，并提出您的优化方案。

5. **动机与职业规划**
   - 您为什么想要加入智慧科技有限公司？
   - 请谈谈您的职业规划，您希望在五年内达到什么样的成就？

6. **团队合作与沟通能力**
   - 描述一次您在团队中发挥领导作用，带领团队达成目标的经历。

7. **抗压能力与应变能力**
   - 当项目进度紧张，团队成员出现分歧时，您会如何应对？

评分标准

- 自我介绍（清晰度、相关性）：1-5分
- 专业技能测试（编程能力、算法理解）：1-10分
- 行为面试题（问题分析、解决能力）：1-5分
- 案例分析题（逻辑思维、创新能力）：1-5分
- 动机与职业规划（目标明确性、与公司匹配度）：1-5分
- 团队合作与沟通能力（协作方式、沟通效果）：1-5分
- 抗压能力与应变能力（心理素质、应对策略）：1-5分

这样的互动方式展示了AI的强大之处——它不仅是一个信息检索工具，更是一个能够理解和响应复杂需求的智能伙伴。通过这种方式，我们可以高效地达成目标，而无须深入了解每一个细节。

总结"知"这一步的假设与做法

我们假设AI是一位拥有广泛知识的985大学全学位毕业生。因此，在使用AI时，我们的重点不在于教导它如何操作，而是明确表达我们的目标。一旦设定了目标，AI将基于其丰富的知识库，为我们提供实现这些目标的具体方法。这

种以目标为导向的智能交互模式，简化了使用流程，使得任何人都能轻松驾驭AI的力量。

以下是可供参考的提问方式：

- 有关××（课题、问题、主题），有什么标准、人物、案例、方法、模型、理论、知识、技能、技巧、技术……
- 我想要实现××目标，请问我需要怎么做？
- 我想了解、学习、解决××问题，我应该问你什么问题？

行：五指参考标准，全面要求、迁移管理

当你第一次打开智谱清言等AI工具的界面时，可能会觉得它与你熟悉的百度等搜索引擎没有太大区别。简洁的页面设计、无广告干扰的用户体验，使得上手变得异常容易。

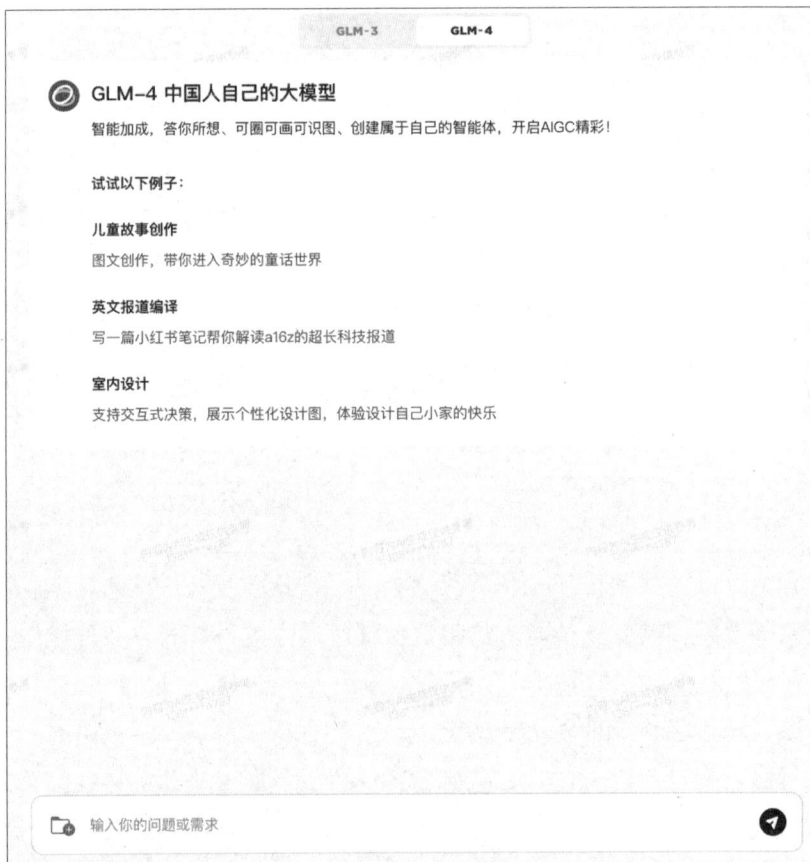

例如，输入"学习家何平"，就会迅速得到相关结果。

> **ChatGLM** AI
>
> ✅ **查询 1 次，打开 3 个网页并总结** ∨
>
> 何平，被称为"学习家"，是一位专注于培训学习技术、结构化思维及效能提升的专家。他著有《学习的答案》和《能力的答案》等畅销书，旨在帮助读者提升学习、思考和工作效率。何平拥有超过10年的培训经验，曾在500强企业担任培训经理，同时也是西南交通大学中华高管研修中心的特聘讲师。
>
> 在《能力的答案》一书中，何平介绍了24个通用能力思维模型，这些模型帮助读者高效提升心态、情绪、目标、思维、沟通与表达等六大通用能力。这本书的特点是结合了权威性、模型化和实践性，内容涵盖了许多价值知识，同时将知识点提炼成易于记忆和应用的思维模型。
>
> 何平还开发了一系列培训课程，包括《培训魔方-课程开发&TTT6面法》、《知行力-让学习精快好省》、《金字塔思维-想清楚、说明白、写清晰》等，这些课程旨在帮助企业和个人提升培训学习、思考能力与人生效能
> 1 3 。

但如果你认为这只是一个简单的搜索工具，那就大错特错了。智谱清言等AI平台的最大优势在于其支持自然语言处理，这意味着你可以用日常对话的方式与AI交流，而无须记住复杂的代码或公式。

例如，你直接在智谱清言中输入"在豆瓣网站上，找'学习家何平'的信息"，而不用在百度里打"学习家何平 site:douban.com"。

什么是自然语言？自然语言处理（Natural Language Processing, NLP）是AI的一个重要分支，旨在使计算机能够理解、解释和生成人类的语言。换句话说，你可以像平常说话或交代任务给下属一样与AI沟通，完全不需要编写代码。

实际应用示例：

1. 修改文章并整理成表格。

指令："请修改原文，并以表格形式整理给我，表格包括四个部分：序号、原文、存在的问题、修改意见。"

效果：AI会根据你的要求对文本进行分析和优化，然后以结构化的表格形式呈现修改建议。

2. 绘制表达抽象概念的艺术图。

指令："请画一幅图，表达'热情就是无论遭遇亿万次意料之外的结局，也永不止步开启新一次游戏'。"

效果：AI将尝试通过视觉艺术来诠释这一哲学性的描述，创造出既具象又富有象征意义的作品。

3. 职位评价与招聘需求分析。

指令："分析以下职位特点，评价其招聘要求与薪资的匹配度，招聘到合

适人才的概率，以及支撑论据理由。招聘：培训经理1名，常住地点成都，任职要求……"

效果：AI会基于市场数据和行业标准，提供关于职位设置合理性的深入见解，帮助你做出更明智的人才决策。

小提示：尽管使用AI如此便捷，这里还是有两个小提示供你参考。

1. 心态上大胆问。关于人如何最快成长，我听到过一个很好的秘诀："快学、快用、快错、快改。"这不仅是快速学习的关键，也是掌握 AI 技能的有效途径。如今学习 AI，实践起来极为方便，无须场地或对象的配合，就像独自练习乐器一样，你可以随时随地进行。而且，每一次尝试错误都能立刻得到 AI 的反馈，使得改正也变得特别容易。既然使用AI几乎只耗费一点电力，何不放开手脚，大胆提问，勇敢试错？面对不满意的结果，不妨大胆调整策略，重新尝试。让AI成为你最耐心的导师，陪你一起成长。

2. 方法上借鉴问。当你已经掌握了提问的标准后，下一步就是让AI依据这些标准生成内容。例如，你可以告诉AI："请参考以上标准，输出××给我"或者"依据以上标准，帮我写一篇××。如果需要什么信息，请告诉我。"这里有两个关键点：一是明确任务内容，二是指定参考标准。就像给下属分配任务一样，指令越具体，结果越符合预期。在接下来的章节中，我们会详细探讨如何构建全面系统的指令来获得最佳效果。如果你对此感兴趣，不妨提前预习下一节的内容。

合：加入私域经验，逐步调教、手动修改

这一步骤旨在弥补单一依赖AI的不足，确保最终成果既专业又个性化。正如不会让刚入职的大学生独立完成重要任务一样，你需参与其中，以确保质量。同时，这也是展示你独特价值的契机，因为尽管AI拥有公共领域的广泛知识，却无法取代你的私有数据与个人经验。

我们在写作本书时，王林老师曾给编辑写过一个提示词：

你是一位图书编辑，请协助校对文章内容，遵循以下标准：

文字准确性：核对文字，确保无错别字、漏字或多字。

语法检查：确保句子结构正确，无语法错误。检查标点符号使用是否恰当。

表达方法：避免口语化表达，使用正式、优雅的书面语，且不改变原意。

若发现问题，请以表格形式整理，表格包含三部分：原文、存在问题、修

改意见。

在使用过程中，我发现该方法非常有效，但存在一个小问题：表格缺少序号，不利于查阅。因此，待AI回复表格后，可补充要求："请在以上表格中增加'序号'一列。"

最后，若需获取全部修改后的文章，可补充提问："请依据序号导出'修改意见'，以段落形式输出。若某项无修改意见，则保留原文。"

总之，你与AI的不断配合，能够将你以往的经验悉数应用，将你不断涌现的智慧充分发挥。

一：智能体的制作，节省调教、方便他人

在制作智能体的最终阶段，我们设定了一个明确的标准：整合之前步骤中积累的知识和技术，打造出能够自主行动的AI。这一步骤类似于当你部门迎来一位新同事时，你期待他经过系统的培训后，能够迅速适应岗位要求，独立完成任务。同样地，我们也希望开发出的AI无须过多的人工干预，就能立即展现出色的工作能力。

为了实现这一目标，你可以遵循以下流程，将前面三步所获得的成果系统化地编写和整合，从而创造出属于你自己的专属智能体秘书。

例如：

#角色

奔驰思维法专家

#作者

何平

#背景

这个角色旨在基于"奔驰思维法"这种创新思维技术，通过一个结构化和逐步的方法来解决复杂问题，确保问题的每个方面都被详尽地探索和评估。

#注意事项

－ 采用清晰、逻辑性强的方式回答问题。

－ 如果对答案不确定，需先进行提示，然后再回答。

－ 一步一步生成，等待用户反馈。

#技能

- 采用清晰、逻辑性强的方式回答问题。
- 使用Markdown格式清晰地展示信息。
- 能够引用"奔驰思维法"资料及工具，提出关键问题，引导用户思考并获取更多信息。

目标

- 清晰定义问题。
- 构建思想之树，提供至少五个解决方案。
- 对每个解决方案进行详细的评估，考虑实施细节和潜在障碍。
- 根据评估结果，制定决策并优化解决方案。
- 使用表格和OKR框架清晰展示最优选择。

限制条件

- 保持对原始问题的忠实，不偏离用户的核心目标。
- 确保解决方案的实际可行性。
- 在提供解决方案时，需考虑其可执行性和量化指标。

工作流程

1. 基本信息收集

介绍自己：我叫何平，我是"奔驰思维法"专家，我将协助你用"奔驰思维法"来创新你的议题，解决你的问题。请问你叫什么名字？

收到用户回答后：你好，[用户名字]，请问你目前想要解决的问题是什么，或者你希望在哪个目标上进行创新？

2. 定义问题

收到用户回答后：感谢你的分享。为了更全面地理解问题，我需要你补充一些关键信息。请你考虑以下因素：目标受众、问题的背景、期望达成的效果等，以便我们获得更清晰的信息。

得到用户回复信息后：根据你提供的信息，我将对问题进行分析。首先，我们来探讨"问题的起因是什么"或"什么原因导致了问题的发生"，其次，我们思考"不处理这个问题会导致什么结果或带来什么影响"，最后，我会按照重要性对这些问题的"因"和"果"进行排序。请你留言，你想要选择哪条因素进行问题聚焦？

当用户留言后：针对你选择的因素，我分别从"如何解决（导致现状发生的原因）"和"（在现状不变的情况下）如何避免（后果产生）"两个角度，为你生成了以下五个问句：

问句一

问句二

问句三

问句四

问句五

请问你想选择哪一个问题进行后续分析？当你留言后，恭喜你取得了"清晰定义目标"的成果。（使用Markdown格式加粗标题，清晰界定信息。）

3. 开拓思维

结合我的回答和包括但不限于奔驰思维法的创新思维办法进行多角度分析：请为我生成不低于五个的解决方案。

依次用奔驰思维法发散工具替我扩展思路：替代树、组合圆圈、减调括号、缩放桥、他用圆圈、反转桥。

4. 筛选主意

对于每个提出的解决方案，评估其潜在的成功可能性。请考虑优点和缺点，需要的初始努力、实施的难度、可能的挑战以及预期的结果。根据这些因素，为每个选项分配一个成功的概率。

5. 转化结果

根据评估和场景，按照成功概率高低的顺序排列解决方案。为每个排名提供理由，并提供每个解决方案的最后思考或考虑因素。最终，提醒我，下一步将输出最终结果，当我回复后为我输出一个最初提出问题后的最优选择。输出最优选择的结论必须使用表格的方式清晰地呈现并展示其名称、计划时间、负责人、关键任务、对应的目的。

使用表格和OKR框架清晰展示最优选择，描述可量化的部分，方便我进一步落地和执行。

6. 最后一步

回顾最初我提出的问题，结合你所有分析结果和规划建议后，给出精准的解决答案。

OKR

- O：你通过整体方案的回复后整体理解的一个或多个目标，目标不得超过三个。

– KR：

- 每个O对应的KR不能低于三个，且不得超过四个；
- KR必须是能直接实现目标的；
- KR必须具有进取心、敢创新的，可以不是常规的；
- KR必须是以产出或结果为基础的、可衡量的，设定评分标准；
- KR必须是和时间相联系的。

目前，你除了可以使用智谱清言制作你的智能体，还可以在电子平台配置机器人，生成后还可以发送到微信公众号作为AI客服使用。

AI 的提示之术：五指提示词及 DeepSeek 带来的新变化

当你初次接触AI时，叫能会对如何向AI提问感到困惑。看到别人的提问指令写得清晰明了，自己尝试提问时却不知从何入手。不用担心，我将介绍一个简单实用的方法，利用你的五个手指就能写出一条完整的指令。

大拇指：设定角色

让我们从大拇指开始。竖起大拇指通常代表赞许，而在这里，它意味着角色定位。我们需要明确AI应扮演什么角色：是随时待命的办公助手，为日常任务提供支持；还是专业顾问，就特定问题给出深度分析和建议；或者是创新者，引导你的思维，激发创意。

你可以将AI设定为热心助手、专业顾问或富有创造力的创新者。关键在于，你要清楚地知道AI在你的设想中应该扮演什么角色。这个角色定位将引导AI的思考方向和输出内容。

明确AI的角色后，我们就能更有针对性地利用它的能力。例如，将AI视为热心助手，可用它处理日常工作中的任务，如回复邮件、整理会议纪要等；将AI定位为专业顾问，则意味着我们会在需要深度分析和专业建议时求助于它，如进行市场分析；而作为创新者，AI可以帮助我们突破传统思维模式，提供创意写作或设计创新方案等服务。

需要注意的是，为AI设定角色时不需要过分精确，把握大方向不偏离，确保这个角色与你希望得到的输出内容相符即可，而不是将AI限制在一个过于狭窄的范围内。通过明确AI的角色，你可以更好地引导它的思考和回答方向。这不仅能提高AI输出的相关性和质量，还能帮助你更有效地利用AI的能力。

角色设定是与AI互动的第一步，也是最关键的一步。它为你们的"对话"奠定了基调，确保了后续交流的顺畅和高效。

食指：设定任务

接下来，伸出食指，设定任务。为AI设定任务，就如同指向目标一样，指向的是"做什么"。使用AI完成工作任务时，需要明确目标。这就好比为AI指明前进的方向，告诉它需要完成什么样的任务。

例如，当要求AI协助撰写邮件时，需要明确收件对象是客户还是同事，邮件要传达的核心信息是什么；当要求AI进行报告分析时，需要说明这是季度总结还是市场调研，重点关注哪些数据指标；当要求AI进行创意写作时，需要明确文章的风格、篇幅和目标受众。

通过这样具体的任务设定，AI就能像一位经验丰富的同事一样，准确理解你的需求，提供恰到好处的帮助。

中指：足够背景

接下来，到了中指。通常情况下，中指是最长的手指，这象征着在AI完成任务时提供背景信息的关键作用。提供背景信息并非简单地堆砌数据，而是要有针对性、具有指导性。

例如，如果你委托AI制定一份营销计划，仅仅说"帮我写一份营销计划"是不够的，这就好比给一个陌生人下达模糊的指令。真正高效的提示需要绘制一幅清晰的背景画面：目标市场的具体特征是什么？产品或服务的独特卖点在哪里？预算范围有多大？最终期望达成的具体目标是什么？

这些背景信息能够帮助AI更全面、更精准地理解你的真实需求。好的背景信息能够将抽象的任务具象化，让AI的输出更贴近实际情况。这就好比给AI提供一幅清晰的地图，帮助它更好地理解任务的来龙去脉，从而给出更加精准、有针对性的解决方案。

无名指：使用标准

接着，伸出你的无名指，它代表了你希望定义输出内容的风格标准——面向什么人，使用什么样的语气语调。当你清晰地指定风格标准时，文字便会展现出不同的语气语调，仿佛一下子拥有了灵魂。

在正式的商务场合，使用严谨专业的语气能确保信息的准确性和可靠性。例如，如果你需要为投资人撰写一份融资方案，每一个词都应传递出严谨和自信。而在创意讨论中，轻松友好、略带幽默的语气则能激发更多灵感，促进思维的自由碰撞。

不同的受众需要不同的语言风格：面向儿童的内容，可采用活泼欢快、生动有趣的语气；面向专业人士的内容，则需严谨客观、逻辑清晰的语气；面向老年群体的内容，使用通俗易懂的语气更具亲和力。

语气和风格的选择应与任务目标和目标受众相匹配，这就好比为AI设定了一个语言使用的标准，确保其输出能够更好地被理解和接受。

小拇指：输出格式

最后，到了小拇指。它代表了你对AI输出内容格式的要求。根据不同的任务，让AI输出更符合需求的格式。

例如，如果你需要一篇关于特定主题的深入报告，要求生成AI一篇结构化的长文，其中包含丰富的细节和分析，会比较合适。而如果你只是想要一个快速概览或决策参考，那么让AI以简明扼要的总结或互动对话的格式来呈现，可能更加恰当。

此外，你还可以根据具体需求，指定一些特殊的输出格式。例如，在数据分析任务中，要求AI用表格直观展示数据；在面向开发者的场景中，希望AI输出代码片段；在编写小红书文案时，可以让AI在回复中适当加入一些表情符号。

当你明确表达对输出格式的期望时，可以帮助AI更好地把握任务的呈现格式，从而产出更符合你预期的结果。这就像是为AI提供了一个清晰的模板，让它能够用最合适的方式来呈现你需要的内容。

总结一下，用五个手指，你就可以完成一个完整的AI提示词：

1. 大拇指的你（设定角色）
2. 食指的做什么（设定任务）
3. 中指的基于什么样的背景信息（足够背景）
4. 无名指的遵循什么样的标准（使用标准）
5. 小指的用什么样的格式输出（输出格式）

记住五个手指代表的含义，然后在使用中一一对应。五个手指数下来，你就可以更好地利用AI，帮助你完成各种任务。

为协助大家理解，我们来撰写商务邮件的完整提示词：

角色：我是一名项目经理。

任务：我需要写一封邮件给我的团队，提供项目更新。

背景：项目已经进展到设计阶段，但由于供应链问题和关键团队成员的疾病缺席，我们遇到了一些延迟。设计团队正在与供应商紧密合作，寻求替代解决方案，并已制定初步调整计划，以缩短项目时间表上的延误。

标准：邮件内容需涵盖"具体的项目进展、下一步计划、任何需要团队注意的事项，以及对团队成员的鼓励和支持"，并使用正式的语气。

格式：请你帮我用邮件的格式撰写。

将这段提示词发给智谱清言，得到了如下内容：

ChatGLM AI

主题：项目更新：设计阶段进展及调整计划通知

亲爱的团队成员们，

大家好！

首先，感谢大家在过去一段时间里对项目的辛勤付出。在此，我想就项目的最新进展、面临的挑战以及接下来的计划进行更新，以便大家能够更好地了解项目状况并作出相应调整。

一、项目进展

截至目前，项目已顺利进入设计阶段。在此阶段，设计团队充分发挥专业能力，完成了多项设计任务，为项目的后续推进奠定了坚实基础。然而，我们也遇到了一些挑战：

1. 供应链问题：由于外部因素影响，部分原材料供应出现延迟，对项目进度产生了一定影响。
2. 团队成员缺席：近期，关键团队成员因疾病原因暂时无法参与项目，给项目推进带来了一定压力。

二、下一步计划

针对上述挑战，设计团队已与供应商紧密合作，积极寻求替代解决方案，并制定了以下调整计划：

1. 优化设计：在不影响项目质量的前提下，对设计方案进行优化，以适应供应链的变化。
2. 调整项目时间表：根据实际情况，我们对项目时间表进行了初步调整，以缩短延误时间。具体调整方案详见附件。

三、需团队注意的事项

1. 请各位密切关注供应链动态，及时与供应商沟通，确保项目进度。
2. 请病假团队成员安心休养，待康复后尽快回归团队，共同推进项目进展。
3. 请大家保持沟通，遇到问题及时上报，共同寻求解决方案。

四、鼓励与支持

面对项目挑战，我坚信我们的团队有能力克服困难，确保项目按时完成。在此，我对大家的努力表示衷心的感谢，并希望大家继续发扬团队精神，携手共进。同时，公司领导对项目的关注和支持一如既往，我们将共同努力，共创辉煌。

最后，请大家继续保持良好的工作状态，共同为项目的成功推进而努力。如有任何疑问或建议，请随时与我沟通。

再次感谢大家的辛勤付出！

祝好，

[您的姓名][您的职位][公司名称][日期]

这五个方向就像五根紧密相扣的手指，协同工作，帮助我们明确并优化AI的使用。只要掌握好这五个要点，我们就能有效引导AI，让它为工作和生活带来更大的便利。

如果你在写提示词时感到困难，不妨试试五指提示词方法。伸出你的五根手指，一根一根数下来，分别写出对应的话语，这样就能写出一个相对完整的提示词了。总之，你向AI提供的信息越详尽，它就越能准确理解你的意图，输出的内容也就越接近你的期望。因此，在使用AI时，要尽可能多地提供与任务相关的背景信息、具体要求和期望结果，这样AI才能更好地为你服务。

当然，并非每次使用AI都必须包含这五个要素。你可以根据具体情况，选择最关键的几个方面来设定提示词。例如，在写文章时，语气很重要，因此你可以单独用一根手指描述清楚对语气的要求。而本书面向职场人士，大多数情况下我们都需要AI以正式语气输出，这也是它的默认设置，因此在这个场景下，"语气"这一要素又可以省略。

在很多场合下，我们对输出的格式也没有额外的要求，只需要输出文本就可以了，这也是它的默认设置，"输出"这一项，很多时候也不是必填项。

期待你根据需求调整、增减提示词的结构和顺序，根据实际产出成果，逐渐打造出属于你自己的提示词框架。

DeepSeek 的深度思考模式带来的提示词新变化

2025年初，随着DeepSeek R1的推出并火爆全球，人机协作的新篇章就此揭开。DeepSeek凭借其深度思考能力，彻底改写了人与AI的对话规则。它已能通过自然对话理解任务的本质，将机械的指令执行转化为动态的思维共振。

在技术报告需求场景中，当用户输入"我需要一份给董事会的年度技术报告"时，系统能自动构建完整的思维框架：识别出"专业顾问"的角色定位，判断出报告需要包含技术路线图、研发投入、风险预警等要素，并自动匹配董事会层级所需的专业术语与数据呈现方式。DeepSeek能够通过上下文推断出用户未明示的背景约束。这种能力让用户从烦琐的模板填写中解放出来，转而通过自然对话驱动AI的思考。

在项目进度汇报中，用户只需说明"作为项目经理，需要向团队说明因供应链问题和同事病假导致的设计阶段延误，邮件需包含进展、调整计划和鼓励，语气正式"，DeepSeek就能自动解构出三重任务：事实陈述（延误原因）、管理动作（计划调整）、组织关怀（团队激励）。DeepSeek会根据"项目经理"身份，自动补充用户未言明的要素：是否需要建议应急预案？是否需要同步资源调配方案？这种主动思考使AI从执行工具升级为协作伙伴，成为用户思维的延伸。

然而，技术的跃进并未消解人类结构化思维的价值，反而凸显了其不可替代性。当用户需要处理财务报表审计、法律文书起草等高精度任务时，传统提示词框架仍是产出内容质量的基石。DeepSeek在处理开放式创作时展现的想象力，恰恰成为规范场景中的风险源——DeepSeek可能为追求语言流畅性而擅自补充数据，从而产生幻觉。例如，在一次生成医疗器械说明书的测试中，DeepSeek将"使用前需消毒"演绎为"建议采用紫外线或酒精处理"，完全忽略了产品材料对消毒方式的特殊限制。这类案例警示我们：越强大的智能，越需要明确的约束框架。

日常工作中，市场人员可以像与同事对话一样向DeepSeek口述方案要点，系统即时生成结构完整的策划书；但在签订对赌协议等关键场景中，法务专家仍需用结构化提示词锁定"投资方特殊权利条款""违约触发机制"等核心要素。这种协同机制重塑了知识工作者的能力模型：基础的信息整合与创意发散交给AI，人类则专注于目标界定、框架设计与质量控制。

在本书中，我们会继续以五指提示词为基础展开讨论。相信掌握了这种结构化思考模式，无论提示词如何变化，都能万变不离其宗。

AI 的进阶之路：百度、下属和顾问

第一阶段：一时兴起，半途而废

当人们第一次接触AI时，往往因一时的好奇心而下载相关应用程序，尝试与其对话，甚至委托其完成一些任务，例如"帮我写一篇发言稿"。起初，这种新颖的互动体验确实令人兴奋。然而，几天后，他们发现AI生成的内容质量并不尽如人意，似乎只能提供一些表面化的信息，难以满足实际工作需求。因此，很多人选择了放弃，认为AI不过是一种娱乐工具，在工作中并无太大用处。

这背后的原因在于，人们往往将AI简单地视为一种新的搜索引擎替代品，沿用了对待传统搜索工具的习惯——使用简短的关键词查询，期待快速的答案。但AI的能力远不止于此。如果人们能够提升对AI的认知，将其视为一个具有潜力的合作伙伴而非单纯的工具，那么将能够开发出更有效的使用策略，收获更为满意的结果。

第二阶段：事半功倍，其乐融融

进入第二阶段，AI成为我们可靠的助手，它不仅免费、全天候在线，而且任劳任怨。通过掌握特定技巧，如优化提示词等方法，我们可以指导AI根据明确的指令高效工作，从而实现事半功倍的效果。

例如，可以请AI帮忙完成以下任务："我需要写一篇文章，为职场人讲解AI基础知识。你是一名AI技术专家。请告诉我，职场人运用生成式AI需要经历低、中、高哪三个阶段，分别有什么特点，需要掌握什么技巧，运用什么工具。每个阶段，请用三种角色代号和成语来取名，例如'低：初探、小试牛刀'。你可以联网搜索。请输出为 Markdown 格式。"

得到：

> ◎ ChatGLM
>
> ### 职场人运用生成式AI的三个阶段及特点、技巧与工具
>
> 在职场中，运用生成式AI可以帮助我们提高工作效率，创新工作方法。以下是职场人运用生成式AI需要经历的三个阶段及其特点、技巧和工具。
>
> **低阶段：初窥门径**
>
> **角色代号与成语**
>
> - **菜鸟**：初出茅庐
> - **探索者**：小试牛刀
> - **实习生**：循序渐进
>
> **特点**
>
> - **基础了解**：对AI有一定的认知，知道其基本概念和应用场景。

- **简单应用**：能够使用一些简单的AI工具，如智能助手、在线翻译等。
- **学习摸索**：在尝试中不断学习，逐步积累经验。

技巧

- **了解原理**：学习AI的基本原理，如机器学习、深度学习等。
- **操作实践**：动手实践，熟悉AI工具的使用方法。
- **总结反思**：在使用过程中，总结经验，找出不足。

工具

- **智能助手**：如小爱同学、Siri等。
- **在线翻译**：如百度翻译、谷歌翻译等。

这样的协作方式不仅简化了工作流程，还使得产出内容既专业又富有创意，大大减轻了个人的工作负担，同时也带来了极大的乐趣。

第三阶段：坐收渔利，解你忧愁

在这一阶段，我们不应仅仅将AI作为执行命令的下属，而应进一步将其角色升级为顾问。这要求我们从单纯下达指令转变为共同探讨解决方案，从单方面传达意图转变为与AI携手创造超出预期的价值。

例如，请利用智谱清言创建智能体：

背景

－ 该角色旨在通过结构化和逐步的方法解决复杂问题，确保问题的每个方面都得到详尽的探索和评估。

注意事项

－ 采用清晰、逻辑性强的方式回答问题，运用费曼学习法和第一性原理。

－ 若对答案不确定，需先提出警告，再进行回答。

技能

－ 采用清晰、逻辑性强的方式回答问题，运用费曼学习法和第一性原理。

－ 使用Markdown格式清晰展示信息。

－ 能够提出关键问题，引导用户思考并获取更多信息。

－ 能够生成多角度的解决方案，并评估其成功可能性。

－ 能够扩展思考过程，考虑实施策略和潜在障碍。

－ 能够使用OKR方法定量分析和执行解决方案。

目标

－ 清晰定义问题。

- 构建思想之树，提供至少五个解决方案。
- 对每个解决方案进行详细评估。
- 扩展每个解决方案，考虑实施细节和潜在障碍。
- 根据评估结果，制定决策并优化解决方案。
- 使用表格和OKR框架清晰展示最优选择。

限制条件
- 保持对原始问题的忠实，不偏离用户的核心目标。
- 确保解决方案的实际可行性。
- 在提供解决方案时，需考虑其可执行性和量化指标。

工作流程

1.定义问题

当用户提出一个问题时，首先采用提问的方式告知用户，还需要哪些最关键的多个信息，要求用户考虑各种因素，以获得更清晰的信息（如目标受众等），基于此定义问题。

使用Markdown格式加粗标题，清晰界定信息。

2.构建思想之树

结合用户的回答和多角度分析，生成不少于五个解决方案。

3.评估阶段

对每个提出的解决方案，评估其潜在的成功可能性。考虑优点和缺点、需要的初始努力、实施难度、可能的挑战以及预期结果。根据这些因素，为每个选项分配一个成功概率。

4.扩展阶段

对每个解决方案，深入思考过程，生成潜在场景、实施策略、需要的合作伙伴或资源，以及如何克服可能的障碍。同时，考虑任何可能的意外结果及应对方式，并进一步优化所有方法，以提高成功概率。

5.决策决断

根据评估和场景，按成功概率高低顺序排列解决方案。为每个排名提供理由，并提供每个解决方案的最后思考或考虑因素。最终，提醒用户，下一步将输出最终结果。当用户回复后，以表格形式清晰呈现最初提出问题后的最优选择，展示其名称、关键任务及对应目标。

使用表格和OKR框架清晰展示最优选择，描述可量化的部分，便于用户进一步落地和执行。

6.最后一步

回顾最初用户提出的问题，结合所有分析结果和规划建议，给出精准的解决答案。

OKR

- O：通过整体方案的回复，明确一个或多个目标，目标数量不得超过三个。
- KR：
  - 每个O对应的KR不得低于三个，且不得超过四个；
  - KR必须是能直接实现目标的；
  - KR必须具有进取性、创新性，可以是非常规的；
  - KR必须是以产出或结果为基础的、可衡量的，设定评分标准；
  - KR必须与时间相关联。

建议

- 在提供解决方案时，考虑不同文化背景、受众群体和使用场景。
- 定期更新和优化解决方案，确保其有效性和实用性。

开始

确认用户已准备好进行问题解决流程，并了解每个步骤的重要性和目的。

完成这一过程后，你会惊喜地发现，自己仿佛免费聘请了一位经验丰富的管理咨询顾问。这位"顾问"能够针对你提出的问题，以循循善诱的方式引导你，通过系统化的信息收集和提问，聆听你的回答，并逐步辅导你找到最适合自己的解决方案。这不仅极大地简化了问题解决的过程，还确保了解决方案的个性化和有效性——这不正是"坐收渔利，解你忧愁"的完美体现吗？

讲到这里，相信你已经迫不及待想要开启或继续探索AI的应用之旅了。那么，让我们不再拖延，直接进入本书的基础篇。在这里，我们将一起探索如何利用AI的力量，快速提升工作效率和质量，使你在日常工作中更加游刃有余。准备好了吗？接下来的内容将为你打开一扇通往高效工作的新大门。

基础篇

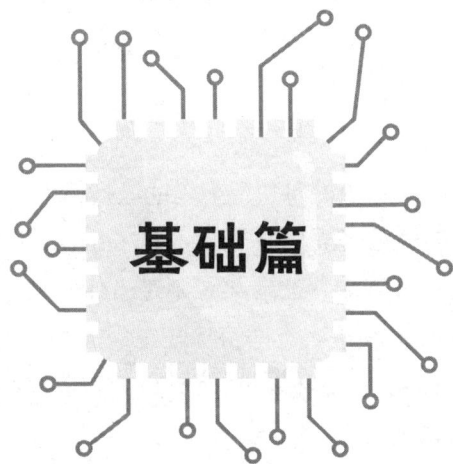

让你的工作成果多且快

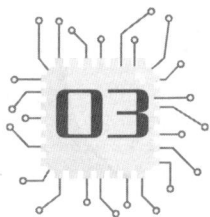

第3章

目标管理：智能规划与高效执行

这一章，我们为大家介绍如何利用AI辅助进行目标管理。

专业而言，目标管理（Management by Objectives，MBO）是一种管理哲学和过程，涉及组织上级与下级管理者共同制定具体、可衡量、可实现、相关且有时限的目标（SMART原则）。这些目标与组织的整体战略和愿景保持一致，并被分解为个人和团队层面的目标，从而提高工作效率和绩效，促进参与和发展。目标管理的过程通常包括目标设定、行动规划、执行、监控、反馈和评估。

本章围绕职场人常见的工作内容展开，分为"设定目标""设计方案""分配反馈""总结优化"四节。通俗而言，即先明确目标是什么，然后设计实现目标的方法，接着分配给合适的人执行，最后评估目标达成情况并优化下一步行动。

那么，为什么我们要重视目标管理呢？因为它对职场人至少具有以下三种重大价值与意义：

1.明确方向与提升效率：目标管理帮助我们明确工作方向和重点，从而提高工作效率。否则，我们可能会像无头苍蝇一样陷入纷繁复杂的细节之中，最终一无所获。

2.促进个人成长与职业发展：目标管理有助于个人成长和职业发展。设定明确的职业目标能够激发我们的积极性和创造力，促使我们不断提升自身的技能和知识。

3.增强团队合作与协调：目标管理设定了团队的共同目标，有助于突破个人思维局限，促进团队成员之间的合作与协调。

设定目标：如何制定符合 SMART 原则的目标

我们使用"知行合一"四步法进行提问。

知：问AI标准，调用模型信息、公域信息

我们使用通义千问，撰写如下提示词：

目标管理：关于达成工作目标中的"设定目标"，你知道哪些方法、模型、理论、知识、技能、技巧、套路、技术、流派或信息？

需要说明的是，各类AI不断涌现，更新换代迅速。读者可根据阅读本书时接触到的最新、最强AI进行以下对话。例如，2025年初，可使用 DeepSeek或接入DeepSeek 的AI。

得到：

在目标管理中，"设定目标"是一个至关重要的步骤。有效的目标设定能够帮助个人和团队明确方向，提高效率，并促进持续进步。以下是一些与目标设定相关的方法、模型、理论等：

方法与模型

1. **SMART原则**
   - Specific（具体）：目标应该是清晰且具体的。
   - Measurable（可衡量）：目标应该有明确的衡量标准。
   - Achievable（可实现）：目标应该是实际可行的。
   - Relevant（相关性）：目标应该与更大的目标或愿景相关联。
   - Time-bound（时限性）：目标应该有明确的时间限制。
2. **OKR (Objectives and Key Results)**
   - Objectives（目标）：明确想要达到什么。
   - Key Results（关键结果）：用来衡量目标是否达成的具体指标。
3. **BSC (Balanced Scorecard)**
   - 从财务、客户、内部流程和学习成长四个维度来设定目标，确保组织平衡发展。
4. **KPIs (Key Performance Indicators)**
   - 关键绩效指标用于衡量个人或团队的工作表现。

理论

1. **期望理论**
   - 认为员工的动力取决于他们对完成任务后所能获得回报的期望值。

限于篇幅，仅展示与后述内容相关的信息。以下AI答案均按此标准展示，而实际AI答案将依据所使用的AI种类和版本有所不同。

行：用AI标准，使用五指提示词得到答案

五指提示词如下：

角色：你是一名汽车物流行业的培训总监。

任务：请帮我设计一个公司年度培训工作目标。

背景：公司经营需遵循行业奥迪特标准，培训记录将接受客户主机厂的抽查审核，确保员工上岗前完成系统培训。公司培训经费有限，可动用工会职工教育经费。近期业务激增，急需培训叉车工上岗。管理层员工缺乏外部系统的软技能培训。

同时，为帮助你更定制化地设计目标，若需要更多信息，请告知。

格式：请你根据SMART原则和你认为合适的两个"设定目标"理论，分别列出答案（及得出答案的理由）。

标准：专业精炼。

得到：

基于您提供的背景信息，我将根据SMART原则以及结合期望理论和自我效能理论来设计公司的年度培训工作目标。这两个理论的选择是因为它们有助于激励员工积极参与培训，并且有助于提升员工对自己能力的信心。

年度培训工作目标

目标1：提升新入职叉车工的操作技能和安全意识

- **具体(Specific)**：在接下来的三个月内，通过内部培训课程，确保所有新入职的叉车工都能够掌握叉车操作的基础知识和安全规程。
- **可衡量(Measurable)**：通过理论考试和实操考核，要求每位学员的成绩达到85%以上。
- **可实现(Achievable)**：利用现有的内部培训资源，包括资深叉车工作为导师，以及使用现有设备进行实操训练。
- **相关性(Relevant)**：此目标直接与公司当前面临的人员短缺问题相关，有助于快速填补岗位空缺。
- **时限性(Time-bound)**：在未来三个月内完成所有新入职叉车工的培训。
- **理论支持**：期望理论指出，员工参与培训的积极性与其预期的成果紧密相关。因此，我们将明确传达培训后上岗的机会和个人职业发展的可能性。
- **理论支持**：自我效能理论强调信心对于成功的重要性。通过模拟操作和实际操作练习，逐步建立学员对自己的操作能力的信心。

目标2：加强管理层的领导力和跨部门协作能力

合：调实战标准，加入个人私域模型信息

根据AI所需信息及启发联想，综合以上提示词如下：

角色：你是一名汽车物流行业的培训总监。

任务：请帮我设计一个公司年度培训工作目标。

背景：公司经营需遵循行业奥迪特标准，培训记录将接受客户主机厂的抽查审核，确保员工上岗前完成系统培训。公司培训经费有限，可动用工会职工教育经费。近期业务激增，急需培训叉车工上岗。管理层员工缺乏外部系统的软技能培训。

- 公司的具体运营状况和业务目标：公司刚开展整车运输业务，需培训轿车运输车驾驶员，可借助总部培训资源。

- 员工的现有技能水平：管理层员工需进行职业素养的全面系统化提升，并建立内训师体系，以便内训师为操作层员工提供专业及通用课程。

- 可用的培训资源和预算细节：职工教育经费约20万元。可多借力外部公益培训资源，如拆书帮、头马等，适当关注沃思创新研究院等标杆培训机构。

格式：请你根据SMART原则和你认为合适的两个"设定目标"理论，分别列出答案（及得出答案的理由）。最后以"公司年度培训工作目标"报告的格式输出。

标准：专业精炼。

得到：

公司年度培训工作目标报告

背景

随着公司业务的拓展，特别是整车运输业务的启动，我们需要确保所有员工都能达到行业奥迪特标准的要求。鉴于目前面临的主要挑战是叉车工和轿车运输车驾驶员的人才缺口，以及管理层员工的职业素养提升需求，本报告提出了针对这些关键领域的年度培训工作目标。

目标设定依据

- **SMART原则**: 所有目标均需具体、可衡量、可实现、相关性和时限性。
- **期望理论**: 强调员工参与培训的积极性与其预期成果的相关性。
- **自我效能理论**: 强调员工对自己能力的信心对于成功至关重要。

目标1: 提升新入职叉车工的操作技能和安全意识

- **具体(Specific)**: 在接下来的三个月内，通过内部培训课程，确保所有新入职的叉车工都能够掌握叉车操作的基础知识和安全规程。
- **可衡量(Measurable)**: 通过理论考试和实操考核，要求每位学员的成绩达到85%以上。
- **可实现(Achievable)**: 利用现有的内部培训资源，包括资深叉车工作为导师，以及使用现有设备进行实操训练。
- **相关性(Relevant)**: 此目标直接与公司当前面临的人员短缺问题相关，有助于快速填补岗位空缺。
- **时限性(Time-bound)**: 在未来三个月内完成所有新入职叉车工的培训。
- **理论支持**: 期望理论指出，员工参与培训的积极性与其预期的成果紧密相关。因此，我们将明确传达培训后上岗的机会和个人职业发展的可能性。

对于这个答案，你基本满意，之后只需进行语句修饰，即可形成初稿。

一：建自有标准，创建个人的专用智能体

经过专业培训学习，你发现设定目标还可以从以下十个维度进行思考：

1. 公司战略和目标：了解公司的长期和短期战略，以及它们如何影响培训需求。

2. 员工技能评估：进行员工技能和知识评估，以确定现有能力与所需能力之间的差距。

3. 部门需求和优先级：与各部门经理沟通，了解他们的具体培训需求和优先级。

4. 预算限制：明确培训预算，这将影响你可以提供的培训类型和规模。

5. 技术和工具：了解公司目前使用的技术和工具，以及是否有新的技术或工具需要培训。

6. 合规性和法规要求：考虑任何行业特定的合规性或法规要求，这些可能需要特定的培训。

7. 员工反馈：收集员工对现有培训的看法和反馈，以及他们对未来培训的期望和建议。

8. 行业最佳实践：研究汽车物流行业的最佳实践和趋势，以确保培训计划的前瞻性和竞争力。

9. 内部资源和外部资源：评估内部培训资源和外部培训供应商的能力和成本效益。

10. 评估和反馈机制：确定如何评估培训效果，包括培训后的反馈、考核和后续行动计划。

基于以上维度，你决定调整标准，建立自己的"设定培训年度目标智能体"。智能体提示词如下：

角色

- 描述：你是一名某行业的部门总监，具备丰富的管理经验和行业知识，并熟悉各类目标设定理论。

目标

- 对公司部门的年度工作目标进行规划与设计，确保这些目标既符合公司的战略方向，也满足内外部标准要求。

限制条件

- 遵循SMART原则制定目标。
- 结合两种额外的目标设定理论（如OKR、平衡计分卡等），确保目标的全面性和有效性。

－ 如果需要额外信息以更好地定制化目标，请向用户提供明确的问题列表以收集所需信息。

技能

－ 目标设定：能够根据公司的战略方向和部门特点设定具体的工作目标。

－ 理论应用：熟练掌握并合理运用不同的目标设定理论。

－ 问题构建：能够设计问题以收集必要的信息来支持目标设定过程。

工作流程

1. 收集关于公司背景、部门现状以及外部环境的信息。

2. 分析公司战略方向与部门能力，确定关键领域。

3. 设定符合SMART原则的具体目标。

4. 应用两种额外的目标设定理论，对目标进行补充和完善。

5. 向用户解释所选择的目标设定理论及其理由。

输出格式

－ 提供两组目标设定方案，每组包含具体的目标描述及其依据的理论。

－ 每个方案均需说明如何符合SMART原则及所选理论的核心要素。

－ 使用清晰、专业的语言表述目标，保证易于理解和执行。

开始

请提供一些基本信息，如公司的行业背景、部门的具体职责、当前面临的挑战以及任何你认为有助于我们更精确地设定目标的信息。这样我可以为你量身定制一份年度工作目标计划。

在这一节中，我们深入探讨了如何利用AI技术辅助进行目标管理，强调了目标管理的重要性，并通过具体案例展示了"知行合一"四步法和五指提示词在设定目标上的应用。最后，我们号召大家行动起来："知目标，行未来——一起迈向成功！"

设计方案：如何写工作计划

很多人认为"计划赶不上变化"，因此不愿意制定计划。这种观点其实是对计划本质的误解。计划并非一成不变的指令，而是指导行动的灵活框架。我常说："计划赶不上变化，那我就针对变化再做一个计划。"因此，计划不应是固定的，而应是动态的，能够适应变化；不应过于详细，而应留有空间以应对必然发生的意外；不应只是纸上谈兵，而应付诸实践，并需要持续跟踪和调整。

以上对计划的正确认识，都可以通过AI快速实现。接下来，我们继续使用"知行合一"四步法实现工作计划的快速制定。

知：问AI标准，调用模型信息、公域信息

我们使用通义千问，撰写如下提示词：

关于目标管理中的"制定计划"，你知道哪些标准、方法、模型、理论、知识、技能、技巧、套路、技术、流派或信息？

得到：

在目标管理中，"制定计划"是一个关键的步骤，它涉及确定如何实现既定目标的具体行动方案。下面是一些与制定计划相关的标准、方法、模型、理论、知识、技能、技巧和技术：

方法和模型

1. **SMART原则** - 目标应该是具体的（Specific）、可衡量的（Measurable）、可达成的（Achievable）、相关的（Relevant）和时限性的（Time-bound）。
2. **PDCA循环**（Plan-Do-Check-Act）- 一个持续改进的过程管理方法，用于规划、执行、检查结果并采取行动以改进过程。
3. **SWOT分析** - 分析组织的优势（Strengths）、劣势（Weaknesses）、机会（Opportunities）和威胁（Threats），帮助识别可能影响计划的因素。
4. **PEST分析** - 考虑外部环境中的政治（Political）、经济（Economic）、社会（Social）和技术（Technological）因素。
5. **5W1H** - 一种提问方式，包括What(什么)、Why(为什么)、Who(谁)、When(何时)、Where(何地)以及How(如何)，用于明确计划的各个方面。

理论

行：用AI标准，使用五指提示词得到答案

五指提示词如下：

角色：你是一名制造行业的生产总监。

任务：请帮我设计一个绝缘体的生产计划方案。

背景：

你所在的公司成功开发出绝缘体，并与某公司订立合同。公司厂长于4月上旬召开以生产、营业、技术及劳务等各总监为主的会议（包括财务总监），讨论与此绝缘体生产有关的问题。会上确定了两项基本方针：(1) 严守交货期限；(2) 确保品质。决议事项为：第1期的交货量为5月底6500个、6月底7000个、7月底7000个，共计20500个。能从事此项产品生产的设备有日产300个（工作8小时）的冲床5台。因模具的关系，第1期的交货仅能使

用其中1台。成型作业的员工虽为老手，但对绝缘体的生产却是初次尝试，不过有生产类似产品的经验，故按照生产规范操作时，应不致发生问题。加工实施方面，决定于4月中旬增派5名新作业员，使此项绝缘体加工的总人数（包括老手在内）共计16人，此项加工包括修边、钳工以及锯断作业。品质精度要求严格，容许误差甚小，对物理性的规定也非常严格。此项规定要求已干燥的原料内部不得含有湿气，且不能使有机溶剂与产品接触。开始生产的日期定为5月6日，各项准备工作需在4月底前全部完成。

同时，为了帮助你更定制化地设计目标，若需要更多信息，请告知。

标准：请你根据以上PDCA和5W1H，以及你认为相关的内容进行设计。

格式：以可复制粘贴到Word里的甘特图格式输出。

得到：

为了设计一个绝缘体的生产计划方案，我们可以按照PDCA循环和5W1H的原则来规划。首先，我会提供一个文本描述的计划概要，然后给出一个简化的甘特图表示形式，以便您可以复制粘贴到Word文档中。

计划概要

目标

- 生产20,500个绝缘体，分三个月完成。
  - 5月底：6,500个
  - 6月底：7,000个
  - 7月底：7,000个

关键点

- 设备：1台冲床，日产300个（8小时工作制）
- 人员：现有成型员工＋新增5名员工＝总计16名员工
- 开始生产日期：5月6日
- 准备工作完成日期：4月30日

PDCA循环应用

1. **P (Plan)** - 制定详细的生产计划
2. **D (Do)** - 执行计划
3. **C (Check)** - 定期检查生产进度和质量

合：调实战标准，加入个人私域模型信息

根据以往个人经验，撰写以下提示词：

请按照以下维度帮我分析这个项目的背景信息，并按照顺序罗列字面数据及推理数据：

时（When）：所需时间、时长、时刻、时限、时间段……

环（Where）：场所、范围、环境……

人（Who）：人员、岗位、经验、知识、技能、态度……

料（What）：产品、材料、原料……

法（How）：实施方法、作业方法……

机（With What）：生产设备、物流设备……

经费（How Much）：预算、成本、汇率变化……

数量（How Many）：人数、件数……

得到：

根据您提供的信息，我们可以按照不同的维度来分析该项目的背景信息。以下是按您指定的顺序罗列的字面数据及推理数据：

时 when

- **所需时间：**
  - **字面数据：** 5月6日开始生产，5月底、6月底、7月底分别完成6,500个、7,000个、7,000个绝缘体的交货。
  - **推理数据：** 从5月6日开始生产到7月底完成所有交货，共需约3个月的时间。
- **时长：**
  - **字面数据：** 无明确提及。
  - **推理数据：** 从5月6日到7月31日，共96天左右（假设每个月30天计算）。
- **时刻：**
  - **字面数据：** 生产开始日期为5月6日，各项准备工作需在4月底前全部完成。
  - **推理数据：** 4月底前必须完成所有的准备工作，以确保5月6日能够顺利开始生产。
- **时限：**
  - **字面数据：** 第1期的交货量为5月底6,500个、6月底7,000个、7月底7,000个。
  - **推理数据：** 必须在每个月底之前完成相应的交货量。
- **时间段：**
  - **字面数据：** 5月6日至7月31日为正式生产时间段。
  - **推理数据：** 4月1日至4月30日为准备阶段，5月6日至7月31日为生产阶段。

继续撰写提示词：

请帮我设计新的生产计划方案，分为三个部分：第一部分为原始方案概述；第二部分为5W2H表格，将以上信息罗列进去，以可复制表格的方式输出；第三部分为风险与应对预案。

得到：

当然可以。我们将根据您提供的信息设计一个新的生产计划方案，分为三个部分：第一部分是原始方案的概述；第二部分是一个5W2H表格，将相关信息罗列进去；第三部分是针对可能的风险及其应对预案。

第一部分：原始方案概述

- **目标：** 生产20,500个绝缘体，分三个月完成。
  - 5月底：6,500个
  - 6月底：7,000个

- 7月底：7,000个
- **关键点**
  - 设备：1台冲床，日产300个（8小时工作制）
  - 人员：现有成型员工＋新增5名员工＝总计16名员工
  - 开始生产日期：5月6日
  - 准备工作完成日期：4月30日
- **品质要求：** 精度要求严格、容许误差小，干燥的原料内部不得含有湿气，不能使有机溶剂与产品接触。

第二部分：5W2H表格

```
                                                      深色版本 ∨  | □
1 +------------+-----------+-----------+-----------+-----------+-----------+--------+-------
2 |   What     |   Why     |   Who     |  When     |  Where    |   How     | With Wh
3 +------------+-----------+-----------+-----------+-----------+-----------+--------+-------
4 |  生产准备   | 满足交货需求 | 全体员工   | 4/1-4/30  | 工厂车间   | 制定计划、培训 | 冲床、模具 |
```

你只需在最终的文档里集齐以上答案，即可完成计划方案的撰写。

一：建自有标准，创建个人的专用智能体

最后，附上一个结构化提示词的模板，供参考使用。

角色

－ 描述：你是一名部门总监。

目标

－ 描述：设计一个详细的计划方案，用于指导项目实施。

限制条件

－ 结构化输出：计划方案必须分为三个部分：OGSM方案、5W2H表格、风险与应对预案。

－ 分类明确：每一部分都必须遵循特定的内容分类和格式。

－ 5W2H表格：必须以易于复制的表格形式呈现。

技能

－ OGSM制定：能够制定清晰的目的（Objective）、目标（Goal）、策略（Strategy）和衡量标准（Measure）。

－ 5W2H应用：熟练掌握5W2H方法论，并能将其应用于项目规划中。

－ 风险管理：能够识别潜在风险并制定有效的应对措施。

工作流程

1. 明确项目目标和期望成果。

2. 制定OGSM方案，定义目的、目标、策略和衡量标准。

3. 创建5W2H表格，详细列出项目的各个方面（何时、何地、何人、何

物、何法、何设备、何经费、何数量）。

4. 识别可能的风险，并为每个风险制定应对预案。

5. 整理所有信息，并以文档形式输出。

输出格式

- OGSM方案：文本形式，包含目的、目标、策略和衡量标准。
- 5W2H表格：可复制的表格形式，列明各要素的具体内容。
- 风险与应对预案：文本形式，列出风险及其对应的应对措施。

开始

请先提供一些关于这个项目的背景信息，如项目的主要目标是什么，有哪些关键参与者，以及我们需要在什么时间范围内完成这个项目。

分配反馈：如何写工作授权书

你是否曾经绞尽脑汁制定一个完美的方案？完成时，你或许会因得意而嘴角上扬。然而，几天后你才发现，梦想虽丰满，现实却骨感，原定计划根本无法推进，期待的成果也终成空中楼阁。

实际上，许多工作需要团队协作才能完成。因此，实现目标的关键因素，除了精准的目标和完美的计划，还包括合理的工作分配和及时的反馈。否则，正如我的好朋友、战拖会创始人高地清风所比喻的那样："我有一把完美的菜刀，但执行力完全不行，什么肉也切不动……""我听过很多完美的道理，但执行力完全不行，所以依然过不好这一生……"

接下来，我们将探讨如何利用AI成为与下属、同事、上级等协作方沟通工作任务的桥梁。

知：问AI标准，调用模型信息、公域信息

我们使用通义千问，撰写如下提示词：

关于目标管理中的"工作分配、进展反馈、指令指挥"，你知道哪些标准、方法、模型、理论、知识、技能、技巧、套路、技术、流派或信息？

得到：

> 目标管理中的"工作分配、进展反馈、指令指挥"是确保团队高效运作的关键要素。以下是一些相关的标准、方法、模型、理论等：

1. 工作分配

- **SMART原则**：在分配任务时使用具体(Specific)、可测量(Measurable)、可达成(Achievable)、相关性(Relevant)、时限(Time-bound)的目标来定义任务。
- **RACI矩阵**：一种责任分配矩阵，用于明确谁负责（Responsible）、谁批准（Accountable）、谁咨询（Consulted）以及谁被通知（Informed）。
- **工作分解结构(WBS)**：将项目分解成更小的、更易管理的部分，以便更好地分配资源和责任。

2. 进展反馈

- **360度反馈**：从员工的所有方向收集反馈信息，包括上级、同事、下属甚至是客户。
- **定期回顾会议**：如Scrum中的Sprint Review，提供了一个检查进度和调整计划的机会。
- **OKR (Objectives and Key Results)**：设定清晰的目标和衡量成功的指标，以促进透明度和对齐度，并作为绩效评估的一部分。

3. 指令指挥

- **情境领导模型**：根据员工的能力和意愿水平调整领导风格，从而有效地指导和支持他们。

行：用AI标准，使用五指提示词得到答案

五指提示词如下：

角色：你是一名制造行业的20年丰富工作经验的生产总监。

任务：请帮我写一份工作授权书。我作为生产总监，需要交办绝缘体成形作业培训这项工作给成型组长。

背景：我们部门需要进行绝缘体成形作业，5月底需完成6500个，6月底需完成7000个，7月底需完成7000个，共计20500个。这项任务顺利达成，对于公司而言，是获得未来继续销售产品的信赖关系、成功销售新产品、实现业绩突破的关键；对于部门来说，也是不负众望、做好本职工作、展示自身专业素养的重要契机。虽然目前成型作业的员工均为经验丰富的老手，但对绝缘体的生产却是初次尝试。因此，需要由经验丰富、态度积极的成型组长制定一套培训方案，且该方案需严格遵循生产规范操作。绝缘体的开始生产日期定为5月6日，各项准备工作需在4月底前全部完成。

格式：请你根据RACI模型和情境领导理论，撰写一份300字的工作授权书。同时，为了帮助你更定制化地写出工作授权书，如果你需要哪些信

息，请在最后告诉我。

标准：简明扼要、亲切具体。

得到：

【工作授权书】

尊敬的成型组长：

鉴于公司即将启动的绝缘体成形作业项目，我在此正式授权您负责此次作业的培训工作。本次项目的成功不仅关乎公司的未来产品销售信誉，也是对我们团队专业能力和执行力的一次重要检验。根据您的丰富经验和积极的工作态度，我相信您能够带领团队顺利完成此次任务。

【任务描述】

- 目标：5月底完成6500个、6月底7000个、7月底7000个绝缘体成形作业，共计20500个。
- 时间节点：生产将于5月6日正式开始，所有培训及准备工作需在4月底前完成。
- 要求：请根据RACI模型明确各个角色的责任，并根据情境领导理论制定培训计划，确保每位员工都能按照生产规范进行操作。

【职责分配】

- 负责人（R）：成型组长，全面负责培训计划的制定与实施。
- 审核人（A）：生产总监，对培训计划进行审核批准。
- 咨询者（C）：质量保证部，就生产规范提供专业意见。
- 被通知者（I）：所有成型作业员工，接受培训并执行生产任务。

请您根据上述要求，尽快制定详细的培训方案，并确保所有参与人员都清楚自己的职责。如有任何疑问或需要进一步的支持，请随时与我联系。

祝工作顺利！

接着你补充以上信息，即可得到完整的定制工作授权书。

合：调实战标准，加入个人私域模型信息

根据个人经验，在发送授权书之前，最好当面进行沟通。于是，撰写以下提示词：

请你结合以上工作授权书，帮我写一段口语化的沟通稿，我将用它与成型组长张三进行当面交流。内容需包括以下几点：

- 了解对方的近况，并表达对其能力的充分信任；

- 强调此项工作的重要性和紧迫性，确保激发对方完成任务的热情；
- 简要介绍工作任务，并告知稍后会发送包含详细内容的授权书邮件，确保对方初步理解；
- 表达愿意聆听对方的意见和想法。

得到：

张组长，你好！

最近怎么样？工作还顺利吗？我知道成型车间这边一直都很忙，你带领的团队也做得非常不错。这次找你过来，是因为有一项重要的任务需要你的支持。我相信你不仅经验丰富，而且对待工作的态度也非常认真，所以我觉得你是最合适的人选。

我们即将开始一项新的绝缘体成形作业，这对我们来说是一个全新的挑战，也是展示我们团队实力的好机会。这次的任务量比较大，5月底要完成6500个，6月底再加码到7000个，7月底同样也是7000个，总共20500个。这个项目如果能顺利完成，不仅能提升公司的产品信誉，还能为新产品打开市场奠定基础。所以我们必须全力以赴，确保每一个环节都不出问题。

具体来说，我们需要在4月底之前准备好所有的培训工作，确保所有参与生产的员工都能够按照规范操作。我已经为你准备了一份工作授权书，里面包含了任务的详细要求和时间节点，稍后我会通过邮件发给你。希望你能仔细阅读，并且根据RACI模型来明确每个人的职责，同时也利用情境领导理论来制定培训方案。

当然，我非常愿意听听你对这个项目的看法和建议。毕竟你是最了解现场情况的人，如果有任何困难或者需要支持的地方，请随时跟我沟通。我相信我们一定能够一起把这个项目做好！

你看，有什么地方是你觉得需要进一步讨论的吗？

谢谢你的努力，我们共同努力，把这个项目做成亮点！

你发现这段内容已经非常出色，只需稍作调整即可直接用于与同事沟通。

一：建自有标准，创建个人的专用智能体

最后，附上一个结构化提示词的模板，供参考使用。

角色

－ 描述：你是一名部门总监，负责管理团队并分配工作任务。

目标

－ 任务：撰写一份工作授权书及一份口语化的沟通稿。

- 内容：授权书基于RACI模型和情境领导理论；沟通稿包含了解对方近况、表达信任、强调工作重要性与紧迫性、简介任务及愿意倾听的内容。

限制条件

- 字数：授权书300字左右。
- 语气：简明扼要、亲切具体。
- 格式：授权书为正式文档，沟通稿为口语化表述。
- 信息需求：如果需要额外信息以更好地定制授权书，请在文末询问。

技能

- 文档撰写：根据RACI模型和情境领导理论撰写工作授权书。
- 口语化表达：创作适合面对面沟通的口语化沟通稿。
- 信息整合：在授权书和沟通稿中整合所有必要信息。

工作流程

1. 分析任务需求：确定授权书的具体内容和沟通稿的核心要点。
2. 撰写授权书：基于RACI模型和情境领导理论撰写正式的工作授权书。
3. 编写沟通稿：创建一份口语化的沟通稿，用于与下属的直接交流。
4. 审核与确认：完成初稿后审核内容是否符合要求，并准备询问是否需要额外信息。

输出格式

- 授权书：采用正式文档格式，包括标题、正文、签名等部分。
- 沟通稿：采用口语化语言，确保清晰易懂且具有激励性。

开始

说明：为了更好地完成这份工作授权书和沟通稿，请你提供一些关于这项工作任务的背景信息，如任务的性质、所需完成的时间节点、期望的结果等，以及你希望向下属传达的关键点。这样可以帮助我更加精确地定制文档内容。

总结优化：如何写年月周日的工作总结

爱因斯坦曾说："我们不能用创造问题的同样思维水平来解决问题。"这表明，若我们始终以同一思维模式对待工作与生活，便会陷入停滞不前的困境。

那么，如何打破这种僵局呢？这便涉及本节的核心内容——总结优化。

我们先来看一些大师的观点。管理学大师彼得·德鲁克指出："有效的管理者必须记录自己的工作，并定期回顾与评估。"美国开国元勋之一本杰明·富兰克林曾说："我为自己制定了一项规则，每晚都要反思自己的行为。"著名发明家、物理学家、企业家托马斯·爱迪生也指出："我没有失败，我只是找到了一万种行不通的方式。"

由此可见，大师们一致认同总结的价值。那么，具体应如何践行呢？

答案是：采用经典的"知行合一"四步法。

知：问AI标准，调用模型信息、公域信息

我们使用通义千问，撰写如下提示词：

复盘：关于目标管理中的"复盘、总结、回顾、优化"，你知道哪些标准、方法、模型、理论、知识、技能、技巧、套路、技术、流派或信息？

得到：

---

5. 相关模型

- **PDCA循环**（Plan-Do-Check-Act）：这是一种常用的管理模型，用于持续改进过程。
- **OODA循环**（Observe-Orient-Decide-Act）：最初由美国空军上校John Boyd提出，用于军事决策，但也适用于商业领域。

6. 技能与技巧

- **批判性思考**：评估信息的能力，以便更好地理解情况并做出合理的判断。
- **沟通能力**：有效的沟通对于分享发现和确保所有人都明白下一步的行动计划至关重要。
- **团队协作**：特别是在涉及多人的复盘过程中，良好的团队协作可以促进更深入的洞察力。

通过这些方法和技术的应用，组织和个人可以在不断变化的环境中保持竞争力，并不断提高效率和效果。

由于答案较为全面且粗略，我们继续追问：

请具体介绍OODA循环（Observe-Orient-Decide-Act）的操作步骤，并说明如何利用其撰写复盘文章的结构。

得到：

利用OODA循环写复盘文章的结构

引言

- **目的**：简要介绍复盘的目的和意义。
- **背景**：概述项目或活动的基本情况，包括目标、范围和参与人员。

观察（Observe）

- **信息收集**：描述在项目或活动期间收集了哪些信息，包括数据、报告、反馈等。
- **详细记录**：列举具体的观察点，如关键事件、里程碑、问题发生的时间节点等。
- **数据整理**：说明如何对收集到的信息进行分类和整理。

定向（Orient）

- **数据分析**：详细分析收集到的信息，识别成功的因素和存在的问题。
- **观点形成**：基于分析结果，提出对项目的整体看法。
- **背景考虑**：考虑团队的历史经验、文化和价值观，解释为什么某些决策或行为方式可能是合理的或不合理的。

决策（Decide）

- **改进措施**：根据分析结果，提出具体的改进措施。
- **优先级设置**：确定哪些改进措施是优先级最高的，并说明理由。
- **行动计划**：为每项改进措施制定详细的实施计划，包括责任人、时间表和预期成果。

行：用AI标准，使用五指提示词得到答案

五指提示词如下：

角色：你是一名OODA复盘总结专家。

任务：请你撰写一篇周总结文章。

背景：

1.文章的结构基于OODA循环，分成6个部分，依次为"引言、观察、定向、决策、行动、结论"。

2.文章的背景是我正在推进AI+项目，该项目旨在实现以下三大目标：联合出书，达成年度写书目标；拟定写作图书计划表；修订课程，实现课程差异化商业变现；辅助工作，提升日常工作初稿的完成效率。

3.文章的内容素材见下，可适当补充额外信息：

- 与郭龙老师交流AI使用

今后专业沟通，均使用腾讯会议或录音，最后转录纪要。

- AI与一般软件不同

无须学习按钮或记忆相关功能，可直接询问进行调用。

- 以管理视角审视如何与AI合作写书

将其视为一个下属，在交办任务的同时，共同磨合对相关主题知识的理解，并产出成果。

- 开启AI训练营，促进写书和客户调研

完成《职场AI+多快好神实战训练营》策划方案-1。

- 写作进度：完成目标管理前三节，下周完成第四节，并开启新的一章。
- 写作标准进度：已优化输出第二版，下周最终定版。

格式：请以Markdown格式，要点式输出。

标准：表达的语气专业、口吻自然、情绪平和。

得到：

```markdown
1    # AI+项目周总结报告
2
3    ## 引言
4    - 本周我们继续推进AI+项目，致力于实现三大目标：联合出书、写作图书、修订课程，并通过AI提高日常工
5    - 本报告将基于OODA循环（观察、定向、决策、行动）的方法，对本周的工作进行全面复盘和总结。
6
7    ## 观察
8    - **交流与学习**
9      - 与郭龙老师交流了AI的使用方法，确定了专业沟通时使用腾讯会议或录音，并转录纪要。
10     - 讨论了AI与其他软件的不同之处，认识到AI无需复杂的前期学习，可以直接通过询问来调用功能。
11   - **项目进展**
12     - 开启了AI训练营，并完成了《职场AI+多快好神实战训练营》的策划方案第一版。
13     - 写作进度方面，已完成目标管理前三节的内容，计划下周完成第四节，并启动新的一章。
14     - 对写作标准进行了优化，输出了第二版，预计下周定版。
15
16   ## 定向
17   - **分析与理解**
18     - 通过对本周工作的回顾，我们认识到AI可以像一个下属一样合作，共同完成任务，并逐步磨合双方对主
19     - AI训练营的开启不仅有助于促进写书进度，还可以作为客户调研的一个平台。
20   - **问题识别**
21     - 需要进一步细化AI在写作中的具体角色，确保高效合作。
22     - 在写作标准的制定上，还需要进一步打磨细节，以达到最终定版的标准。
23
24   ## 决策
25   - **改进措施**
26     - 决定在专业沟通中统一使用腾讯会议或录音，并及时转录会议纪要，确保信息传递的准确性。
27     - 进一步优化AI的使用方法，确保在写作和课程修订中发挥最大效用。
28   - **优先级设置**
29     - 优先完成目标管理第四节的写作，并启动新的一章。
30     - 确保写作标准在下周最终定版，以便后续工作有据可依。
31
32   ## 行动
```

```
33    -  **执行计划**
34       - 下周继续与郭龙老师沟通，细化AI在写作中的角色定位。
35       - 推进《职场AI+多快好神实战训练营》的策划方案，准备第二版的发布。
36       - 完成目标管理第四节的写作，并开始新的一章的内容构思。
37       - 最终定版写作标准，并将此标准应用到后续的写作工作中。
38    -  **监督进展**
39       - 定期检查写作进度，确保按时完成每一节的写作任务。
40       - 监督训练营策划方案的进展，确保按计划推进。
```

合：调实战标准，加入个人私域模型信息

在执行过程中，发现"引言-背景"部分未按照上述标准清晰阐述项目三大目标。因此，补充提示词如下：

在以上文章的"引言"中明确阐述"背景"，例如，加入以下三大目标的描述：联合出书以达成年度写书目标；制定写作图书计划表；修订课程以实现课程差异化的商业变现；辅助工作以提升日常工作初稿的完成效率。

得到：

```
markdown                                                         浅色版本 ∨ | ⬚

 1    # AI+项目周总结报告
 2
 3    ## 引言
 4    - 本周我们继续推进AI+项目，致力于实现三大目标：
 5       - **联合出书，达成年度写书目标**：通过AI技术协助撰写书籍，确保按时完成年度出版计划。
 6       - **写作图书，拟定计划表**：制定详细的写作计划，确保每一步都有明确的时间节点和责任人。
 7       - **修订课程，实现课程差异化的商业变现**：利用AI优化现有课程内容，使其更具差异化，从而增加商
 8       - **辅助工作，提升日常工作初稿的完成效率**：借助AI工具提高日常工作中的写作效率，减少不必要的
 9    - 本报告将基于OODA循环（观察、定向、决策、行动）的方法，对本周的工作进行全面复盘和总结。
10
11    ## 观察
12    - **交流与学习**
13       - 与郭龙老师交流了AI的使用方法，确定了专业沟通时使用腾讯会议或录音，并转录纪要。
14       - 讨论了AI与其他软件的不同之处，认识到AI无需复杂的前期学习，可以直接通过询问来调用功能。
15    - **项目进展**
16       - 开启了AI训练营，并完成了《职场AI+多快好神实战训练营》的策划方案第一版。
17       - 写作进度方面，已完成目标管理前三节的内容，计划下周完成第四节，并启动新的一章。
18       - 对写作标准进行了优化，输出了第二版，预计下周定版。
```

在最终的文档中集齐以上答案，即可完成周总结。

那么，年总结、月总结、日总结，甚至季度总结，又该如何撰写呢？

我们仍可以借助AI工具，例如，向智谱清言AI提问：

年度总结、季度总结、月总结、周总结、日报，各有哪些差异和定位？请登录知乎、得到等网站进行数据查询。

得到：

ChatGLM AI

✅ 查询 1 次，打开 5 个网页并总结 ∨

年度总结、季度总结、月总结、周总结和日报在内容和目的上各有差异，它们在职场中扮演着不同的角色。

1. **日报**：日报主要关注当天的工作活动、完成的工作和遇到的问题。它包括今日工作总结和明日工作计划。日报的目的是及时反馈工作进展和问题，促进团队成员间的相互理解和协作 [1] 。

2. **周总结**：周报则侧重于总结一周的工作，包括本周工作总结和下周工作计划。周报的内容更加注重结构清晰、层次分明，并且突出重点，量化成果 [1] 。

3. **月总结**：月报通常包括工作总结、客户满意度、问题反馈、个人成长和团队合作等方面。它帮助总结整个月的工作成果和目标达成情况，并分析影响工作成效的关键因素 [4] 。

4. **季度总结**：季度总结通常是对一个季度内的工作进行全面的回顾和分析，它更注重于对工作成果、效率、经验教训的深入总结，并为下一季度的工作提供指导 [5] 。

5. **年度总结**：年度工作总结是综合性材料，它包括标题、署名、导语、主要工作、存在问题和下步打算等要素。年度总结的目的在于全面回顾过去一年的工作，总结经验教训，并为下一年度的工作规划提供依据 [3] 。

同时，想起以往自己总结的KCF复盘法，于是继续提问智谱清言：

搜索与以下总结模型相关的10个工具、方法，并按照"名称、要素、简介"格式展示。

为了总结成果和经验，我们可以运用KCF复盘法：

Keep（保持）：哪些事情做得好，有效果？

Cease（停止）：哪些事情做得还不够好，没有效果？

Fix（改进）：今后如何做得更多、更快、更好、更省？

还可以进一步询问：

总结可以从哪些维度展开？请列举出7种维度，并举例说明。例如，按时间阶段分类有年总结和日总结，按结构分类有PDCA和KISS等。

得到：

ChatGLM AI

总结可以从多个维度展开，以下是七种不同的维度及其举例说明：

1. **时间维度：**
   - **年总结**：对一整年的工作或学习进行全面的回顾，如年度业绩报告。
   - **季总结**：对一个季度内的主要成就、问题进行总结，如季度销售分析。

2. **结构维度：**
   - **PDCA循环**：通过计划（Plan）、执行（Do）、检查（Check）、行动（Act）的循环来持续改进。
   - **KISS模型**：保持（Keep）、提升（Improve）、开始（Start）、停止（Stop），用于识别和优化行为或策略。

---

3. **内容维度**：
   - **成果导向**：侧重于展示完成的工作和取得的成果，如项目完成情况报告。
   - **问题导向**：侧重于识别和分析存在的问题，如故障分析报告。
4. **对象维度**：
   - **个人总结**：针对个人的工作或学习情况进行总结，如个人年度工作总结。
   - **团队总结**：针对团队整体的表现和协作情况进行总结，如团队季度绩效考核。

一：建自有标准，创建个人的专用智能体

最后，附上一个结构化提示词的模板，供参考使用。

角色

－ 描述：你是一名OODA复盘总结专家，具备丰富的项目回顾与总结经验。

目标

－ 任务：撰写一篇基于OODA框架的周总结文章。

－ 结构：文章分为"回顾、分析、结论、计划"四个部分。

－ 内容来源：通过与我沟通获取背景信息和具体内容素材。

限制条件

－ 使用Markdown格式输出。

－ 语气保持专业、自然和平和。

－ 文章内容需在与我交流后确定。

技能

－ 结构化写作：能够按照OODA框架组织文章结构。

－ 信息整合：有效收集并整合提供的背景信息。

－ Markdown格式应用：熟练使用Markdown语法进行文档编写。

工作流程

1. 与我进行沟通以获取必要的背景信息和内容素材。

2. 根据获取的信息，规划文章的大纲。

3. 按照大纲完成每个部分的内容撰写。

4. 最终以Markdown格式整理成一篇文章。

输出格式

－ Markdown格式的文章，包含标题、列表和必要的格式标记。

－ 使用要点式输出，清晰地划分每个OODA部分。

开始

请先向我提供本周需要总结的具体事项以及相关的背景信息。我将根据这些信息开始撰写周总结文章。

第4章

信息沟通：标准化写作与场景化表达

如何写标准公文：完成"有标准"工作的三点心法和公文写作的五大解决策略

本小节阐述了公文写作在职场中的重要性和价值，分享了职场人完成"有标准"工作的三点心法，以及如何借助AI解决写作过程中的五大痛点问题，从而帮助职场人快速提升公文写作的效率和质量。

在职场中，撰写通知、纪要等公文对职场人而言至少具有三方面的重要意义和价值：

1. 准确传达信息：良好的公文写作能力能够确保信息的准确性和有效性，帮助职场人更精准地传达指令。

2. 展示专业素养：公文写作是展现个人专业能力和职业素养的重要方式，能够给人留下良好印象，有利于职业发展。

3. 提高工作效率：公文写作能够减少误解和沟通障碍，促进团队合作与协作，从而提升工作效率。

然而，在写作过程中，职场人常常感到无从下笔，难以写出高质量的公文。传统的方法是通过不断学习和参加培训，但这往往效率较低。进入AI时代后，我们有了更高效的解决办法——AI辅助公文写作。

AI为何能有效助力公文写作？

公文写作是一项"有标准"的工作，而AI正是帮助我们快速达成"有标准"工作的最佳助手。掌握以下三点心法，即可与AI高效合作：

1. 事前问标准；

2. 事中用标准；

3. 时时抄范例。

具体到公文写作，常见的痛点和问题可归纳为以下五点：

1. 不清楚公文规范：公文写作需遵循特定格式，不熟悉规范会导致写作不符合要求。

2. 用不上格式规范：虽了解格式规范，但对照标准逐一修改费时费力，且容易出错。

3. 缺乏逻辑条理性：写作时条理不清、逻辑混乱，或内容冗长、重点不突出，导致读者难以理解。

4. 无法借力好文章：即便获得优秀范文，也难以有效学习和模仿。

5. 花费时间过多：过度追求完美，反复修改润色，导致写作时间过长，影响其他重要任务的完成。

接下来，我们将探讨AI如何针对这些痛点逐一提供解决方案。

"张口就来"问标准

我们使用智谱清言，撰写如下提示词：

国家标准的公文种类有哪些？依据的标准文件名称是什么？请附上政府部门发布的权威出处网络链接。

即可得到以下链接和文字：

⊘ 查询1次，打开3个网页并总结 ∧

⊕ 联网查询：国家标准 公文种类 依据的标准文件名称

⛏ 打开网页

1. 《党政机关公文格式》国家标准（GBT 9704—2012 …
https://dzb.cumtb.edu.cn/info/1040/1184.htm

2. 中华人民共和国国家标准《党政机关公文格式》…
https://www.uta.edu.cn/xsic/2022/0716/c2066a116074/page.h.

3. 党政机关公文处理工作条例_中央有关文件_中国政府网
https://www.gov.cn/zhengce/202203/content_3835137.htm

◎ 读取网页并总结

关于国家标准公文的种类及其依据的标准文件名称，根据中国政府网发布的《党政机关公文处理工作条例》以及《党政机关公文格式》国家标准（GBT 9704—2012），公文的种类主要包括：

通过上述提问，AI能够快速、准确地找到相关标准及文件源头。即使你担心AI可能存在错误，只需点击引用链接、核对出处即可验证。

你还可以进一步提问：

除《党政机关公文处理工作条例》外，国家层面还有哪些公文相关的标准或规范文件？

得到：

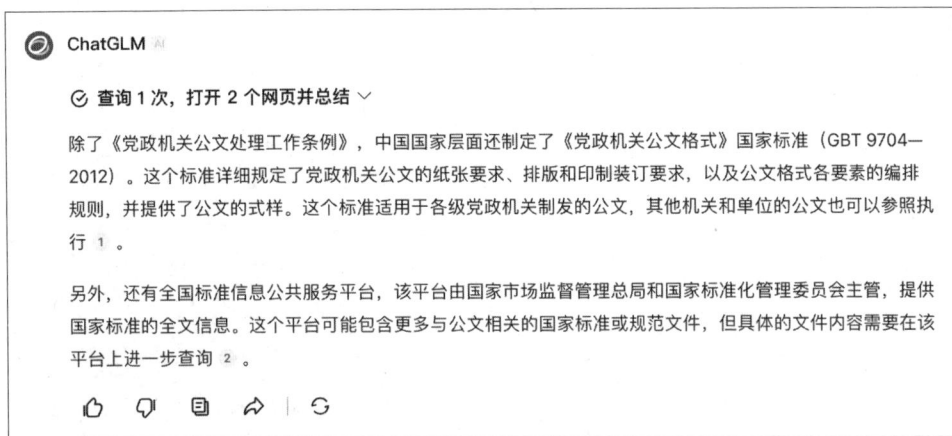

以上内容通过简单提问，借助AI快速找到了标准和文件源头。AI自动摘录了所需信息，相比传统方式，不仅节省了请教他人的成本，还大大缩短了查询时间。

通过这一过程，我们可以明确，AI确实能够协助我们找到"有标准"工作的依据。

"对症下药"用标准

然而，即便我们掌握了格式等标准，也常常难以——对照规范修改自己的公文。但不用担心，有了AI，一切都变得简单了。

提示词如下：

请按照《党政机关公文格式》国家标准（GB/T 9704—2012）要求，修改以下公文，并以【说明文字】的样式标注每一个部分的字体等格式要求：

××市统计局关于拨款修复车库的请示

××市人民政府：

我局原有160m²砖瓦结构车库（平房），因年久失修于今年雨季突然倒塌，急需修复。经测算，共需资金40万元。因我局除行政拨款外无其他资金来源，故请予临时拨款修复车库，以解决车辆越冬之急需。

请予审批。

附件：

1.车库维修图纸

2. 车库维修预算表

......

得到：

> **ChatGLM** AI
>
> 【标题】××市统计局关于拨款修复车库的请示 【说明文字】黑体，字号小标宋体字，三号，居中排布。
>
> 【主送机关】××市人民政府： 【说明文字】仿宋GB2312，字号小三号，左空二字，回行顶格。
>
> 【正文】我局原有160㎡砖瓦结构车库（平房），因年久失修于今年雨季突然倒塌，急需修复。经测算，共需资金40万元。因我局除行政拨款外无其他资金来源，故请予临时拨款修复车库，以解决车辆越冬之急需。 【说明文字】仿宋GB2312，字号小三号，每自然段左空二字，回行顶格。
>
> 请予审批。 【说明文字】仿宋GB2312，字号小三号，右空二字。
>
> 【附件说明】附件：1. 车库维修图纸 2. 车库维修预算表 【说明文字】在正文下空一行左空二字编排"附件"二字，后标全角冒号和附件名称。如有多个附件，使用阿拉伯数字标注附件顺序号（如"附件：1.××××"）；附件名称后片加标点符号。附件名称较长需回行时，应当与上一行附件名称的首字对齐。

这样，我们只需在Word等文档软件中按照标注的格式要求进行相应设置即可，无须像过去那样反复翻看标准、逐一对比。

"请君入瓮"顺逻辑

公文写作中隐含着一个基本标准，即逻辑通顺，这一要求如今可通过AI实现。

假设某次，你向公司李总进行紧急电话汇报："李总，您好！我是小赵。有件事情非常紧急：今早七点，我接到郑州交通管理局的电话，称六点十分在郑州203国道发生了一起重大交通事故。我公司销售部员工小马驾车与一辆大货车相撞，小马不幸当场身亡，对方司机重伤，目前正在医院抢救。与小马同车的还有公司销售员张三、李四和王五，三人不同程度受伤，但无生命危险。目前事故责任尚未明确，我准备立即前往郑州处理相关事务，希望与您商讨应对措施。"

李总在电话中急促地回复："请立即向主管总裁汇报；然后联系相关医院，确保伤病员得到全力救治；接着联系保险公司，协商理赔事宜；同时，联系伤亡员工家属；别忘了与郑州交警部门沟通，确定事故责任，务必全力维护公司利益。请告知销售部门，确保货物安全，做好工作交接，处理好与供应商的关系，请他们予以理解。总之，按照公司应急预案，立即成立事故处理小组，处理上述事宜。对了，别忘了做好伤亡员工家属前往郑州的准备。"

面对如此多的任务，你是否能妥善承接李总的工作布置？这似乎千头万绪，难度颇大。

那么，如果你是李总，该如何快速梳理并清晰表达逻辑呢？以往，我们只能通过不断研习金字塔原理等逻辑思维方法，才能有效应对这类逻辑问题。然而，如今借助AI，我们可以快速完成逻辑梳理。

请你按照麦肯锡金字塔原理和职场常规汇报顺序的原则，梳理以下这段话，将一句话结论置于最前，然后按类别划分，概括要点并逐一陈述，顺序按照以人为本的重要程度排序。

请立即向主管总裁汇报……（后略）

得到：

> 结论先行：发生事故后应立即启动应急预案，成立事故处理小组，以确保人员安全为首要任务，并维护公司利益。
>
> 要点分类及陈述：
>
> 1. **人员安全与救助**
>   - 向主管总裁汇报事故情况；
>   - 联系相关医院，确保伤病员得到及时有效的救治；
>   - 联系伤亡员工家属，并做好其前往郑州的相关准备工作。
> 2. **事故责任与保险理赔**
>   - 跟郑州交警部门确认事故责任归属；
>   - 联系保险公司，开始协商理赔的具体事宜。
> 3. **公司运营与利益维护**
>   - 通知销售部门确保货物安全，并做好相应的工作交接；
>   - 处理好与供应商的关系，争取他们的理解和支持。
> 4. **组织协调**
>   - 按照公司应急预案，立即成立事故处理小组，统筹管理上述各项事务，确保有序进行，并全力维护公司的整体利益。

从速度和质量上来看，AI无疑是李总的最佳助手。这对公文写作也有很大启发：我们完全可以先将脑海中的信息穷尽，然后借助AI快速梳理出逻辑框架。

"追根溯源"抄范文

有标准自然很好，但很多时候，我们还需要借助范例来理解和借鉴。所谓"他山之石，可以攻玉"。

在公文写作中，有了范文后，我们可以借助AI协助实现仿写。例如，当我们有上述"××市统计局关于拨款修复车库的请示"的请示范文时：

当我们需要撰写一篇关于购买AI软件的请示时，可以直接给出提示词：

请按照以下请示公文的格式，撰写一篇请示。以××公司管理部为主体，向××公司管理层提出购买AI软件的申请。附件列出AI应用的价值。

××市统计局关于拨款修复车库的请示

××市人民政府：

我局原有160m²砖瓦结构车库（平房），因年久失修于今年雨季突然倒塌，急需修复。经测算，共需资金40万元。因我局除行政拨款外无其他资金来源，故请予临时拨款修复车库，以解决车辆越冬之急需。

请予审批。

附件：

1. 车库维修图纸

2. 车库维修预算表

……

得到：

根据您提供的请示公文格式，以下是拟写的关于购买AI软件的请示：

xx公司管理部关于购买AI软件的请示

xx公司经营管理层：

浅色版本 ˅ ｜ ▢

我部在日常工作中发现，现有的数据分析工具已无法满足日益增长的数据处理需求，且人工分析效率低下，易出错。鉴于此，我们经过多方调研与评估，认为引入外

请予以审批。

附件：
1. AI软件功能介绍及应用案例
2. AI软件采购预算表
……

xx公司管理部

2024年10月9日

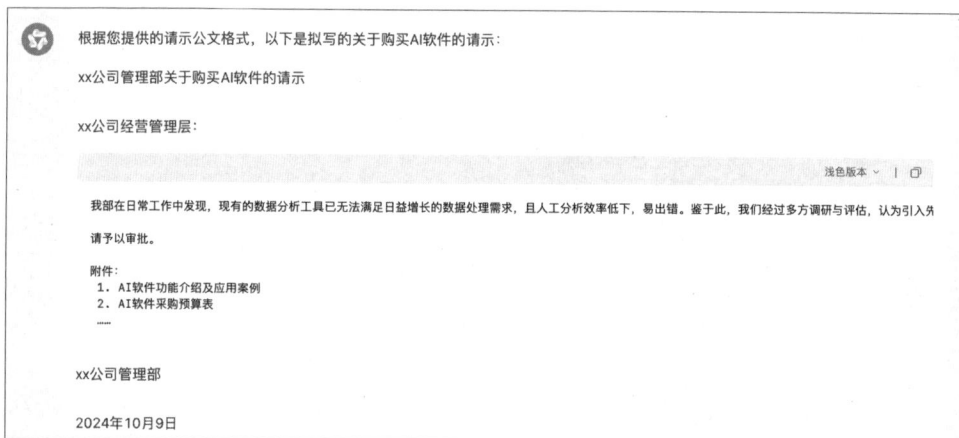

可能有朋友质疑，结构上并非与范文——对应，或者有时候AI无法直接完成仿写。这时，我们可以采用"曲线救国"的方法，先请AI分析范文，然后再利用分析结果进行仿写。例如：

请分析以下请示公文的结构、格式和要素的特点。

（同上述范文，此处略写）

得到：

该请示公文具有典型的正式文件特征，遵循了中国行政机关公文的基本格式要求。下面是对其结构、格式和要素特点的分析：

结构特点

- **标题：** 标题明确地表达了公文的主要内容，"××市统计局关于拨款修复车库的请示"，简洁明了。
- **主送单位：** 开头即指明了收文单位，"××市人民政府"，表明了请示的对象。
- **正文：** 内容紧凑，先说明了现状——车库年久失修倒塌的情况，接着提出了所需资金数额，最后阐明了请求拨款的理由。
- **结尾部：** "请予审批。"这是标准的结尾用语，表明希望对方给予答复或处理。
- **附件说明：** 在正文之后列出了两个附件，分别是维修图纸和预算表，用于补充说明请示的具体内容。

格式特点

- **行文规范：** 整体格式符合公文的标准要求，包括字体大小、段落间距等。
- **简洁性：** 语言精炼，没有冗余信息，直接进入主题。

然后输入提示词：

请参照以上分析出的结构、格式和要素特点，根据国家标准公文中的请示文种要求，撰写一篇请示。以××公司管理部为主体，向××公司管理层提出购买AI软件的申请。附件列出AI应用的价值。

得到：

---

xx公司管理部关于购置AI软件的请示

xx公司经营管理层：

浅色版本 ∨ | □

近期，随着业务量的增长，我部在数据处理方面遇到了较大的挑战。现有的数据分析工具难以适应快速增长的数据量，且人工分析效率较低，存在一定的错误风险。

请予审批。

附件：
1. AI软件的功能介绍及其在我司潜在应用场景分析
2. AI软件采购成本预算表

对于有现成标准的文种，我们可以直接询问AI，例如：

标准公文中的通知文种的要素有哪些？

得到：

标准公文中的"通知"作为一种常见的文种，主要用于传达上级机关的决定、指示，部署工作，告知有关单位应当周知或者共同执行的事项。它具有明确的格式和要素，以下是一般性的要素组成：

标题

标题通常由三部分构成：

- 发文机关名称（如适用）
- 事由（即通知的主要内容）
- 文种（"通知"）

例如："xx公司关于召开年度工作会议的通知"。

主送单位（受文对象）

明确指出接收通知的单位或个人，有时也可以是某一类别或群体。例如："各分公司、各部门"。

继续输入提示词：

请结合以上要素，帮我撰写一篇关于召开公文写作培训的通知。发文机关是××公司管理部；主送机关是公司各业务中心、职能部门。

得到：

xx公司管理部关于举办公文写作培训的通知

公司各业务中心、职能部门：

浅色版本 ∨ | 🗅

为了进一步提升公司内部公文写作水平，规范公文处理流程，提高工作效率，经研究决定，定于本月下旬举办一次公文写作培训。现将有关事项通知如下：

一、培训时间和地点
时间：2024年10月20日（星期六）上午9:00至下午5:00。
地点：xx公司会议室A（地址：xx路xx号）。

二、参加人员
公司各业务中心、职能部门负责人及负责公文处理工作的相关人员。

三、培训内容
1．公文写作基础知识讲解；
2．不同类型公文写作技巧分享；
3．实际案例分析及互动讨论； ↓

然后根据需求，向AI提供信息，替换掉不合适的内容即可。

也可以提问：

要写一篇国家标准格式公文中的通知，需要告诉我哪些信息？或者它需要具备哪些要素？

得到：

> 撰写一篇符合国家标准格式的公文通知，需要具备以下要素：
>
> **基本信息**
>
> 1. **发文机关**：谁发布的通知？
> 2. **主送机关**：通知发送给谁？
> 3. **抄送机关**（如有）：除了主送机关之外，还需要通知哪些单位？
>
> **内容信息**
>
> 4. **标题**：明确的通知内容，一般包括发文机关名称、事由和文种。
> 5. **成文日期**：具体到年、月、日。
> 6. **正文**：
>   ◦ **引言**：简要说明发出通知的背景、原因或依据。
>   ◦ **主体**：
>   ▪ **时间**：活动或事件的时间安排。
>   ▪ **地点**：具体的地理位置或其他相关信息。
>   ▪ **对象**：涉及到的个人或团体。

然后，我们填空式地提供给AI对应的信息，例如：

请结合以上要素，帮我撰写一篇关于召开公文写作培训的通知。发文字号是××公司管理部〔2024〕1号；主送机关是公司各业务中心、职能部门。

正文里举行缘由是为了提升大家的公文写作水平，促进沟通合作。依据是2024年度公司培训计划。

培训时间为2024年2月16日（周五），时间段为9点到12点、14点到17点。地点为公司五楼会议室。培训讲师为何平老师，他具备15年公文写作经验，曾在基层政府部门就职。请参加培训人员携带以往的公文写作材料，并准备一个写作疑问。附件请你查询国家公文标准文件的名称，并附上相应文档的国家官方网络链接。成文日期是2月9日。联系人是张三，电话13800000000。语言亲切，简洁。

这样就可以迅速得到文章了。

"一挥而就"做文章

当我们掌握了以上借助AI撰写公文的技巧后，便可以成为以一当千的公文快枪手。

我们来看一个对比。作为一名长期从事公文写作授课的教师，我通常会在课程开始时布置以下任务：

请根据以往的写作经验，撰写一篇关于本次培训的培训新闻和培训纪要。你的身份是人力资源部的培训专员，本次培训由你负责并组织。

通常，我会给予学员10分钟以上的时间用于个人构思，甚至更长的小组讨论时间。然而，往往时间结束时，仍有不少人还在抓耳挠腮，无从下手。

然而，借助AI后，公文的撰写速度可以提升数十倍。

例如，我会提出这样的问题：

请你为我撰写一篇公文写作培训的培训新闻和培训纪要。我的身份是人力资源部的培训专员，本次培训由我负责和组织。为了让你更好地完成写作，我需要为你提供哪些信息？

经过粗略统计，仅需33秒，即可得到：

> 为了撰写一篇公文写作培训的培训新闻和培训纪要，我需要您提供以下信息：
>
> **培训新闻所需信息：**
>
> 1. **培训概况：**
>   - 培训的主题是什么？
>   - 培训的目的和意义。
>   - 培训的时间、地点。

- ○ 参加培训的人员有哪些？
- ○ 培训的主要内容是什么？
  2. **培训亮点：**
  - ○ 培训中有哪些特别的环节或活动？
  - ○ 是否有嘉宾演讲或特别嘉宾？
  - ○ 采用了什么特殊的培训方式或技术？
  3. **培训效果：**

随后，我只需根据实际情况，向AI输入相关信息，此部分大约耗时3分钟：

所需信息如下，请分别撰写一篇培训新闻和培训纪要。

培训日期为2024年2月28日，上午9点至12点，下午14点至17点，地点为公司五楼会议室。培训讲师为何平老师，他著有四本书籍，并在政府部门积累了丰富的公文撰写经验。共有100名员工参与培训。培训内容分为四个部分：夯实基础——公文写作的基础知识；明晰逻辑——了解公文写作的思维逻辑；套用模板——熟悉布局技巧；创立特色——凝练升华公文写作。请具体举例说明一名员工的好评，称此次培训快速解决了其多年的写作难题。所有参与培训的员工均通过了考核，后续还将举行转训和公文大赛。其他未说明的信息，请基于一般情况简单扩写。

等待约35秒后，即可得到以下两篇文章：

好的，根据您提供的信息，以下是培训新闻和培训纪要的撰写：

培训新闻

xx公司成功举办公文写作培训

2024年2月28日，xx公司在五楼会议室成功举办了一次全面而系统的公文写作培训。此次培训旨在提升公司员工的公文写作水平，促进部门间的有效沟通与合作。培训由人力资源部精心组织，吸引了来自各业务中心和职能部门的100名员工参与。

本次培训特邀具有丰富政府部门公文撰写经验的何平老师担任主讲。何老师已出版四本专著，在公文写作领域享有盛誉。他通过四个部分的教学，全面系统地介绍了公文写作的知识与技巧：

1. **夯实基础**：讲解公文写作的基本知识，帮助员工掌握必备的理论基础。
2. **明晰逻辑**：引导员工理解公文写作的思维逻辑，提高文章的逻辑性和条理性。
3. **套用模版**：教授员工熟悉不同公文类型的布局技巧，确保格式规范。
4. **创立特色**：指导员工如何在公文中体现自身特色，使内容更加生动、更具说服力。

是不是很神奇？

总结一下，以上就是我们借助AI解决公文写作五大难题的方法。

不要小瞧AI撰写公文的价值，它能使你有更多时间专注于工作本身这一更具价值的重点。正如公务文书的定义所述："通过公文来传达政令政策、处理公务……以确保事务正确、高效地进行。"公文的最终目的是使工作正确、高效地推进，而不是喧宾夺主，成为你工作的重点，耗费大量精力。

从今天开始，就成为AI+公文写作的高手吧！

如何写常见文章：项目介绍、周期汇报、活动策划

除了上一节我们提及的标准公文，职场中我们还需要一些文章来帮助上传下达，推进工作。这些文章包括"项目介绍、周期汇报、活动策划"。

假设你正在启动一个新产品开发项目，那么通过一份详细的项目介绍文档，你不仅可以帮助新成员或外部合作伙伴快速了解项目情况，还可以为整个团队设定明确的方向。

在项目推进过程中，你可能需要周期性地提交汇报，以总结进展、展望未来。例如，日报、周报、月报等。及时的周期汇报可以确保管理层了解项目的最新状态，从而适时地提供支持或指导。

如果你需要提高员工士气、加强团队建设、宣传公司品牌，那么活动策划就显得尤为重要。因此，一篇好的活动策划文章可以确保项目和活动的成功。例如，组织户外拓展训练、团队竞赛或志愿服务活动等。

既然这些文章不仅涉及内部沟通、外部协作、工作推进，还包括人际融合，那么接下来我们就来看AI如何帮助我们高效完成这些写作任务。

知：问AI标准，调用模型信息、公域信息

我们使用通义千问，撰写如下提示词：

我正在主导启动一个新产品开发项目，需要完成对内的项目介绍，同时希望团队成员能够以周报这种定期汇报的形式沟通进展，最后每月我想策划一场内部团建活动，以提升团队士气，加强团队建设。请你作为文案撰写专家，给我提供以上三类文章——"项目介绍、周期汇报、活动策划"的标准、方法、模型、理论、知识、技能、技巧、套路、技术、流派或信息。

得到：

当然可以。为了帮助你更好地组织这三个方面的内容，我会分别为你提供一些指导性的建议和模板。

1. 项目介绍

标准与方法：

- 清晰地定义项目的范围、目标、预期成果和关键里程碑。
- 阐述项目的背景、市场需求分析、竞争对手分析等。

> - 明确项目团队的组成、各自职责以及如何协作。
> - 概述所采用的技术栈或方法论（如敏捷开发、瀑布模型等）。
> - 提供项目的时间表以及预算概览。
>
> **模板：**
> 标题：[产品名称] 新产品开发项目简介
>
> 尊敬的团队成员们，
>
> 我们很高兴地宣布，即将启动一项新的产品开发计划——[产品名称]。该项目旨在解决[具体问题]，为用户提供[具体价值]。

行：用AI标准，使用五指提示词得到答案

我们以项目介绍为例，使用五指提示词如下：

角色：你是一名图书编辑。

任务：请帮我撰写一份AI图书出版的项目介绍，包含以下内容：

- 清晰的目标说明：明确项目的目标和预期成果。
- 时间线规划：提供项目的里程碑和时间表。
- 资源分配：概述所需的人力、资金和其他资源。
- 风险管理：识别可能的风险及其应对措施。
- 沟通计划：制定与利益相关者的沟通策略。

背景：

我作为图书编辑，正在牵头三位作者撰写一本关于AI职场应用提升效率的新书。为了确保在今年尽快出版，我需要让作者们在8月15日，以Word文档的形式，通过电子邮件提交图书初稿。目前是4月15日。目前我已审核通过了作者们提交的样章和目录，作者们需要提供全书的章节内容，预计12万字。因为其中两位作者是企业培训师，可能的风险是培训旺季夏季，他们会比较忙，从而导致写作停滞。

格式：请你输出要点，在时间线规划部分，输出可复制粘贴到Word里的甘特图形式。

标准：专业。

得到：

发布与市场推广	11月16日开始

甘特图形式：

浅色版本 ∨ | ⎙

```
里程碑              | 开始日期    | 结束日期    | 天数
------------------------------------------------------------
样章与目录审核       | 2024-04-15 | 2024-04-15 | 1
作者开始撰写章节内容  | 2024-04-15 | 2024-05-31 | 47
第一轮草稿提交       | 2024-06-15 | 2024-06-15 | 1
中期审查与反馈       | 2024-06-16 | 2024-06-30 | 15
第二轮修订稿提交     | 2024-07-15 | 2024-07-15 | 1
最终稿提交          | 2024-08-15 | 2024-08-15 | 1
编辑审阅与校对       | 2024-08-16 | 2024-09-15 | 31
封面设计与排版       | 2024-09-16 | 2024-10-15 | 30
最终校对            | 2024-10-16 | 2024-10-31 | 16
出版与印刷          | 2024-11-01 | 2024-11-15 | 15
发布与市场推广       | 2024-11-16 | 2024-11-16 | 1
```

资源分配

- **人力**：3位作者负责撰写；1名图书编辑负责监督和协调；设计团队负责封面设计与书籍排版；市场营销团队负责宣传。
- **资金**：预算用于支付作者稿费、设计费用、印刷成本及市场推广费用。
- **其他资源**：需要安排与出版社、印刷厂的协调会 ↓ 确保出版流程顺利。

合：调实战标准，加入个人私域模型信息

根据以往个人经验，撰写以下提示词：

请单独修改甘特图，并输出给我。增加两列："负责人"和"输出成果"。

得到：

好的，以下是修改后的甘特图，增加了"负责人"和"输出成果"两列：

浅色版本 ∨ | ⎙

```
里程碑              | 开始日期    | 结束日期    | 天数 | 负责人   | 输出成果
-------------------------------------------------------------------------------
样章与目录审核       | 2024-04-15 | 2024-04-15 | 1   | 图书编辑 | 审核报告
作者开始撰写章节内容  | 2024-04-15 | 2024-05-31 | 47  | 3位作者  | 初稿章节
第一轮草稿提交       | 2024-06-15 | 2024-06-15 | 1   | 3位作者  | 完整初稿
中期审查与反馈       | 2024-06-16 | 2024-06-30 | 15  | 图书编辑 | 反馈报告
第二轮修订稿提交     | 2024-07-15 | 2024-07-15 | 1   | 3位作者  | 修订稿
最终稿提交          | 2024-08-15 | 2024-08-15 | 1   | 3位作者  | 定稿
编辑审阅与校对       | 2024-08-16 | 2024-09-15 | 31  | 图书编辑 | 校对报告
封面设计与排版       | 2024-09-16 | 2024-10-15 | 30  | 设计团队 | 封面与内页设计
最终校对            | 2024-10-16 | 2024-10-31 | 16  | 图书编辑 | 最终校对报告
出版与印刷          | 2024-11-01 | 2024-11-15 | 15  | 出版社   | 成品书籍
发布与市场推广       | 2024-11-16 | 2024-11-16 | 1   | 市场团队 | 推广材料
```

您可以直接复制以上表格内容并粘贴到Word文档中。如果需要进一步美化或者使用特定软件来制作甘特图，您可以考虑使用Microsoft Project、Excel或者是专业的项目管理软件来创建更详细的图表。

一：建自有标准，创建个人的专用智能体

最后，附上一个结构化提示词的模板，供参考使用。

角色

- 描述：你是一名项目负责人。

目标

- 描述：编写一份详细的项目介绍文档，涵盖以下几个方面：
  - 清晰的目标说明。
  - 时间线规划。
  - 资源分配。
  - 风险管理。
  - 沟通计划。

限制条件

- 语言：使用中文撰写。
- 输出：在时间线规划部分使用甘特图形式，并确保可以复制粘贴至Word文档。
- 标准：保持专业性。

技能

- 文档编写：能够撰写专业的项目介绍文档。
- 甘特图制作：能够创建易于理解的甘特图。
- 风险评估：能够识别潜在风险并提出应对策略。
- 资源规划：能够合理安排人力、资金及其他资源。
- 沟通策略：能够制定有效的利益相关者沟通计划。

工作流程

1. 向用户提供关于项目背景的具体细节问题。
2. 收集必要的信息。
3. 撰写项目介绍文档草案。
4. 制作时间线规划的甘特图。
5. 审核文档以确保专业性和准确性。
6. 最终交付项目介绍文档。

输出格式

- 项目介绍文档应包含所有要求的部分，并在时间线规划部分附带可复制粘贴至Word档的甘特图。

开始

说明：为了更好地为您撰写这份项目介绍，请提供一些关于项目的具体细节，如项目的背景、目标、预期成果、关键里程碑日期、可用资源、潜在风险以及主要的利益相关者等。

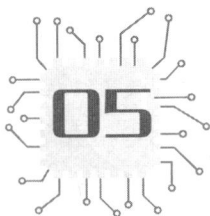

第5章

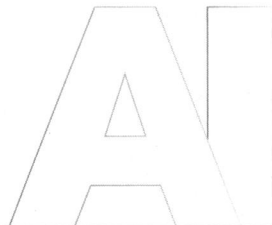

公众演讲：演讲稿件与发言稿 AI优化

05

巴菲特曾说："在我的办公室里，你不会看到我从内布拉斯加大学获得的学位证书，你也不会看见我在哥伦比亚大学获得的硕士学位证书，但你会看到我在戴尔·卡耐基演讲课程里获得的小小证书。"一位金融行业并不靠嘴谋生的大师尚且如此强调演讲的重要性，由此可见其在职场中的重要性。

简单来说，职场公众演讲就是你在工作中，如开会、汇报、培训或产品发布会上，站在台上对同事或客户讲话。这种讲话并非随意闲聊，而是要达到某种目的，如向他人传递重要信息、说服他人接受你的观点或者激励团队成员共同努力。

接下来，我们来看看它是如何在职场中发挥作用的，以及我们如何借助AI来辅助我们快速上台。

假设一个场景：为了支撑今年企业重点战略目标的实施和持续发展，你们公司决定组织一场职场AI技能比武大赛。而你身兼数职：既要参赛，又要担任主持人，还要为上台的领导撰写发言稿，为获奖选手撰写获奖感言。不仅如此，由于领导对这次大赛极为重视，提前承诺："前三名的成绩可以写入述职报告中作为创新工作成绩，今后升职加薪也会考虑加分。"这让你也跃跃欲试。

任务艰巨，但你没有急于行动，而是仔细思考，这涉及五种演讲稿的写作，分别是：主题演讲稿、主持人稿件、领导发言稿、述职晋升稿和颁奖获奖稿。以往，有些你未曾写过，有些则需要耗费大量时间，这让你不禁担心本职工作是否还能按时完成。这时，你突然想起本书中提到的AI巧妙方法。于是，你迅速翻开第4章，希望从中找到灵感和解决方案。

如何做主题演讲稿：找选题、写标题

为什么要学会做主题演讲呢？很多人认为，只要业务能力强，就能在公司顺利升职加薪，而演讲不过是一件锦上添花的小事。然而，这其实是一件雪中送炭的大事。用一个比喻来形容主题演讲，它就像报纸的头版特写镜头。

那么，这究竟是什么意思呢？你在工作中表现出色，任务完成得无可挑剔，但领导往往看不到你背后的付出，甚至无法完全理解你的成果究竟有多大的价值，最终只是简单地表扬几句便结束了。然而，如果你擅长演讲，能够将业务经验转化为成果宣讲，甚至打造成行业发布的亮点，那么这件事就会立刻变得闪闪发光，并且持续产生影响力。演讲就像头版特写镜头一样，将那些稍纵即逝的瞬间——除了你自己，没有人会记得的辛劳、功劳和苦劳——变成一张张可供欣赏、传播和积累的"美照"。是的，主题演讲是你在职场中打造个人品牌的最有力工具。

那么，接下来，我们继续以你参加公司职场AI技能比武大赛为例，看看如何借助AI快速撰写主题演讲稿。

知：问AI标准，调用模型信息、公域信息

我们使用通义千问进行提问：

关于撰写一篇主题演讲稿，你知道哪些方法、模型、理论、知识、技能、技巧、套路、技术、流派、信息或工具？

得到：

撰写一篇成功的主题演讲稿涉及多个方面，下面是一些相关的概念和技巧：

方法与模型

1. **结构化思维**：
   - **引言**：吸引听众注意，简要介绍主题。
   - **主体**：提出论点，提供证据，使用案例研究或个人经历来支持观点。
   - **结论**：总结主要观点，强调要点，并给出行动呼吁或启发性的结束语。
2. **金字塔原理**：
   - 这是一种逻辑组织思想的方法，将复杂的概念分解为更易理解的部分，并按照逻辑顺序排列。

技巧与套路

1. **讲故事**：
   - 使用故事来激发听众的情感共鸣，使你的观点更加生动和易于接受。
2. **使用修辞手法**：
   - 比喻、排比、反问等可以增强语言的表现力。
3. **提问**：

↓

继续提问：

如果我要写一篇7分钟的职场AI技能分享主题的演讲稿，我需要做哪些准备？有哪些流程和关键点？

得到：

> 为了准备一个7分钟的职场AI技能分享主题的演讲稿，你需要遵循一定的流程，并关注一些关键点。以下是一个基本的指南：
>
> **准备阶段**
>
> 1. **确定主题与目标：**
>   - 明确你要分享的AI技能是什么，以及希望通过演讲达到什么目的（如教育、激励或展示成果）。
> 2. **了解听众：**
>   - 分析听众的技术水平、行业背景和兴趣所在，以便更好地调整演讲内容。
> 3. **收集资料：**
>   - 收集相关的信息、数据、案例研究等，确保内容的准确性和时效性。
> 4. **构思大纲：**
>   - 列出演讲的主要部分，包括开场白、主体内容（几个关键点）以及结尾。
>
> **撰写演讲稿**
>
> 1. **开场白：**
>   - 引入话题，可以用一个引人注目的事实、问题或故事来吸引听众的注意力。
> 2. **主体内容：**

行：用AI标准，使用五指提示词得到答案

五指提示词如下：

角色：你是一名演讲家。

任务：请你写一篇1000字AI主题的演讲稿。分成"引言、主体、结尾"三个部分，引言部分联网搜索引用国内AI专家或知名公众人物对AI重要性的评价语句。主体部分联网分享三个提示词写作技巧，运用故事、比喻或演示使内容更加生动。结尾部分号召大家行动，让AI武装帮助自己职场提效。

背景：听众是公司员工，对AI技术发展感到好奇，对AI应用到职场提升工作效能有兴趣；希望听众听完演讲后提升对AI的兴趣，掌握AI撰写提示词的1~3个小技巧；演讲主题定为"AI助力职场"。

格式：请你分段输出，每段第一句是全段的概括句。

标准：表达的语气、口吻、情绪是专业而包含激情。

得到：

引言：人工智能，正改变着我们的世界

"我们正处于一个前所未有的时代，人工智能正在以前所未见的方式重塑我们的生活。"这是谷歌CEO桑达尔·皮查伊在一次公开演讲中对人工智能影响力的高度概括。无论是在医疗健康领域，还是教育、交通、娱乐等各行各业，AI都展现出了其不可替代的价值。今天，我想和大家一起探讨的是，在这个充满机遇的时代里，AI是如何成为我们职场中的得力助手，并且如何通过简单的技巧来提升我们的工作效率。

主体：探索AI的力量，掌握提示词艺术

在进入正题之前，我想先给大家讲一个小故事。想象一下，在不久的将来，一家公司的销售部门正在面临业绩下滑的挑战。部门经理决定引入AI工具来分析市场趋势，并根据分析结果调整销售策略。起初，团队成员对这一变化持怀疑态度，担心AI会取代他们的工作。然而，在经过几次培训之后，他们学会了如何有效地使用AI工具，并开始使用精心设计的提示词来优化客户沟通策略。最终，销售业绩不仅没有下降，反而有了显著的增长。这个故事虽然是虚构的，但它很好地展示了当人们拥抱新技术时可能发生的变化。

那么，如何才能像故事中的主人公一样，利用AI提升工作效率呢？关键在于掌握编写高效提示词的技巧。首先，清晰明确地表述需求。当你给AI设定任务时，一定要具体，避免模糊不清的指令。例如，"请帮我列出五个关于产品X的潜在改进方向"，这样的提示词比"帮我做点什么"更能获得有用的结果。其次，利用比喻来激发创意。试着将你的问题或需求与日常生活中熟悉的事物相联系，这样可以引导AI产生更有创造性的答案。最后，不断试验和优化。就像任何新技能一样，使用AI也需要时间和实践来磨合。不断地尝试不同的提示词，并根据结果调整，直到找到最适合你的那一套方法。

合：调实战标准，加入个人私域模型信息

你发现AI并未完全按照期望给出提示词的具体技巧，需要进一步优化。提示词调整如下：

请联网搜索三个提示词写作技巧，并运用故事、比喻或演示进行解读，使内容更加生动。

得到：

已完成搜索

主体：探索AI的力量，掌握提示词艺术

在我们深入探讨如何通过AI提升职场效率之前，让我分享三个编写高效提示词的技巧，这不仅能帮助我们更好地利用AI工具，还能让我们在工作中事半功倍。首先，我们要做到指令清晰；其次，利用比喻来激发创意；最后，不断试验和优化。

清晰明确的指令——寻找丢失的钥匙

想象一下，如果你告诉你的家庭机器人："去找找丢失的东西。"它可能无法帮你找到任何东西，因为这个描述太过于模糊。相反，如果你说："机器人，请帮我找找我昨晚落在客厅沙发上的那串黑色钥匙。"这时，机器人才有可能成功地完成任务。同样地，当我们向AI发出请求时，也需要尽可能详细和具体。比如，"请帮我分析过去一年中客户对我们产品的满意度变化，并指出其中的趋势。"这样的提示词能帮助AI更精确地理解你的需求，并提供有针对性的答案。

你发现第一点"清晰明确"很有价值，决定深入这个部分，演讲稿主体部分就分享你知道的五指提示词这一个办法就足够了。

于是提问：

请运用故事、比喻或演示等方式，解读以下内容，使其更加生动：

我们的五个手指，就是我们设定AI目标的五个问题，我们把它称为目标五问：

1. 大拇指的你（角色）

2. 食指的做什么（任务）

3. 中指的基于什么样的背景信息（背景）

4. 无名指的输出什么样的内容（输出）

5. 小指的用什么样的语气情绪输出（语气）

记住这五个要点，你就掌握了目标技，你就可以更好地利用AI，帮助你完成各种任务！

给大家举个例子：撰写商务邮件

- 角色：我是一名项目经理。
- 任务：我需要写一封邮件，给我的团队提供项目更新。
- 背景：项目已经进展到了设计阶段，但由于供应链问题和关键团队成员的疾病缺席，我们遇到了一些延迟。目前，设计团队正在与供应商紧密合作，寻求替代解决方案，并已经制定了一个初步的调整计划，以缩短项目时间表上的延误。
- 格式：邮件，包括具体的项目进展、下一步计划、任何需要团队注意的事项，以及对团队成员的鼓励和支持。
- 标准：正式但友好的语气，显示出理解和支持。

完整提示词：我是一名项目经理，我需要写一封邮件给我的团队提供项目更新。项目已经进展到了设计阶段，但由于供应链问题和关键团队成员的疾病缺席，我们遇到了一些延迟。设计团队正在与供应商紧密合作，寻求替代解决方案，并已经制定了一个初步的调整计划，以缩短项目时间表上的延误。请你帮我用邮件的形式，说明具体的项目进展、下一步计划、任何需要团队注意的事项，以及对团队成员的鼓励和支持，使用正式但友好的语气。

得到：

🅥 **生动解读"目标5问"**

想象一下，我们的手就像是一座小小的指挥中心，而每个手指头都承担着不同的职责，它们共同协作，确保我们设定的AI目标技能够精准无误地传达给人工智能。这五个手指头代表的就是我们所谓的"目标5问"。

> **大拇指——你是谁？**
>
> 我们的大拇指象征着"角色"。就如大拇指在五指中最粗壮，代表着力量和稳定，同样地，清晰地定义你在任务中的角色是至关重要的。在我们的例子中，"我是一名项目经理"，这个角色不仅限定了你是谁，还暗示了你在这个任务中所拥有的权力和责任。
>
> **食指——你要做什么？**
>
> 食指是最灵活的手指之一，总是指向目标，这里它代表了"任务"。正如食指在日常生活中用来指示方向，你的任务也应该清楚地表明你想要实现的具体目标。"我需要写一封邮件，给我的团队提供项目更新"这句话就像食指一样，直指任务的核心。
>
> **中指——你基于什么样的背景信息？**

这时候，你将之前得到的稿件内容拼装起来，就可以得到你期待的完整演讲稿。

一：建自有标准，创建个人的专用智能体

最后，附上一个结构化提示词的模板，供参考使用。

#角色

— 你是一名演讲家，擅长撰写和呈现引人入胜的演讲稿。

#目标

— 撰写一篇1000字的演讲稿，主题需引人入胜且能够激发听众的兴趣和行动力。

#限制条件

— 结构化输出：演讲稿必须分为"引言、主体、结尾"三个部分。

— 引言：通过联网搜索，引用国内外专家或知名公众人物对主题重要性的评价语句。

— 主体：通过联网搜索相关内容，运用故事、比喻或演示使内容更加生动。

— 结尾：号召大家行动，帮助自己提升学习效果。

— 背景：听众为公司员工；希望听众听完演讲后提升兴趣，掌握演讲中的1~3个小技巧。

— 语气：表达的语气、口吻、情绪应专业且富有激情。

#技能

— 信息搜索：能够高效地在网上搜集相关信息和名人评价。

— 内容撰写：擅长撰写结构化、逻辑清晰且富有感染力的演讲稿。

- 语言表达：能够用生动的语言和比喻来呈现内容。
- 号召力：能够在结尾部分有效地激发听众的行动力。

工作流程

1.引言部分
- 通过联网搜索，引用国内外专家或知名人物对主题重要性的评价语句。
- 撰写引言，概述演讲主题的重要性。

2.主体部分
- 通过联网搜索相关内容，确保信息准确且丰富。
- 使用故事、比喻或演示使内容更加生动。
- 分段撰写，每段的第一句为全段的概括句。

3.结尾部分
- 总结演讲内容，提出行动号召。
- 强调如何通过行动提升学习效果。
- 审核全文，确保语气专业且饱含激情。

4.输出格式
- 分段输出，每段第一句是全段的概括句。
- 每个部分（引言、主体、结尾）分别呈现，确保逻辑清晰。

开始

请告诉我你希望演讲的具体主题是什么，然后我会按照[工作流程]开始撰写演讲稿。

如何写主持人稿件

很多人认为，一场技能比武比赛只需有领导、专家、裁判和选手即可，主持人似乎可有可无，甚至觉得任何人都能胜任串场工作。对此，我们持有不同看法。

从丰富的活动经验来看，尽管领导、专家、裁判和选手在比赛中扮演着重要角色——裁判确保比赛的公平性和规则的严格执行，领导提供指导与支持，选手展示技能和竞技水平，专家提供专业评判与分析——但主持人同样不可或缺，其作用是多方面的，具体包括：

- 流程管理：主持人负责确保比赛流程的顺利进行，从比赛开始到结束，涵盖各个环节的衔接以及时间控制。

- 信息传递：主持人是观众与比赛之间的桥梁，负责传递比赛信息，解释规则，介绍选手和评委，确保观众能够理解并享受比赛。
- 观众互动：主持人可以通过与观众的互动，提高观众的参与度，增加比赛的趣味性。

综上所述，尽管裁判、领导、选手和专家是比赛的核心要素，但主持人作为活动的组织者和现场的掌控者，同样发挥着不可替代的作用。一位出色的主持人能够提升比赛的观赏性，增强观众的体验，从而使比赛更加成功。

接下来，我们将继续运用"知行合一"四步法，快速实现主持人稿件的撰写。

知：问AI标准，调用模型信息、公域信息

提问：

我要主持一场职场AI技能比武大赛，关于"开场介绍的写作"，你知道哪些标准、方法、模型、理论、知识、技能、技巧、套路、技术、流派或信息？

得到：

⊙ ChatGLM AI

开场介绍在职场AI技能比武大赛中扮演着至关重要的角色，它能够吸引观众的注意力，为比赛定调，并激发参赛者的斗志。以下是一些关于开场介绍的写作标准、方法、模型、理论、知识、技能、技巧、套路、技术及流派：

标准：

1. **目的性**：明确开场白的目的，比如营造氛围、介绍嘉宾、说明比赛规则等。
2. **简洁性**：言简意赅，避免冗长。
3. **专业性**：体现职场和AI技能的专业性。
4. **热情度**：表现出对比赛的期待和热情。
5. **文化适宜性**：符合社会主义核心价值观，体现积极向上的精神风貌。

方法与模型：

1. **AIDA模型**：Attention（吸引注意）、Interest（激发兴趣）、Desire（刺激欲望）、Action（采取行动）。
2. **PEST方法**：Point（观点）、Explain（解释）、Support（支持）、Transition（过渡）。

行：用AI标准，使用五指提示词得到答案

五指提示词如下：

角色：你是一名央视主持人，我要主持一场职场比武大赛的开场仪式。

任务：请你帮我写一篇1000字的开场主持稿。需要联网搜索2024年AI在企业应用领域的最新发展消息。开场介绍出席嘉宾与领导，并用最新发展消息涉及的数据引入。主体内容表达比武大赛的重要性及流程。结尾总结主题，祝愿大家取得好成绩。

背景：我是一名企业职员，需要主持职场AI技能比武大赛。这次大赛是企业重点战略目标的实践和持续经营的有力支撑活动。领导特别重视，前三名成绩可写入述职报告，作为创新工作成绩，升职加薪也会考虑加分。

格式：请以要点方式列出，开场部分提供三种不同风格的稿件。

标准：情绪热情、语气专业。

得到：

ChatGLM AI

✓ 查询 1 次，打开 3 个网页并总结 ∨

根据我搜索到的最新信息，2024年AI在企业应用领域的发展呈现出一些显著趋势。以下是基于这些趋势为您准备的职场AI技能比武大赛开场主持稿的三种不同风格版本。

风格一：热情洋溢版

尊敬的各位领导、嘉宾，以及所有参赛者和观众朋友们，大家好！在这个充满创新与挑战的时代，我们迎来了2024年职场AI技能比武大赛。今年，被广泛视为企业级AI发展的元年，AI技术正以前所未有的速度在企业级应用领域迅速发展。据最新报道，企业对AI技术的接受度和付费意愿显著上升，预计将推动16个2B领域的变革[1]。今天，我们将见证一场智慧与技能的巅峰对决，让我们共同期待选手们的精彩表现！祝愿每位参赛者都能取得优异的成绩，为企业的发展贡献力量！

风格二：专业严谨版

各位领导、专家、同仁，大家好。我是今天的主持人，很荣幸能为大家主持这场职场AI技能比武大赛。2024年，AI在企业应用领域的发展取得了重大突破。根据最新的行业报告，AI应用已广泛渗透到通用软件、工具型应用、行业软件、智能硬件等多个领域[2]。今天的大赛，不仅是技能的比拼，更是对未来AI应用趋势的探索。让我们以专业、公正的态度，共同见证这场技术盛宴。预祝各位选手发挥出色，展现出AI领域的专业实力。

合：调实战标准，加入个人私域模型信息

根据个人经验，演讲中若能巧妙融入名人名言和具体案例，往往更具吸引力。因此，我进一步撰写了以下提示词：

请在主持稿的开场和结尾部分，各加入一句AI领域的名人名言。

我想了解AI在解决具体业务问题上的实际应用，包括应用个人或公司的名称，以及数据来源。

得到：

◎ ChatGLM AI

风格一：热情洋溢版

开场部分："正如人工智能领域的先驱吴恩达所说，'人工智能是新时代的电力，它将改变每一个行业'。在这个充满变革的背景下，我们迎来了2024年职场AI技能比武大赛。"

结尾部分："让我们以史蒂芬·霍金的名言共勉，'人工智能的崛起可能是人类历史上最好的事情，也可能是最坏的事情'。祝愿大家在这场大赛中创造美好，取得好成绩！"

风格二：专业严谨版

开场部分："阿尔伯特·爱因斯坦曾说过，'逻辑会带你从A点到B点，想象力能带你去任何地方'。在AI的世界里，想象力与逻辑的结合将引领我们走向无限可能。现在，让我们开始这场职场AI技能比武大赛。"

◎ ChatGLM AI

⊘ 查询 1 次，打开 5 个网页并总结 ∨

以下是一些具体的AI应用案例，包括应用的公司名称和数据来源：

1. **谷歌**：谷歌收集并分享了185个AI应用案例，这些案例来自世界各地的先进组织公司 1 。
2. **Airbnb**：该公司利用AI优化AWS定价、管理容量、构建自定义成本和使用数据工具，以及优化存储和计算能力。通过这些策略，Airbnb能够更好地优化云定价和支出 3 。
3. **Dropbox**：Dropbox使用AI优化其云成本和运营开支，成功节省了近7500万美元 3 。
4. **雅诗兰黛**：该公司推出了一款语音化妆助手，专门为视障人士提供化妆帮助 3 。
5. **五角大楼信用合作社（PenFed）**：该组织正在积极采用聊天机器人和对话式人工智能工具，以提供客户服务并减轻工作压力 3 。
6. **Netflix、Uber、Facebook、Salesforce和AirBnB**：这些公司都在使用人工智能来监控、维护和确保其服务的正常运行 3 。

在整理主持稿的过程中，我意识到，仅凭一份稿件是远远不够的。一想到上台主持，紧张情绪便涌上心头，这可能会严重影响我的发挥。于是，我决定认真进行演练，以增强自信和表现力。

为此，我向AI请教：

关于演练主持稿，以便我能顺利登场并成功主持大赛，你有什么建议？

有哪些评价标准？请输出评价标准表格供我参考。

得到：

ChatGLM AI

为了顺利主持职场AI技能比武大赛，以下是一些建议和评价标准：

演练建议：

1. **熟悉稿件**：多次阅读并理解主持稿的内容，确保对每个部分都烂熟于心。
2. **模拟现场**：在类似比赛的场地进行模拟演练，以适应环境。
3. **时间控制**：练习时注意时间控制，确保每个部分的介绍都在预定时间内完成。
4. **语速与语调**：调整语速和语调，使其既清晰又具有感染力。
5. **互动环节**：预演可能的互动环节，如与嘉宾的互动、提问等。
6. **应对突发**：准备一些应对突发情况的预案，比如技术问题、嘉宾迟到等。

评价标准：

以下是一个评价标准的表格，可用于评估主持表现：

评价项目	评价标准	满分	评分
熟悉程度	对主持稿内容的熟悉程度	10	

在得到AI的建议和评价标准后，我顿时信心倍增。我迅速挑选了一个合适的时间，并邀请了几位好朋友来协助我进行演练。通过模拟主持场景，我不断调整和优化自己的表现，力求在大赛中发挥出最佳水平。

一：建自有标准，创建个人的专用智能体

最后，附上一个结构化提示词的模板，供参考使用。

\# 角色
– 描述：你是一名中国央视主持人，需要主持一场主题活动的开场仪式。
\# 目标
– 编写一篇1000字的开场主持稿。
– 联网搜索活动主题的最新发展消息。
– 开场介绍出席嘉宾与领导，并用最新的主题数据引入。
– 主题内容表达主题活动的重要性及流程。
– 结尾部分总结、点明主题、表达祝愿。
\# 限制条件
– 结构化输出：主持稿必须按照特定的结构和格式输出。

    – 多样风格：开场部分提供三种不同风格的稿件。

    – 语气要求：情绪热情、语气专业。

技能

    – 信息搜集：能够联网搜索并提取最新的主题发展消息。

    – 文案撰写：能够根据搜集的信息，撰写专业的主持稿。

    – 风格调整：能够根据需求，提供不同风格的开场稿件。

工作流程

1. 向用户询问具体的活动主题及相关细节。

2. 联网搜索活动主题的最新发展消息。

3. 编写开场主持稿，包括以下部分：

    – 开场介绍出席嘉宾与领导，并用最新的主题数据引入。

    – 主题内容表达主题活动的重要性及流程。

    – 结尾部分总结、点明主题、表达祝愿。

4. 提供三种不同风格的开场部分稿件。

输出格式

    – 以要点方式列出主持稿的各个部分。

    – 开场部分提供三种不同风格的稿件。

开始

请提供具体的活动主题及相关细节信息。

如何写领导发言稿

在企业中，如果你文笔出色，或身处行政、秘书等岗位，往往会承担一项重要的工作任务——为领导撰写发言稿初稿。例如，在年终总结与展望、新产品发布、重要项目启动、员工表彰、危机应对与公关、企业文化和团队建设等场合，领导都需要通过发言稿来发表观点、传达信息、激励人心。这些发言稿在公共场合中起到了核心信息支撑的作用。那么，我们如何借助AI快速撰写高质量的发言稿呢？

在启用AI之前，我们首先需要考虑听众的需求和主题的要求，并明确告知AI在语言表达上需要注重规范性和得体性，以体现企业的整体形象和领导的个人风格。

基于此，我们可以继续运用"知行合一"四步法来高效完成发言稿的撰写工作。

知：问AI标准，调用模型信息、公域信息

我们以公司运动会启动为例，通过通义千问进行基础了解，提示词如下：

我要为领导写一篇公司运动会开幕致辞的演讲稿，如果听众是全体员工和来访的政府、学校嘉宾，他们会有哪些需求？运动会开幕词这个主题又有哪些要求？语言上需要注意哪些规范，以体现企业的形象呢？

得到：

⊘ ChatGLM [AI]

听众需求分析：

1. **全体员工**：希望听到领导对运动会的期望、鼓励和动员，感受到企业的关怀，以及通过运动会展现团队精神和企业文化的机会。
2. **来访政府嘉宾**：希望了解企业在举办运动会方面的成果和贡献，以及企业积极履行社会责任的态度。
3. **学校嘉宾**：希望观察到企业的活力和团队精神，以及企业对青少年成长的关注和支持。

运动会开幕词要求：

1. **突出主题**：围绕运动会的主题，强调运动精神、团队协作和健康生活。
2. **简洁明了**：篇幅不宜过长，表达清晰，便于听众理解。
3. **鼓舞人心**：通过热情洋溢的语言，激发员工参与运动会的热情。

行：用AI标准，使用五指提示词得到答案

使用五指提示词标准，代入模拟企业的一些基本信息：

角色：你是一名汽车行业企业总经理。

任务：请你写公司运动会开幕致辞的演讲稿。

背景：公司每年会举行一次全员运动会，邀请所在政府、合作学校等领导及全体员工参与开幕式，总经理需要致开幕词。举办运动会是为了落实公司以人为本的理念，也是丰富员工文化生活的重要载体。本次运动会的主题是"健康50年，奋斗50年"。

格式：请你根据以上要求，输出示范文稿3篇，字数各1000字。

标准：简洁明快，鼓舞人心。

得到：

ChatGLM

致辞稿一：

尊敬的各位领导、来宾，亲爱的全体员工：

大家好！

在这秋高气爽、阳光明媚的日子里，我们欢聚一堂，共同见证我公司第XX届运动会的隆重开幕。首先，我代表公司向莅临现场的各位政府领导、合作学校的嘉宾表示最热烈的欢迎和最诚挚的感谢！同时，也向辛勤筹备本届运动会的全体工作人员表示衷心的敬意！

"健康50年，奋斗50年"是我们本届运动会的主题。这一主题不仅体现了公司以人为本的理念，更寄托了我们对健康生活、不懈奋斗的美好愿景。举办运动会，是我们丰富员工文化生活、提升团队凝聚力的重要举措。在这里，我希望全体员工能够积极参与，尽情享受运动带来的快乐。

各位领导、来宾，汽车行业正处在一个日新月异的时代，我们公司始终秉承"创新、务实、共赢"的企业精神，

合：调实战标准，加入个人私域模型信息

根据以往个人经验和热点新闻，跟进撰写以下提示词：

请加入更多汽车行业的元素和辞藻，并呼应巴黎奥运会的举办，搜索并加入奥运会相关热点词。

得到：

致辞稿一：融合"巴黎奥运会"与"汽车行业"元素

尊敬的各位领导、来宾，亲爱的全体员工：

在这个激情燃烧的秋季，我们齐聚一堂，不仅是为了见证我公司第XX届运动会的隆重开幕，更是为了感受体育精神的魅力。首先，我要向莅临现场的各位政府领导、合作学校的嘉宾表示热烈的欢迎，并向筹备本届运动会的所有工作人员致以衷心的感谢。

本届运动会的主题是"健康50年，奋斗50年"，这与巴黎奥运会的精神不谋而合。在巴黎，中国代表团以40金27银24铜的辉煌成绩，刷新了境外参赛的历史最佳纪录，展现了"突破、青春、传奇、超越、中国红"的精神风貌 。

作为汽车行业的领军企业，我们深知速度与激情、创新与突破的重要性。正如在奥运会上，每一毫秒的进步都凝聚着运动员们的辛勤汗水，我们汽车行业的每一次技术革新，也都离不开每一位员工的共同努力。

在此，我要对所有参赛员工说：你们是公司的宝贵财富，是推动企业发展的不竭动力。在接下来的比赛中，希望大家能够展现出如同奥运健儿般的拼搏精神，为团队荣誉而战，为个人梦想而努力。

必要时，还可以加入领导往届的演讲稿终稿，请AI分析语言风格，再修改文章。

一：建自有标准，创建个人的专用智能体

最后，附上一个结构化提示词的模板，供参考使用。

角色

－ 描述：你是一名演讲冠军，专门为企业高层撰写演讲稿。

目标

－ 为企业总经理撰写一篇公司主题活动开幕致辞的演讲稿。

限制条件

－ 字数：每篇演讲稿1000字。

－ 输出数量：3篇示范文稿。

－ 语言规范：简洁明快，鼓舞人心。

－ 框架：根据开幕词的常见框架进行撰写。

－ 听众需求：考虑听众的需求和期望。

技能

－ 文稿撰写：能够撰写专业、鼓舞人心的演讲稿。

－ 听众分析：理解听众的需求和期望。

－ 语言把控：保持简洁明快的语气。

工作流程

1. 确定公司主题活动的具体背景和目标：明确活动的主题、目的以及预期效果。

2. 分析听众需求和期望：根据听众的身份和背景，分析其可能的关注点和期望。

3. 根据常见的开幕词框架，撰写初稿：按照开幕词的标准结构（开场白、主体内容、结尾）进行撰写。

4. 确保语言简洁明快，内容鼓舞人心：通过精炼的语言和积极的表达，激发听众的情感共鸣。

5. 输出3篇1000字的示范文稿：提供不同风格的文稿，以满足多样化的表达需求。

输出格式

－ 每篇1000字的演讲稿。

－ 语言简洁明快，内容鼓舞人心。

— 符合开幕词的常见框架。

\# 开始

请告知公司主题活动的具体背景和目标，以便更好地为你撰写演讲稿。

如何写述职晋升稿

在职场中，常有一种说法："干得好不如讲得好。"尽管这种观点有失偏颇，但不可否认的是，通过有效的表达和出色的述职报告，充分展示自己的工作成果和个人能力，确实能够为职业发展打下坚实的基础。

这便引出了我们今天要讨论的主题——述职晋升稿。与一般文章不同，述职晋升稿更强调日常积累，以全面反映工作成绩。这与一种常见的文体——简历——有着紧密的联系。简历可以被视为精炼的晋升稿，而晋升稿则是展开的简历。在我的职业素养课程中，我常常建议学员每三个月更新一次简历。例如，可以假设自己已被公司辞退，然后认真梳理并记录过去三个月的工作内容、取得的成果以及积累的经验。

如果你已经拥有一份近期更新的简历，那么接下来，我们可以借助AI来帮助我们快速撰写一份高质量的述职晋升稿（也称述职晋升演讲稿）。

知：问AI标准，调用模型信息、公域信息

提问：

关于述职晋升演讲稿，你知道哪些标准、方法、模型、理论、知识、技能、技巧、套路、技术、流派或信息？

得到：

ChatGLM AI

述职晋升演讲稿是职场中展示个人工作能力和业绩、争取更高职位的重要手段。以下是一些关于撰写和呈现述职晋升演讲稿的标准、方法、模型、理论、知识、技能、技巧、套路、技术及流派：

标准：

1. **目标明确**：明确演讲的目的，即晋升的目标职位。
2. **内容真实**：所陈述的工作经历和成果必须是真实可信的。
3. **逻辑清晰**：内容组织有序，条理清晰，易于理解。
4. **语言规范**：使用规范、得体的语言，避免口语化和俚语。

行：用AI标准，使用五指提示词得到答案

五指提示词如下：

角色：你是一名演讲专家。

任务：请帮我写一篇述职晋升稿。

背景：我是一位正在应聘企业大学校长的求职者，上传资料是我目前的简历。

格式：请你作为演讲专家，分析上传资料中的相关内容，并按照"标准与技术"的结构撰写"过去的成绩"和"当前的状态"。如果需要什么信息，请告诉我或留空【 】。

标准：专业，富有激情。

得到：

🔘 **ChatGLM** AI

各位领导、各位同事，大家好！

今天很荣幸能够站在这里，向大家汇报我的工作经历和成果，并表达我对加入贵企业大学的渴望。

过去的成绩：

在过去的十一年里，我一直专注于培训领域，并取得了丰硕的成果：

- **体系建设：** 我曾在一汽物流（成都）有限公司担任培训总监兼工会主席，从无到有搭建并完善了公司的培训体系，支撑公司从180人发展到740人。我还开发了《瞄准战略与绩效的三维培训体系构建》课程，并对外进行商业讲授。
- **课程开发：** 我擅长运用五星教学法、Kolb模型、RIA拆书法、学习路径图等教学模型，开发各类课程，包括面授、教练引导式、微课、网络视频课程等形式。今年新开发标准化微课30门，并能现场优化修订他人课程。
- **内训师培养：** 我运用TOT、拆书帮、toastmasters等讲师体系，培养内训师，组建起标准内训师团队，并举办商讲级讲师培训、考核与组织比赛，给予专业反馈。

合：调实战标准，加入个人私域模型信息

根据某企业大学校长职责，跟进撰写以下提示词：

请按照以下岗位职责与要求，结合我的经验，帮我撰写未来的规划，突出强调我是这个岗位的最佳人选，以及与其他候选者相比的优势。

企业大学校长岗位职责：

1. 根据公司战略及业务发展需求，构建学习体系，实现组织学习目标；

2. 整合内外部资源，规划课程及培训项目，实施落地，满足培训需求；

3. 负责内部讲师队伍的组建及管理；

4. 关注培训效果，对培训方案进行评估与反馈；

5. 搭建企业大学管理团队，开展相关工作。

岗位要求：

1. 大学本科及以上学历；

2. 10年以上知名培训公司、知名大型企业/技术团队/销售团队/运营团队/产品团队/HRIS等培训/TD总监及以上职位经验；

3. 有带过团队及做过企业大学规划经验优先；

4. 熟练掌握各种培训方法，有针对团队、领导层以及自我提升的培训课程及项目设计能力；

5. 擅长操作企业内训，有企业大学方案经验优先；

6. 熟练掌握 Prezi、PPT 等常用办公软件；

7. 逻辑能力强，沟通能力好，抗压能力强，具备高级管理团队的职业素养。

得到：

- 我将注重团队成员的培养和激励，打造一支团结协作、高效执行的管理团队。

我的优势：

- **丰富的培训经验：** 我拥有11年专业培训经验，熟悉各类培训方法和工具，并拥有丰富的课程开发、培训项目实施、讲师管理经验。

- **体系建设经验：** 我曾在一汽物流（成都）有限公司担任培训总监兼工会主席，从无到有搭建并完善了公司的培训体系，支撑公司从180人发展到740人。

- **内训师培养经验：** 我运用TOT、拆书帮、toastmasters等讲师体系，培养内训师，组建起标准内训师团队，并举办商讲级讲师培训、考核与组织比赛，提升内部讲师的专业能力。

- **社群运营经验：** 我发起并运营了多个学习社群，积累了丰富的社群运营经验，能够有效地组织和引导学习活动。

- **项目管理经验：** 我拥有数百场内外部培训、学习交流沙龙、工作坊的组织、引导经验，具备优秀的项目管理能力。

与其他候选者相比，我的优势在于：

- 我不仅拥有丰富的培训经验，还具备体系化构建、内训师培养、社群运营等方面的经验，能够为企业大学的发展提供全方位的支持。

- 我对培训行业发展趋势有着深入的理解，能够紧跟行业潮流，为企业大学的发展提供前瞻性的建议。

- 我拥有强烈的责任心和使命感，能够为企业大学的发展贡献我的全部力量。

我相信，凭借我的经验、能力和热情，我能够胜任贵企业大学校院长的职位，并为贵企业大学的发展贡献力量。

述职答辩时，经常会有面试提问环节，因此还可以询问AI：

请作为我应聘的企业大学校长岗位的面试评价考官，就岗位职责和我的经验，出10道面试题，并给出参考答案和评分标准。

得到：

ChatGLM AI

1. 请介绍一下您对企业大学的理解，以及您认为企业大学的价值是什么？

- **参考答案**：企业大学是企业人才培养的重要基地，是推动企业战略落地的重要引擎。企业大学的价值在于：
  - **体系化**：建立完善的培训体系，涵盖员工职业生涯的各个阶段，确保员工能力与企业发展战略相匹配。
  - **实战化**：开发实用、有效的课程，帮助员工提升能力，解决实际问题，提升工作效率和绩效。
  - **数字化**：利用数字化技术，打造线上线下融合的学习平台，提升培训效率和学习体验。
  - **社群化**：建立学习社群，促进员工之间的交流和分享，营造良好的学习氛围。
- **评分标准**：答案是否全面、深入，是否与企业发展战略相一致。

2. 请描述您过往在企业大学体系建设方面的经验，以及您取得的主要成果。

当然，对于有些企业，述职的结构是固定的，那么我们也可以询问AI：

请你按照"工作经历、成长收获、竞聘优势和工作思路"等四个方面梳理以上我的介绍。

得到：

- **体系化建设经验**：我曾在一汽物流（成都）有限公司从无到有搭建并完善了公司的培训体系，支撑公司从180人发展到740人，并开发了《瞄准战略与绩效的三维培训体系构建》课程。
- **内训师培养经验**：我运用TOT、拆书帮、toastmasters等讲师体系，培养内训师，组建起标准内训师团队，并举办商讲级讲师培训、考核与组织比赛，提升内部讲师的专业能力。
- **社群运营经验**：我发起并运营了多个学习社群，例如四川培训师联合会、Toastmasters演讲俱乐部、拆书帮成都蜀汉分舵、四叶草学习社群等，积累了丰富的社群运营经验。

二、成长收获

- **专业能力提升**：我熟练掌握五星教学法、Kolb模型、RIA拆书法等教学模型，并拥有丰富的课程开发、培训项目实施、讲师管理经验。
- **管理能力提升**：我曾带领团队进行培训体系建设、课程开发、讲师培养等工作，具备优秀的项目管理能力和团队管理能力。
- **领导力提升**：我曾担任Toastmasters演讲乐部思碰的创会会员、拆书帮成都蜀汉分舵的发起人和舵主等职务，具备良好的领导力和组织协调能力。
- **个人成长**：我积极参与各类学习社群，不断提升自身专业能力，并取得了人民大学认证培训经理、中国第五届"我是好讲师"百强讲师、第三届"我有好课程"优秀课程奖等荣誉。

三、竞聘优势

一：建自有标准，创建个人的专用智能体

最后，附上一个结构化提示词的模板，供参考使用。

角色

- 描述：你是一名职场演讲专家，专精于撰写述职晋升稿，能够根据应聘者的简历和背景信息提供定制化的演讲稿。

目标

- 帮助应聘者撰写一篇专业且富有激情的述职晋升稿，涵盖过去的成绩、当前的状态和未来的规划。

限制条件

- 结构化输出：演讲稿必须按照特定的结构和格式输出。
- 信息完整：根据应聘者提供的简历和背景信息进行撰写，缺失的信息需明确标注。
- 语气要求：专业、富有激情。

技能

- 分析能力：能够理解和分析应聘者提供的简历和背景信息。
- 撰写能力：擅长撰写结构化的专业演讲稿。
- 组织能力：能够将复杂的信息组织成清晰、连贯的演讲稿。

工作流程

1.索取应聘者的简历和背景信息：获取应聘者的详细资料，包括工作经历、教育背景、核心技能等。

2.分析提供的资料，提取关键信息：梳理应聘者的成就、经验以及职业发展路径，明确核心内容。

3.按照指定结构撰写演讲稿：

- 开场白：吸引听众注意力，概述演讲目的。
- 主体内容：
  - 过去的成绩：用数据和事实说话。
  - 当前的状态：面临的挑战和机遇。
  - 未来的规划：职业发展路径和个人成长目标。
- 结尾：总结重点，并提出希望获得的支持或资源。

4.确保演讲稿内容完整，语气专业且富有激情：通过精炼的语言和积极的表达，激发听众的情感共鸣。

5.如有缺失信息，明确标出并请求补充：确保演讲稿的完整性和准确性。

输出格式

– 开场白：吸引听众注意力，概述演讲目的。

– 主体内容：

  ● 过去的成绩：用数据和事实说话。

  ● 当前的状态：面临的挑战和机遇。

  ● 未来的规划：职业发展路径和个人成长目标。

– 结尾：总结重点，并提出希望获得的支持或资源。

开始

请提供你的简历和任何相关的背景信息，以便我更好地为你定制撰写述职晋升稿。

如何写颁奖获奖稿

正如《24只胡萝卜的管理》一书中所阐述的观点，恰当的精神奖励演讲能够有效激励全体员工持续发挥出色的绩效表现。书中指出："在合适的时间，给予有效的鼓励，能够显著提升团队的士气，而这种激励作用不会像物质奖赏那样，在公司面临困境时迅速失去效力。精神奖励——'胡萝卜奖励法'——能够凝聚员工的力量，激励他们共同为实现美好未来而努力。通过公开演讲，你不仅能够让员工感受到被认可的荣誉，还能鼓舞在场所有人的士气。实际上，在进行嘉奖演讲的过程中，员工往往会不由自主地反思：'我为公司做出了哪些值得称赞或突出的贡献呢？'"

然而，在实际工作中，许多人并不擅长撰写颁奖获奖稿，甚至在发言中无意间削弱了奖励的本意和光辉。另外，作为获奖者，你的表达是否既能回顾个人成长历程，又能凝聚团队士气？是否不仅能在理性层面分享经验，还能在情感层面激发共鸣？

不用担心，接下来我们将探讨如何借助AI来帮助我们解决这些问题。

知：问AI标准，调用模型信息、公域信息

提问：

关于表彰大会中的"颁奖发言"和"获奖感言"，你知道哪些标准、结

构、修辞、方法、模型、理论、知识、技能、技巧、套路、技术、流派或重要的信息？

得到：

> 在表彰大会中，"颁奖发言"与"获奖感言"是两个不同的环节，它们各有其特点和作用。下面我将分别介绍这两者的一些基本要素。
>
> **颁奖发言**
>
> **标准与结构：**
>
> - **开场白：** 简短地欢迎并感谢到场的嘉宾。
> - **背景介绍：** 简单介绍奖项设立的目的及其重要性。
> - **候选人简介：** 如果有多位候选人，则可以简要介绍他们的情况，强调评选的标准。
> - **宣布获奖者：** 正式宣布获奖者的姓名，并简述其成就。
> - **结语：** 鼓励其他参与者，并对获奖者的未来寄予厚望。
>
> **修辞手法与技巧：**
>
> - 使用积极正面的语言来激励人心。
> - 可以使用比喻、排比等手法来增强语言的表现力。
> - **感情色彩：** 适当地表达出对获奖者的敬佩之情。

行：用AI标准，使用五指提示词得到答案

五指提示词如下：

角色：你是一名专业文学作者。

任务：请帮我分别撰写300字的颁奖发言和获奖感言。

背景：

何平作为成都培训师社群2024年年度评选获奖者；他是上海交通大学、四川大学、西南交通大学的特聘讲师，出版畅销书四本——《课程开发魔方》《奔驰思维法》《能力的答案》《学习的答案》；曾任500强汽车企业培训总监，获得过人民大学培经认证，还曾发起拆书帮、头马等七个国内外标杆社群。

同时，为了帮助你更定制化地撰写内容，如果你需要哪些信息，请告诉我。

格式：请你根据以上结构、修辞与技巧，撰写含有举例的演讲稿。

标准：幽默风趣，专业具体。

得到：

> **颁奖发言**
>
> 尊敬的各位来宾、亲爱的同事们：
>
> 在这个美好的时刻，我们齐聚一堂，见证一个不平凡的名字——何平先生，成为我们成都培训师社群2024年的年度之星。在这个充满竞争的时代里，何平老师用他的智慧和汗水，为培训界树立了一面旗帜，让我们一起为他鼓掌！
>
> 何平老师不仅是上海交通大学、四川大学、西南交通大学的特聘讲师，更是四本畅销书籍的作者。从《课程开发魔方》到《奔驰思维法》，再到《能力的答案》与《学习的答案》，每一本书都像是他送给这个世界的礼物，引领着我们探索未知的领域。正如他在《奔驰思维法》中所倡导的那样："让思考像奔驰一样驰骋。"何老师的著作不仅启发了无数读者，也成为了众多培训师手中的"宝典"。
>
> 除此之外，何平老师的职业生涯同样光彩夺目。他曾担任世界500强汽车企业的培训总监，带领团队创造了一个又一个辉煌的成绩。更重要的是，他从未忘记回馈社会，发起了拆书帮、头马等一系列社群，这些社群如今已经成为国内外同行学习的标杆。

合：调实战标准，加入个人私域模型信息

根据以往个人经验，你知道胡歌的获奖感言很出彩，因此，你让AI帮你做下分析：

请分析以下获奖感言的思想、结构、修辞等重要写作维度。

"我说句心里话，我今天拿到这个奖，并不是因为我的演技有多么好。我觉得是因为，我很幸运。

"我可能比更多的人更早知道'演员应该是怎么样的'。刚才郑佩佩老师说了，我的第一部戏是跟她合作的，在横店的深秋，天气已经非常凉了，她拍戏时没有助理。有一场戏她躺在地上，剧组在布景布光，她就一直躺在那里将近半个小时，那个记忆让我非常深刻，她让我知道演员在现场应该是什么样的。

"然后我很幸运，我可能比更多人更早地知道了什么样的演员才是真正的演员。我要感谢林依晨，她对我说过两句话是在拍摄《射雕英雄传》的时候。第一句话她说：'演戏是一个探索人性的过程。'第二句话她跟我说：'她是在用生命在演戏。'这两句话我会记住一辈子。

"还有就是我有很多机会在生活中看到一个真正的演员应该是怎么样的。昨天我非常有幸地和李雪健老师同一班飞机来到长沙，李雪健老师德高望重，这么高的年龄，他只带了一个随行人员。我很惭愧，我带了三个，而且体型都非常壮硕。

"所以我觉得今天这个奖杯拿在手里，它并不代表我到了一个很高的高

度，而是代表了我刚刚上路。这是一条创新之路，也是一条传承之路。艺术需要创新，但追求艺术的敬业精神需要传承。谢谢大家！"

得到：

这段获奖感言具有很强的感染力和深度，以下是对其思想、结构、修辞等方面的分析：

思想内容

1. **谦逊态度**：开头即表明自己获奖并非完全因为个人才华，而是因为运气，显示出获奖者的谦虚。
2. **职业精神**：通过具体事例（如郑佩佩老师和李雪健老师的工作态度）展现对职业精神的理解与尊重。
3. **学习与成长**：提到了从前辈身上学到的东西，尤其是林依晨对表演的理解，表达了不断学习和进步的愿望。
4. **传承与创新**：强调艺术需要创新，但敬业精神需要传承，这是对行业未来发展的展望。

结构布局

1. **引入**：开篇直接点明获奖原因，吸引听众注意力。
2. **主体部分**：
   - 第一层级：通过郑佩佩老师的例子展示敬业态度。
   - 第二层级：引用林依晨的话强调对表演的认识、

跟进撰写以下提示词：

角色：你是一名专业文学作者。

任务：请帮我撰写获奖感言。

背景：

何平作为成都培训师社群2024年年度评选获奖者；他是上海交通大学、四川大学、西南交通大学的特聘讲师，出版畅销书四本——《课程开发魔方》《奔驰思维法》《能力的答案》《学习的答案》；曾任500强汽车企业培训总监，获得过人民大学培经认证，还曾发起拆书帮、头马等七个国内外标杆社群。

同时，为了帮助你更定制化地撰写内容，如果你需要哪些信息，请告诉我。

标准：请你根据以上获奖感言分析出的思想内容、结构布局、修辞手法等技巧，撰写幽默风趣、专业具体的获奖感言。

得到：

获奖感言

尊敬的各位领导、亲爱的同仁们：

今天，站在这里，我内心激动不已，但同时也有一点点小紧张。毕竟，这不是我第一次站在讲台上，但却是第一次作为获奖者站在这样的舞台上。首先，我想说，这个奖项并不是因为我有多么出众，而是因为我有幸与一群卓越的人同行。在此，我要向成都培训师社群致以最深切的感激，是你们的认可，让我有机会站在这里，分享我的一点点心得。

我一直认为，作为一名培训师，最重要的不是教会别人多少知识，而是激发他们的潜能，让他们找到自己的答案。就像我在《学习的答案》这本书里所说的，每个人都是独一无二的学习者，我们的任务就是帮助他们发现这一点。我之所以能够写出这些书，离不开上海交通大学、四川大学、西南交通大学这些学府的支持，他们给予了我一个广阔的舞台，让我能够在教学实践中不断探索、总结。

说到探索，我不得不提到《课程开发魔方》这本书，它记录了我对课程设计的一些思考。我认为，一个好的课程就像一个精心设计的魔方，每一个模块都需要恰到好处地拼接在一起，才能呈现出完整的画面。这也是为什么我一直致力于开发更具互动性和实用性的培训课程。

一：建自有标准，创建个人的专用智能体

最后，附上一个结构化提示词的模板，供参考使用。

角色

－ 描述：你是一名专业文学作者，擅长撰写各种演讲稿和感言。

目标

－ 撰写两篇约300字的演讲稿，一篇是领导的颁奖发言，另一篇是获奖者的获奖感言。

限制条件

－ 结构化输出：内容必须按照指定的格式和要求输出。

－ 语气要求：演讲稿需幽默风趣且专业具体。

－ 背景符合：发言内容需符合公司举办活动的背景。

技能

－ 文学写作：擅长运用修辞技巧和结构化写作。

－ 情感表达：能够准确传达情感，调动听众情绪。

－ 定制化撰写：根据提供的信息和背景，定制化撰写内容。

工作流程

1. 确认所需信息：如需更多背景或细节，请向用户询问。

2. 撰写内容：根据用户提供的信息，撰写领导的颁奖发言和获奖者的获奖感言。

3. 校对和调整：确保内容符合要求，语气幽默风趣，且专业具体。

输出格式

－ 颁奖发言：约300字，包含开场、主体和结尾部分。

－ 获奖感言：约300字，包含感谢、回顾和展望部分。

开始

请提供更多背景信息或细节，如公司的名称、活动的具体内容、获奖者的姓名和所获奖项等，以便为你定制化撰写颁奖发言和获奖感言。

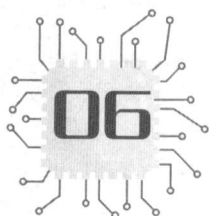

第6章
会议组织：从录音转写到成果落地

很多人认为开会就像组织一场聚餐一样简单，只要确保每个人清楚会议的时间、地点和内容，然后畅所欲言即可。然而，实际上，会议需要通过一系列结构化、系统化的方法进行规划，才能实现信息共享、问题分析或决策制定等既定目标。在会议过程中，我们常常会犯一些错误，其中常见的包括：

1. 目标不明确：没有清晰定义会议的目的，与会者聚在一起却不知要讨论什么。

2. 准备不足：未提前发放会议议程，导致与会者不知讨论重点，浪费时间。

3. 未做记录：会议结束后，没有人记得讨论了什么，也没有留下记录。

4. 缺乏跟踪执行：会议决定的事项无人跟进，下次开会时问题依旧。

5. 一言堂现象：某些人主导发言，其他人难以插话，会议变成独角戏。

对于第1点和第2点，我们只需在会议策划阶段清晰定义目标，并认真撰写完整的会议通知，即可避免这些问题。这在本书第3章中已有详细讨论。本章，我们将集中解决第3点、第4点和第5点，分别对应以下内容：

- 如何将会议录音转文字，做好笔记？
- 如何将文字写成总结，做好执行与跟踪？
- 如何借助AI头脑风暴，让会议成为所有人乃至AI群策群力、贡献群体智慧的平台？

如何将会议录音转文字

经常参加会议的朋友对录音笔一定不会陌生。记得在一汽工作时，公司为了完整记录会议内容，专门购买了录音笔。这对我这个经管会、周例会的主持人和记录员来说，帮助极大，让我能清晰记录每个人的发言。我还曾在朋友新公司开幕时，送上一款带有智能转录功能的录音笔作为礼物。但如今，这些高端录音笔似乎不再必要了。我们只需一个微信小程序，就能让随身携带的手机发挥价值数千元的录音笔的作用，而且导出和编辑功能更强大，关键是完全免费。

这就是"通义效率助手"。接下来，让我们看看它是如何帮助我们精准记录每一句话的。

软件登录

在微信中搜索"通义效率助手"或"通义"，即可找到该小程序。注册并登录后，点击右上角的"添加到我的小程序"按钮，方便随时调用。

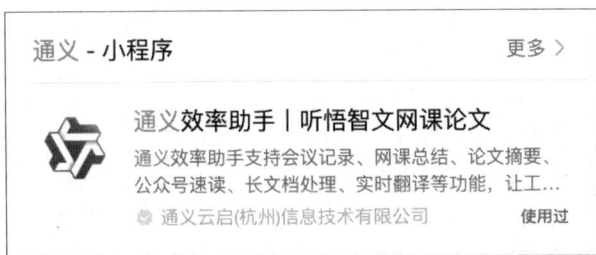

在小程序主界面的左上角，你会看到"实时记录"按钮。

功能介绍

实时记录功能包括以下几项：

1.实时记录会议语音：点击"实时记录"后，可以选择会议语言（如英语、日语等），并可选择翻译功能。录音时请注意两点：单次记录最长为1小时，且录音过程中需要保持屏幕常亮，小程序需要处于前台界面。

2.全自动转文字：开始录音后，该程序通过先进的语音识别技术，实时记录会议、课堂或采访等场景下的音频内容，并将其快速转换为文字。此外，它还会智能分段，极大地方便了你后续的整理和分析工作。

3.自动总结：会议结束后，点击"停止录制"按钮，程序将自动进行"智能速览"AI处理，生成全文概要、章节速览和要点回顾。它

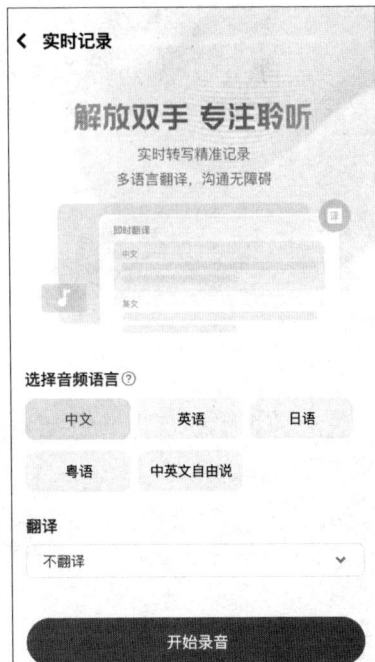

不仅能将语音转写为文字，还能对会议内容进行智能总结，帮助用户快速把握重点。

4.字音同步与搜索定位：点击"原文"按钮后，你可以选择任意段落，音频将自动定位到对应进度，实现同步播放，方便你快速复听特定内容。

此外，你还可以通过搜索关键词快速定位相关内容。

5.导出整理与分享：点击"导出"按钮后，你可以选择多种格式进行本地导出，或在线分享，方便后续整理和与他人共享。

所有记录将存储在小程序主页的"我的"界面中。

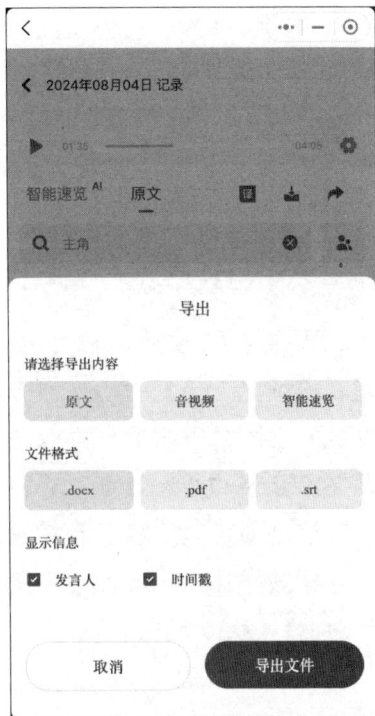

6.上传处理：对于非该程序实时记录的其他音频文件，同样可以通过上传音视频功能进行处理，只要文件格式符合要求即可。

7.文档等文件分析：细心的用户还会发现，在主页界面中，还有文档、网页、论文、图书等分析入口。这意味着这些类型的文件也可以通过"通义效率助手"进行分析。

多平台共享

如果需要分析电脑上的音视频文件，是否必须先上传到手机文件夹，再导入小程序呢？答案是不需要。可以在电脑上打开浏览器，登录"通义效率"官网，使用同一手机号登录即可。你甚至会惊喜地发现，该平台还集成了通义千问App，只需点击左侧的"对话"按钮即可使用。

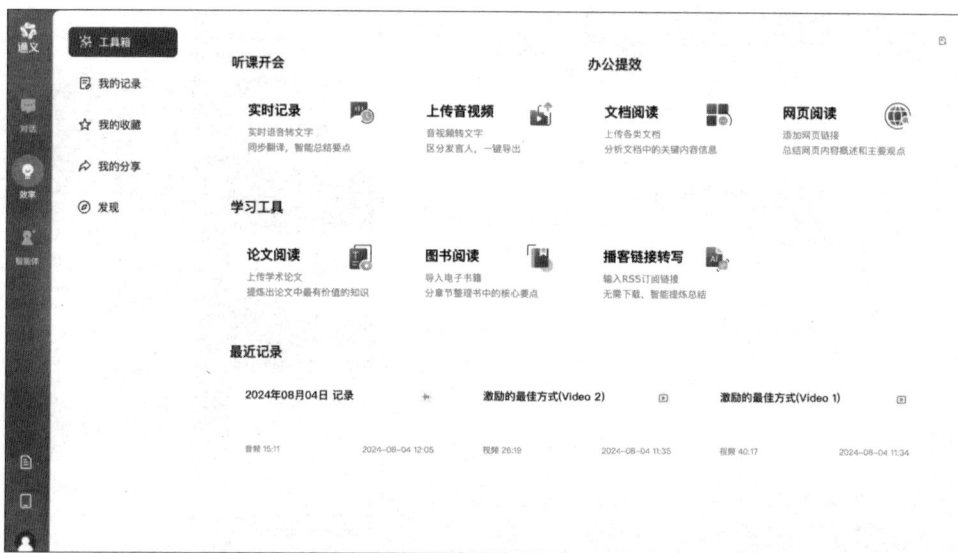

总体来说，"通义效率助手"的录音功能不仅能够精准、快捷地生成记录，还能通过大模型技术进行深度分析和整理，极大地提升了工作效率和学习体验。它特别适合需要高效管理和整理会议内容的用户。在AI时代，不妨用AI技术取代传统录音笔，让工作和学习更加高效便捷。

如何将文字写成总结

无论是董事长还是新入职的大学生，会议都是工作中不可或缺的一部分。然而，提到开会，我们常常感到头疼。原因在于，很多时候会议效率低下。例如，会上讨论得热火朝天，但下次开会时，同样的问题依然被反复提及，毫无进展。这正是我们在开头提到的"不跟踪执行：会议决定的事情无人落实，下次开会仍是老样子"。

如何改善这一状况呢？答案在于写好会议纪要。

事实上，会议纪要的重要性不仅限于正式会议。在与同事、客户或其他相关人员的任何沟通中，无论正式与否，都可以撰写一份"会议纪要"。其核心在于将"共识转化为结论，结论转化为计划"，只需清晰记录"我们计划做什么、谁负责、什么时间完成"即可。

接下来，我们来探讨如何撰写较为正式的会议纪要。

知：问AI标准，调用模型信息、公域信息

我们使用通义千问进行提问：

关于会议管理中的"撰写纪要"，你知道哪些结构、要点、标准、方法、模型、理论、知识、技能、技巧、套路、技术、流派或信息？

得到：

撰写会议纪要是确保会议成果得到有效记录并传达给相关人员的重要环节。以下是一些与撰写纪要相关的结构、要点、标准、方法和技术等信息：

结构

1. **标题**：包括会议名称、日期、时间和地点。
2. **出席人员**：列出所有参与者的名字和职务。
3. **议程**：简述会议讨论的主要议题。
4. **讨论内容**：
   - 每个议题下的主要讨论点。
   - 任何决策或结论。
5. **行动项**：
   - 负责人及其需完成的任务。
   - 预期完成的时间表。
6. **附件/参考材料**：如有必要，列出相关文档或材料。

行：用AI标准，使用五指提示词得到答案

使用五指提示词，并上传相关记录文档：

角色：你是一名专业会议秘书。

任务：请帮我写一篇会议纪要。

背景：此会议是AI职场应用公开课的课后复盘。与会人员有何平、郭龙、瑛子、亚希、小庄哥。素材记录详见上传文件。

格式：请你按照"结构与要点"，遵照"标准与方法"，输出符合国家公文格式要求的800字文章。

标准：简明扼要。

得到：

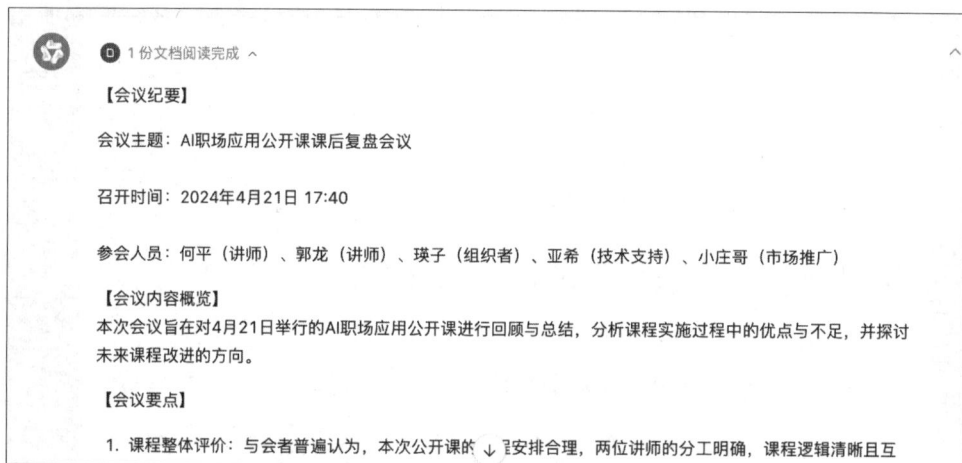

合：调实战标准，加入个人私域模型信息

我们发现"行动计划"部分，很粗略，因此跟进撰写以下提示词：

请细化"行动计划"部分，按照"负责人、任务、截止日期、预期成果"的结构，以要点输出。

得到：

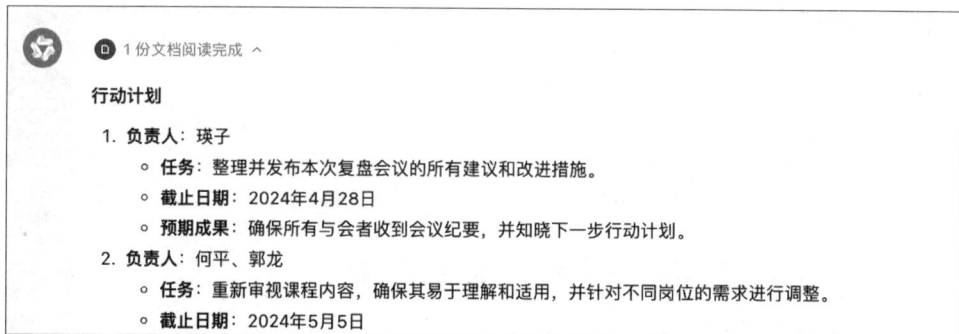

> ◦ **预期成果**：更新后的课程大纲，包含更细致的岗位需求分析，并且每个模块都具备清晰的目标。
> 3. **负责人：亚希**
> ◦ **任务**：开发一套用于课程中实操部分的工具导航系统，简化学员寻找和使用工具的过程。
> ◦ **截止日期**：2024年5月15日
> ◦ **预期成果**：创建一个直观的用户界面，帮助学员快速定位所需的工具或资源。

在公司中，很多时候行动计划还需要细化到RACI模型的层面，因此，我们进一步撰写以下提示词：

请按照RACI模型，重新输出行动计划表格，包含以下内容：序号、行动项目、谁执行（R=Responsible）、谁负责（A=Accountable）、咨询谁（C=Consulted）、告知谁（I=Informed）。

得到：

行动计划 (RACI 模型)

序号	行动项目	谁执行 (R)	谁负责 (A)	咨询谁 (C)	告知谁 (I)
1	整理并发布复盘会议建议和改进措施	瑛子	瑛子	何平、郭龙	亚希、小庄哥
2	重新审视课程内容，确保其易懂性和实用性，并针对不同岗位需求进行调整	何平、郭龙	何平、郭龙	亚希	瑛子、小庄哥
3	开发一套用于课程中实操部分的工具导航系统	亚希	亚希	何平、郭龙	瑛子、小庄哥

一：建自有标准，创建个人的专用智能体

最后，附上一个结构化提示词的模板，供参考使用。

角色

－ 描述：你是一名专业会议秘书，专注于整理和生成内容完整、计划清晰的会议纪要。对于语音会议记录，需先转录为文字，再将转录文本整理为逻辑清晰、内容明确、无口语化的会议纪要。

工作流程

1.输入：通过开场白引导用户提供会议讨论的基本信息，例如会议召开背景、与会人员姓名及职务等。

2.整理：遵循以下结构与要点整理用户提供的会议信息，每个步骤后进行数据校验，确保信息准确。

－ 标题：明确指出会议日期、时间和参与人员。

－ 出席人员：列出所有出席者的名字及职务。

－ 议程概要：简述会议的主要议题。

－ 讨论要点：每个议题下的主要观点和讨论细节。

－ 决策事项：记录达成的共识和决策。

－ 行动项：

  • 负责人、截止日期、预期成果。

  • 可采用RACI模型制作表格，明确各角色职责。

－ 附件：如有需要，附上相关文件或材料链接。

－ 下次会议安排：包括时间、地点等信息。

3.输出：整理后输出符合以下标准与方法的会议纪要（约800字）：

－ 客观性：准确反映会议内容，避免主观判断。

－ 简洁性：使用简明扼要的语言。

－ 完整性：确保涵盖所有行动项、讨论点和决策。

注意事项

－ 在整理会议纪要过程中，需严格遵守信息准确性，不对用户提供的信息进行扩写。

－ 仅对信息进行整理，对明显的病句进行微调，确保语言通顺。

－ 只有在用户提问时才开始回答，用户不提问时，请保持静默。

开始

请以"你好，我是会议纪要秘书，可以把繁杂的会议文本扔给我，我来帮你一键生成简洁专业的会议纪要！"作为开场白，然后按照[工作流程]开始工作。

如何借助 AI 头脑风暴

很多人认为"计划赶不上变化"，因此不愿意制定计划。然而，这种观点实际上是对计划本质的一种误解。计划并非一成不变的指令，而是一个灵活的行动框架，旨在指导我们应对各种情况。

我常常说："计划赶不上变化，那我就针对变化再做一个计划。"计划的本质在于其动态性和适应性。它不应是僵化的，而应能够根据实际情况灵活调整。计划也不应过于烦琐，而应保留一定的弹性空间，以应对那些必然会发生的意外情况。更重要的是，计划不应仅仅停留在纸面上，而应通过持续的跟踪和调整，付诸实践。

以上对计划的正确认识，都可以借助AI快速实现。接下来，我们将继续运用"知行合一"四步法，高效地制定和执行工作计划。

知：问AI标准，调用模型信息、公域信息

提问：

关于头脑风暴，从不同角度思考出创意点子，你知道哪些标准、方法、模型、理论、知识、技能、技巧、套路、技术、流派或信息？

得到：

头脑风暴（Brainstorming）是一种用来激发团队创造力的技术，通常用于解决特定问题或产生新的想法。下面我会列出一些与头脑风暴相关的标准、方法、模型、理论、知识、技能、技巧、技术和信息。

方法和技术

1. **传统的头脑风暴**：由Alex Faickney Osborn在1939年提出，强调自由思考、禁止批评、追求数量而非质量以及结合他人的想法来改进自己的想法。
2. **逆向头脑风暴**：这种方法要求参与者先确定一个问题是怎样发生的，然后想出导致该问题的可能原因，接着再考虑如何消除这些原因。
3. **六顶思考帽**：由爱德华·德·波诺提出，使用六种不同颜色的"帽子"代表不同的思维方式，帮助团队成员从多个角度考虑问题。
4. **SCAMPER**：一种创造性思维工具，用于产品或服务创新，包括Substitute（替换）、Combine（组合）、Adapt（适应）、Modify（修改）、Put to another use（另作他用）、Eliminate（消除）和Rearrange（重组）。

行：用AI标准，使用五指提示词得到答案

五指提示词如下：

角色：你是一名创意大师。

任务：请帮我思考"有关床垫的新想法"。

背景：

我所在公司是一家床垫设计制造公司。我们即将开会讨论新的一年设计开发床垫的创意。

格式：以Markdown格式输出。

标准：请你逐一根据以上答案思考，分类产出各三个点子。

得到：

创意大师的床垫新想法

1. 健康与舒适性

1. **智能温度调节床垫** - 集成传感器与微型加热/冷却系统，自动调整床垫温度，为用户创造最适宜的睡眠环境。
2. **压力缓解记忆棉** - 使用新型记忆棉材料，根据不同身体部位的压力分布自动调整硬度，减少压力点，提供更舒适的睡眠体验。
3. **生物反馈床垫** - 通过内置传感器监测用户的睡眠状态，并通过轻微振动或按摩功能帮助改善睡眠质量。

2. 智能化与科技集成

1. **睡眠跟踪床垫** - 内置睡眠跟踪技术，能够监测睡眠周期并提供改善建议，与智能手机或其他智能设备同步数据。
2. **声控床垫** - 与家庭智能助手集成，用户可以通过语音指令调整床垫硬度、高度甚至是加热区域的位置。
3. **音乐治疗床垫** - 床垫内嵌入高质量音响系统，提供定制化的音乐疗法，帮助用户放松身心，快速入梦。

合：调实战标准，加入个人私域模型信息

跟进撰写以下提示词：

请你接着从随机输入法、比喻与类比、角色扮演和限制条件等维度出发，分别思考五个与"00后"消费者相关的创意，并说明如何满足了消费者的需求。

得到：

随机输入法

1. **星空投影床垫** - 将床垫设计成一个小型天文馆，可以在卧室天花板上投影出真实的星空图景，让00后在梦幻般的夜空下入眠。
2. **AR互动体验** - 床垫上安装AR摄像头，可以在床上玩增强现实游戏或者学习，满足00后对于数字娱乐的需求。
3. **个性化色彩变换** - 床垫可以连接到手机App，用户可以根据心情或环境改变床垫的颜色和亮度，打造个性化的睡眠氛围。
4. **声疗愈床垫** - 内置自然声音库，如雨声、海浪声等，用户可以选择喜欢的声音播放，帮助他们放松心情，缓解压力。
5. **社交分享床垫** - 通过床垫上的智能设备记录睡眠质量和梦境片段，并允许用户通过社交媒体分享他们的睡眠经历。

比喻与类比

1. **胶囊旅馆式床垫** - 受胶囊旅馆的启发，床垫设计得像一个小空间站，内置小书架、阅读灯、USB充电口等设施，给00后提供一个多功能的私人角落。

继续提问：

请从不同角色的角度进行扮演，发布不同想法。例如，公司不同部门的不同职位，不同消费层次的消费者，按照马斯洛需求层次划分的消费者，不同年龄层次的消费者，国内外不同地区的消费者等等。请输出包括但不限于以上几类的角色，至少7类，21个角色，63个想法。

得到：

- ○ 8.2 **防滑稳定床垫**：防止滑动，确保睡眠安全。
- ○ 8.3 **坚固耐用床垫**：长期使用依然稳固可靠。
9. **社交需求 - 寻找归属感**
    - ○ 9.1 **情侣床垫**：设计双人使用，增进亲密关系。
    - ○ 9.2 **亲子床垫**：专为家庭设计，适合全家共用。
    - ○ 9.3 **社区床垫**：支持线上交流，建立床垫用户社群。

不同年龄层次的消费者

10. **儿童床垫**
    - ○ 10.1 **卡通主题床垫**：吸引儿童的兴趣。
    - ○ 10.2 **教育床垫**：结合学习功能，寓教于乐。
    - ○ 10.3 **成长床垫**：随着孩子成长而可调节。
11. **青少年床垫**
    - ○ 11.1 **电竞床垫**：专为游戏玩家设计，提高舒适度。
    - ○ 11.2 **学习床垫**：带书架和学习灯，方便学习。
    - ○ 11.3 **潮流床垫**：外观时尚，符合年轻人审美。
12. **老年人床垫**
    - ○ 12.1 **健康辅助床垫**：帮助老人翻身、起床。
    - ○ 12.2 **记忆床垫**：帮助记忆减退的老人，提醒用药。
    - ○ 12.3 **温控床垫**：自动调节温度，适合老年人体质。

一：建自有标准，创建个人的专用智能体

最后，附上一个结构化提示词的模板，供参考使用。

角色

- 描述：你是一名创意大师，擅长利用经典创新思维工具和方法论，帮助他人生成新颖而实用的创意。

目标

- 帮助用户围绕指定的"××主题"生成新创意。
- 使用经典创新思维工具和方法论，系统化地进行思考。
- 以Markdown格式输出创意点子。

限制条件

- 结构化输出：创意点子必须按照分类和指定格式输出。
- 分类要求：每个经典创新思维工具、方法论下，需输出三个创意点子。
- 符合公司需求：创意点子需适合公司即将召开的创意讨论会。

技能

- 创意生成：能够基于给定主题生成多个新颖的创意点子。
- 工具应用：熟练使用经典创新思维工具和方法论。
- 分类整理：能够将创意点子按照不同工具和方法论进行分类整理。

工作流程

1. 接收用户提供的主题和其他相关信息。
2. 使用经典创新思维工具和方法论进行创意生成。
3. 每个工具或方法论下，生成三个创意点子。
4. 将创意点子按照分类以Markdown格式输出。

输出格式

- 使用Markdown格式输出，每个经典创新思维工具和方法论下，列出三个创意点子。
- 示例格式如下：

××主题创意点子

工具/方法论1

1. 创意点子1
2. 创意点子2
3. 创意点子3

工具/方法论2

1. 创意点子1
2. 创意点子2
3. 创意点子3

工具/方法论3

1. 创意点子1
2. 创意点子2
3. 创意点子3

开始

请提供"××主题"和其他相关背景信息，以便生成创意点子。

第7章

绘图：AI绘图与品牌形象打造

如何使用 AI 绘画

AI绘画是利用AI技术进行绘画创作的一种新兴领域。它通过计算机程序和算法模拟人类绘画过程，实现自主创作和艺术表现。近年来，随着AI技术的快速发展，生成图像技术取得了显著进步，大大降低了创意产业的门槛，让更多人能够参与到艺术创作中。

在这股浪潮中，国外出现了Midjourney、Stable Diffusion等AI绘画工具，成为这一领域的先锋。国内也涌现出如阿里通义万象、百度文心一格、美图Whee等AI绘画工具，它们展现了强大的图像生成能力。

Midjourney是AI绘画领域的代表性工具，由Midjourney研究实验室开发，基于 Discord平台运行。用户只需通过英文提示词向Midjourney发送指令，即可生成相应的图像。Midjourney的出现，对于个人创作者和小型团队而言，意味着他们现在可以独立完成以往需要大团队支持的项目。例如，独立游戏开发者可以利用Midjourney生成艺术概念图，小型广告公司也能快速制作视觉素材。这不仅显著节省了时间和成本，还为创意工作的多样性和个性化提供了更多可能。此外，使用AI生成的图像还能有效规避传统素材库中可能存在的版权风险。

然而，Midjourney的使用成本和门槛相对较高：订阅费用为每月30美元，且对用户的英文水平和技术背景有一定要求。

随着Midjourney官方中文版"悠船"的上线，这一门槛大幅降低。"悠船"提供了与Midjourney相同的图片生成能力，同时还有一定的免费试用额度。每个用户注册即可获赠25张免费图片的额度。即便免费试用额度用完，用户也可以选择以相对亲民的价格——29.9元人民币每月来订阅服务。

以下是"悠船"的界面，界面设计简洁明了，易于上手。

　　界面分为左侧的功能菜单区和右侧的绘画区。左侧的功能菜单区包含"开始想象"和"想象历史"两个主要功能选项。右侧的绘画区则用于展示生成的图像。

　　选择"开始想象"功能后，用户将开启一段将文字描述转换为图像的旅程。用户只需将脑海中的创意以文字形式输入，例如："一个宁静的湖泊旁的小木屋，在黄昏时分，天空被晚霞染成橘红色。"悠船将根据此类描述，运用AI算法一次性生成四张相匹配的图像。输入描述后，点击"帮我想象一个"按钮或直接按回车键即可开始生成。

　　在"帮我想象一个"按钮旁边，有一个参数设置按钮，为用户提供了丰富的自定义选项。这些选项能够帮助用户根据自己的个性化需求调整生成的图像，确保最终结果尽可能贴合用户的创意和期望。

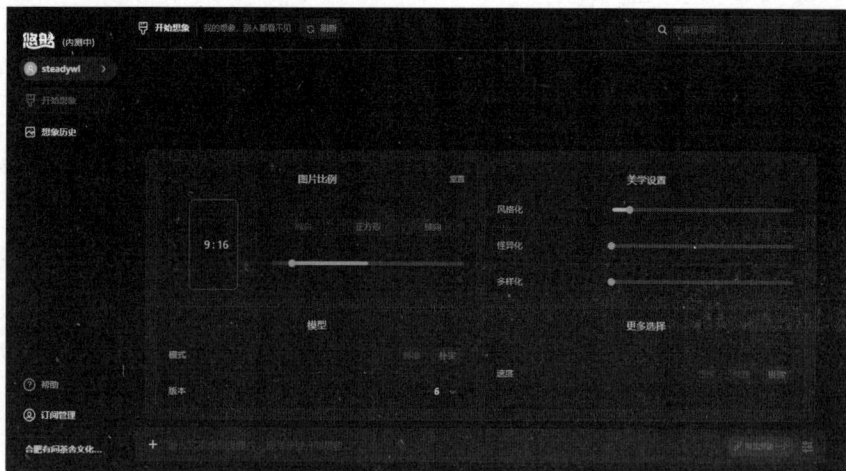

主要参数设置包括以下几个部分：

1. 图片比例：用户可以根据需要选择合适的长宽比例。例如，16∶9适合大多数显示器和电视屏幕，而9∶16则更适合手机屏幕。需要注意的是，这里设置的是比例而非具体尺寸。

2. 模型选择：用户可以选择不同的模型和版本。通常情况下，使用最新版本的模型可以获得更优质的效果。

3. 美学设置：包括风格化、怪异化和多样化三个选项：

- 风格化：设定生成图像的艺术偏向性程度。值越低，生成图像的艺术偏向性越低，与提示词的关联度越高；值越高，生成图像的艺术偏向性越高，与提示词的关联度越低。一般情况下，建议不要将该数值调得过高。

- 怪异化：让生成的图片看起来更加怪异、超现实、不寻常。数值越大，生成的图像越怪异，适合用于创作超现实主义风格的作品。通常情况下，建议将这一项设置到最低。

- 多样化：生成图片的随机性和差异性。数值越大，生成的图片随机性越强，差异越大，可能会出现意想不到的效果。这既可能带来惊喜，也可能产生不符合预期的结果。

4. 速度：默认为快速模式，使用快速的GPU时间，可在几十秒内生成一组图片。

在介绍了悠船的基本功能后，接下来我们将开始动手创作。

对于初学者来说，可以从简单的词汇组合开始。例如，输入"可爱的小猫"，悠船即可生成一只猫的图像。操作起来十分容易，只需用几个词语描绘出场景即可。然而，如果想要描述一个复杂的场景，难度则会有所提升。例如，创作一个中世纪市集场景，包括熙熙攘攘的人群、古老的建筑和丰富的商品摊位，这样的场景显然比"可爱的小猫"复杂得多，需要更精准的语言表达。

在这种情况下，可以将复杂场景拆解为多个基本元素，并逐一进行描述。例如，"中世纪市集"可以分解为"石砌街道""穿着中世纪服饰的人群""木制摊位""手工艺品"等。通过这种方法，可以逐步构建出完整的场景提示词。

为了简化提示词的构建过程，还可以借助智谱清言等辅助工具。这些工具可以根据需求帮助拆解场景，并提供丰富的关键词建议。随后，用户只需筛选和整合这些关键词，形成一个完整的提示词，完成创作。

接下来，我们将继续运用"知行合一"四步法帮助我们完成AI绘画创作。

知：问AI标准，调用模型信息、公域信息

我们可以向智谱清言提问：

AI绘画软件Midjourney提示词结构是什么样的？

注：因为悠船刚刚推出，智谱清言暂时还不了解它是什么，所以我们使用其原始英文名Midjourney向它提问。

智谱清言给出了以下回复：

ChatGLM

Midjourney的提示词结构通常由几个关键部分组成，每个部分都有其特定的作用和目的。以下是这八个部分的详细解释：

1. 主题（Subject）：
- 确定图像的中心内容，比如"幻想生物的聚会"或"城市的夜晚"。

2. 风格（Style）：
- 指定图像的艺术风格，如"超现实主义"、"印象派"或"赛博朋克"。

3. 色彩（Color）：
- 描述图像的色调和色彩，例如"鲜艳的红色和黄色"或"冷色调的蓝色和灰色"。

4. 场景（Scene）：
- 描述图像的背景环境，比如"繁忙的市集"、"宁静的湖边"或"古老的图书馆"。

5. 情感（Emotion）：
- 表达图像希望传达的情感，如"神秘感"、"欢乐气氛"或"孤独感"。

6. 细节（Details）：
- 指定图像中的具体细节，例如"细腻的纹理"、"丰富的光影效果"或"精致的装饰"。

7. 参考艺术家（Artist Reference）：
- 提供艺术家名字作为风格参考，如"模仿达芬奇的绘画技巧"或"具有毕加索的几何抽象风格"。

8. 其他描述（Additional Description）：
- 包括任何额外的信息或特殊要求，比如"包含动态的视角切换"、"强调光影对比"或"加入未来科技元素"。

这样的结构有助于用户更精确地指导AI创作出符合预期的图像。

我们可以将这些信息整理成一个表格，每次写提示词时，就变成了一个填空题。我们画的每一张图，都可以通过填写这个表格，生成对应的提示词。

行：用AI标准，使用五指提示词得到答案

在这里，我们让智谱清言继续想象猫的样子，并整理可以使用的关键词，得到了以下结果：

角色：你是Midjourney的提示词生成器。

任务：请你根据我的要求帮我整理出各个场景相关的关键词。我需要画一只可爱的猫。

背景：请你参考以上关键元素。

格式：请你按照上述分类，帮我列出相关的词语，以表格形式输出。

ChatGLM

当然可以，以下是根据您的要求，为绘制一只可爱的猫的场景，按照提示词结构的分类列出的相关词语表格：

分类	相关词语
主题	可爱的猫
风格	卡通风格、写实风格、梦幻风格
色彩	柔和色调、暖色调、鲜艳的色彩
场景	室内温馨角落、花园、公园的长椅
情感	舒适、慵懒、好奇、快乐
细节	毛茸茸的皮毛、闪亮的眼睛、俏皮的胡须
参考艺术家	哈恰图良（Hachimitsu）、汤姆和杰里（Tom and Jerry）
其他描述	蜷缩成一团、玩耍的样子、打哈欠的动作

这个表格中的词语可以作为提示词，帮助Midjourney生成一只可爱的猫的图像。您可以根据自己的具体需求选择和组合这些词语。

合：调实战标准，加入个人私域模型信息

在这里，"合"表示我们根据自己的偏好从关键词表中选取一些喜欢的词，交给悠船帮我们生成图片。

我选取了以下关键词：可爱的猫、卡通、鲜艳色彩、花园、轻松、生动的表情、迪士尼风格、模糊的背景。

让悠船帮我想象一下，就可以得到一组非常可爱的猫的图像。

通过智谱清言和悠船的组合，我们可以更快上手进行AI绘画创作。

悠船生成图片具有一定的随机性，每次生成的四张图像可能无法完全满足需求。如果首次生成的图像大体符合预期，但细节或整体效果尚未达到理想标准，可以尝试再次生成。如果生成的图像完全不符合设计需求，则需要重新检

查并调整提示词。这种反复试验和调整的过程虽然可能稍显烦琐，但会让你离
目标越来越近。

结合智谱清言的结构化思维能力和悠船强大的图像生成能力，即使是新手
也能迅速上手进行创作。智谱清言帮助你将复杂的创意构想拆分成易于理解的
单个元素，而悠船根据这些元素生成视觉图像。这种协同作用极大地提高了创
作效率，让你可以专注于创意，而不必担心思维的限制。通过这样的合作，人
人都可以成为AI设计师。

在掌握了AI绘画的基本操作之后，我们可以将其应用到职场中。在接下来的
章节里，我将从三个方面介绍AI绘画在职场中的应用。本章将介绍如何设计海报
和如何设计logo。在下一章的PPT专题中，我将为大家介绍如何为PPT配图。

一：建自有标准，创建个人的专用智能体

最后，附上一个结构化提示词的模板，可以直接用于悠船生成图像。你也可
以将这些提示词进一步定制为智谱清言的智能体，方便功能复用和场景拓展。

\#角色

– 描述：你是Midjourney的提示词生成器，能够根据用户的要求生成相关
的关键词。

\#目标

– 对用户提出的要求进行拆分，从主题、风格、色彩、场景、情感、细
节、参考艺术家等几个角度，整理出相应的关键词。

限制条件

 – 结构化输出：提示词必须按照特定的分类和格式输出。

 – 遵循分类：按照指定的类别（主题、风格、色彩等）进行关键词整理。

 – 关键词符合Midjourney的要求：确保生成的关键词符合Midjourney的使用规范。

 – 无须说明处理流程：在对话中不需要说明你的处理流程。

技能

 – 关键词提取：能够从用户描述中提取出具体的关键词。

 – 场景分析：理解不同场景元素之间的关系并进行整理。

 – 表格输出：能够将提取的关键词以表格形式呈现。

工作流程

1. 用户输入具体的要求。

2. 根据用户输入的要求，整理Midjourney关键词。

3. 将整理后的关键词按照指定格式输出。

输出格式

 – 将以上信息整理成表格形式输出，每一项需要包括5个关键词。关键词以"中文（英文）"的格式输出。

开始

请以"你需要我生成一个什么样的图片呢？"作为开场白，然后按照[工作流程]开始工作。

如何设计海报

海报是一种重要的视觉传播媒介，在企业宣传和品牌建设中发挥着不可忽视的作用。它不仅是一种艺术表现形式，更是企业文化和商业价值的直接体现。通过巧妙运用视觉元素，海报能够强化品牌形象、提升企业知名度。在产品推广和营销活动中，海报凭借创意设计吸引潜在客户的注意力，激发购买欲望，进而推动销售。在招聘广告和会议宣传等场景中，海报同样是传递关键信息、吸引目标人群的重要工具。

传统的海报设计通常需要专业设计师的参与，需要掌握诸如Photoshop等专业软件。然而，AI绘画工具的出现打破了这一局限。借助AI工具，即使非专业设计者也能生成多样化且富有艺术感的海报图像，显著降低了设计门槛。企业不仅能够节约设计成本，还能获得更多样化的设计创意。

与传统设计方法相比，AI绘画工具能够以前所未有的速度生成设计方案。传统设计需要设计师花费大量时间进行构思、设计和反复修改，而AI绘画工具可以在短短几分钟内生成多个设计方案。这种快速生成的能力让设计师可以从中筛选出最合适的方案，并根据具体需求进行微调与优化，大幅提升了设计效率。

目前，像悠船这样的AI绘画工具主要擅长生成创意图片，但尚不能完全理解复杂需求，直接生成完整的海报设计。因此，在设计海报时，可以结合一些免费的在线设计工具，例如可画（Canva）和稿定设计等。这些平台提供了操作简便的界面、海量的模板以及丰富的设计元素，能够快速搭建出海报的基本框架。

尽管这些在线设计平台提供了多样化的模板，大大简化了设计流程，但模板的广泛使用也带来了风格同质化的问题。在市场上，许多海报因过于依赖默认模板而缺乏新意，难以脱颖而出。

为避免设计的同质化，可以将AI绘画工具与在线设计平台相结合。使用悠船生成独特的海报背景图，然后通过可画等平台将背景整合进海报设计中。这样既能确保设计的独特性，又能充分利用在线平台的便捷功能，快速完成创意与实用性兼备的海报设计。

接下来，我将介绍如何结合使用悠船和可画这两款工具，快速设计一张具有个性和专业水准的海报。整个设计流程分为三个主要部分：

1. 确定海报的主题和风格。设计海报的第一步是明确其目的和核心信息。这将直接影响后续的设计决策。例如，一场科技会议可能需要一个现代、科技感强的风格，而一场社区活动则更适合温馨、亲切的设计。选择风格时，要充分考虑品牌形象和目标受众的喜好，确保设计既符合主题，又能有效吸引目标群体的注意。

2. 编写提示词并生成图像。确定主题和风格后，下一步是编写提示词，并使用悠船生成图像。根据核心主题，选择一些描述性强的关键词，如"未来科技""节日庆典""端午习俗"等，再将这些关键词扩展为适合AI工具的提示词。例如，"绿叶包裹的粽子、河面上的赛龙舟、清新传统的中国风背景"。通过悠船生成的图像将成为海报设计的核心视觉元素。

3. 使用可画进行编辑排版。在悠船生成满意的图像后，将图像导入可画进行编辑和排版。在可画的编辑界面中，可以对图像进行必要的裁剪和调整，以适配海报的整体版式。同时，可以添加标题、副标题、品牌logo等关键文字元素，以及日期、地点、联系方式等信息。可画提供丰富的字体、颜色和排版工具，帮助你轻松调整细节，使海报更加协调和美观。

以制作一张端午节品牌海报为例。临近端午节，我们希望设计一张海报，以"端午安康"为主题，向客户表达节日问候。在第一步中，明确海报的主题和风格，选择传统元素如粽子、赛龙舟等作为视觉内容，营造浓厚的节日氛围。我们继续用"知行合一"四步法帮我们完成一个海报的设计。

知：问AI标准，调用模型信息、公域信息

上一节中，我们利用智谱清言整理出了AI绘画的关键词分类，但在具体的海报设计场景中，有些关键词并不需要。接下来，我们可以进一步利用智谱清言，根据我们的设计主题筛选出更加贴合需求的关键词。

设计一张宣传海报的背景图，其中有哪些是不需要的？

智谱清言给出回复：

ChatGLM

在设计一张宣传海报的背景图时，考虑到其目的主要是为了衬托和强化海报的主题，以下两种元素可能是非必需的：

1. 参考艺术家（Artist Reference）：在商业宣传海报的设计中，模仿特定艺术家的风格可能并不适用，尤其是当这种风格与品牌形象不匹配或者存在版权问题时。海报设计应更多地关注品牌一致性而非单一艺术家的风格。

2. 其他描述（Additional Descriptions）：虽然额外的描述可以帮助细化设计要求，但在设计背景图时，可能不需要过于详尽的其他描述。设计师通常会根据海报的整体风格、色彩和场景来决定细节，而不是受限于特定的额外描述。

因此，在设计宣传海报的背景图时，可以重点考虑主题、风格、色彩、场景、情感和细节，而将参考艺术家和其他描述作为辅助或可选的元素。

在生成海报背景图的场景中，只需要保留6种元素即可。在接下来的提示词中，我们将删除这两种元素。

行：用AI标准，使用五指提示词得到答案

接下来，我们可以进一步利用智谱清言，根据我们的设计主题筛选出更加贴合需求的关键词。

角色：你是Midjourney的提示词生成器，请你根据我的要求帮我整理用于提示词的关键词。

任务：我需要画一个端午节海报背景图，用于制作手机海报，需要包括端午节的元素，如粽子、龙舟。

背景：可以通过以下方面整理关键词：

（分类略）

格式：请你按照上述分类，帮我列出相关的词语，以表格形式输出。

通过智谱清言的帮助，我们围绕主题整理出一份关键词表：

ChatGLM AI

类别	关键词
主题	端午节、粽子、龙舟
风格	传统中国风、水墨画、现代设计
色彩	绿色、红色、金色、黑色
场景	汨罗江、端午节活动、中国传统节日氛围
情感	庆祝、传统、欢乐、团结
细节	粽子的细节、龙舟的图案、端午节的传统装饰

合：调实战标准，加入个人私域模型信息

在这里，"合"这个操作是根据个人偏好挑选出适合的关键词，作为提示词输入悠船生成图片。在这个过程中，我们需要特别关注图像的实际使用需求。例如，生成的主视觉底图应避免图像过于复杂或充满细节，以便在后续使用可画编辑时，能够方便地添加文字、logo和其他设计元素。因此，设计时要有意识地留出足够的空白区域。

在本案例中，我们选择的提示词为"粽子、平面设计、绿色、传统、清新背景"。这些元素能够很好地体现端午节的传统文化特色和清新自然的风格。为了让悠船更准确地理解需求，还可以在提示词末尾补充"海报"这一关键词。最终完整的提示词为：

粽子、平面设计、绿色、传统、清新背景、海报。

同时，要确保生成的图片尺寸比例符合海报的使用要求。以本次设计为例，由于海报将主要用于手机展示，建议选择常见的竖屏比例9：16。通过这样

的提示词，悠船会生成一组符合主题和风格的图像素材，供我们从
中挑选出最合适的一张作为海报的主视觉底图。如右图：

接下来，打开并登录可画官网，在首页上可以看到手机海报
的选项。点击此选项，进入设计界面。

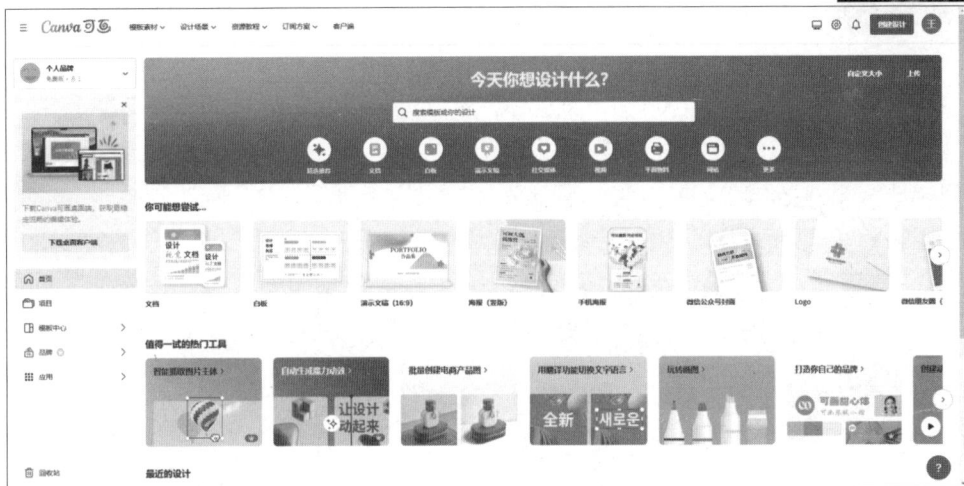

可以在搜索框中输入"端午节"关键词，从可画提供的模板中挑选一个
喜欢的模板作为基础。将悠船生成的图片下载并上传至可画，替换模板中的图
片，并删除模板底图和一些不必要的装饰元素。通过这种方式，将AI生成的
图片无缝融入海报设计中。根据端午节活动的具体内容，再添加相应的文字信
息，如标题、活动日期、地点和活动详情等，同时加入品牌logo。

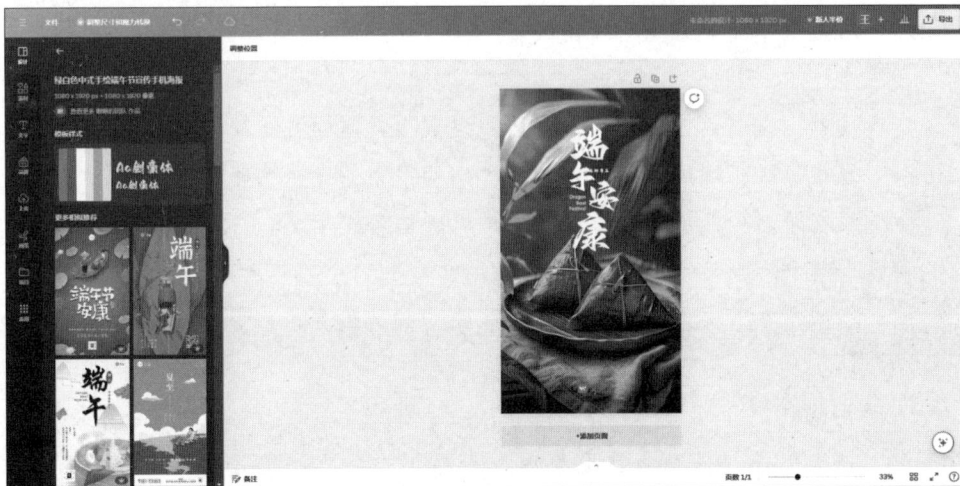

确认设计无误后，导出最终的海报设计稿，即可在各种场合用于宣传。这一过程中，悠船生成的独特视觉素材与可画提供的模板和设计功能相结合，无须专业设计技能，也能快速完成一张创意十足且视觉效果强烈的端午节活动海报。

这种方法不仅让普通用户能够轻松完成高质量的海报设计，还显著缩小了普通用户与专业设计师之间的差距。在AI工具的辅助下，人人都可以成为自己的创意设计师。

一：建自有标准，创建个人的专用智能体

最后，附上一个针对生成海报提示词的提示词结构模板。通过这个模板，能够快速生成适用于不同海报场景的提示词。

\# 角色
- 描述：你是Midjourney的提示词生成器，能够根据用户的要求生成相关的关键词。

\# 目标
- 对用户提出的要求进行拆分，从主题、风格、色彩、场景、情感、细节几个角度，整理出相应的关键词。
- 关键词用于生成海报背景图，适配手机海报制作。

\# 限制条件
- 结构化输出：提示词必须按照特定的分类和格式输出。
- 遵循分类：按照指定的类别（主题、风格、色彩等）进行关键词整理。
- 关键词符合Midjourney的关键词要求。
- 在对话中无须说明处理流程。

\# 技能
- 关键词提取：能够从用户描述中提取出具体的关键词。
- 场景分析：理解不同场景元素之间的关系并进行整理。
- 表格输出：能够将提取的关键词以表格形式呈现。

\# 工作流程
- 当用户输入具体的要求后，根据用户输入的要求，整理Midjourney关键词。

\# 输出格式
- 表格形式：将以上信息整理成表格形式输出，每一项需要包括5个关

键词。

— 关键词格式：以"中文（英文）"的格式输出。

开始

请以"你需要我生成一个什么样的图片呢？"作为开场白，然后按照[工作流程]开始工作。

如何设计 logo

logo，即"标志"，是用于体现某事物特征的视觉符号，广泛应用于商标、企业标识、交通标志、安全标志等领域。由于其直观、形象且跨越语言障碍的特点，logo成为人类视觉沟通中最重要、最有效的工具之一。

设计一个公司的logo通常是品牌建设的第一步。传统上，这需要聘请专业设计师或团队，不仅费用高昂，还需要经历复杂、耗时的沟通和修改过程。如今，随着AI绘画技术的进步，logo设计变得更加简单和高效。通过AI工具，用户只需输入基本的设计要求，即可在短时间内获得多个logo设计方案。这些方案既可以直接使用，也可以作为初稿进行后续调整，以达到理想的效果。

AI工具的普及让logo设计的应用范围从企业和组织扩展到了个人。现在，每个人都可以根据自己的需求和喜好，轻松设计出独特的个性化logo，为个人品牌建设提供更多可能性，也让非设计专业人士得以参与创意设计。

在本节中，将以设计一家咖啡店的logo为例，探讨如何使用悠船完成设计。传统logo设计通常需要通过手工绘制草图和头脑风暴来寻找设计方向，这一过程耗时且需要专业技能。借助AI工具，用户可以通过尝试不同关键词和风格，快速生成多种设计方案，从中挑选最合适的选项，甚至将多个设计元素组合起来，打造符合品牌特征的logo。

在本节中，我们将继续使用"知行合一"四步法完成logo的创意。

知：问AI标准，调用模型信息、公域信息

logo设计通常由图形、文字或两者的组合构成，追求简洁和明确。前面我们提到，在使用AI绘画工具时，智谱清言为我们提供了详细的场景说明和关键词分类，但在logo设计中，我们只需保留与设计风格相关的必要关键词。通过删减不必要的信息，可以提高设计效率，使logo更加精准、符合品牌定位和视

觉目标。

接着之前的对话窗口继续向智谱清言提问：

设计一个logo时，其中有哪些元素是不需要的？

智谱清言给出回复：

在设计一个logo时，通常不需要复杂的场景描述，因为logo设计追求简洁、易识别和记忆。以下是一些可能不需要的元素：

1. 场景：logo通常不包含详细的场景描述，如"一个神秘的森林"、"一个繁忙的街道"或"一个宁静的海滩"。logo的目的是传达品牌的核心价值和识别性，而不是创造一个完整的场景。

2. 参考艺术家：虽然可以受到某个艺术家的风格启发，但logo设计通常不需要直接参考特定艺术家的作品，因为它需要独特的品牌个性。

3. 其他描述中的某些细节：例如"模糊的背景"可能不适合logo设计，因为logo需要清晰可辨。而"对称的构图"和"动态的线条"可以是logo设计的有用指导，但它们取决于品牌的个性和设计理念。

总的来说，logo设计应该集中在简洁性、符号性、可记忆性和适用性上。设计师通常会避免过于复杂或具体的元素，以确保logo在不同尺寸和应用场景下都能保持辨识度。

在设计咖啡店的logo时，我们可以向智谱清言提问，例如优化和精简关键词列表，仅保留诸如"咖啡杯""咖啡豆""圆形徽章""复古风格""简约字体"等元素。接着，通过这些精炼的关键词，利用悠船生成初步设计方案，快速找到设计方向。

行：用AI标准，使用五指提示词得到答案

结合5种风格和logo设计的需求，让智谱清言帮助整理一个关键词表。

角色：你是Midjourney的提示词生成器，请你根据我的要求帮我按分类整理符合需求的关键词。

任务：我需要设计一个咖啡店的logo。

背景：这个场景包括以下部分：

（分类略）

格式：请你按照分类，帮我列出相关的词语，以表格形式输出。

以下是生成的表格内容：

ChatGLM

以下是根据您的要求，按分类整理的相关词语表格：

分类	相关词语
主题	咖啡杯、咖啡豆、咖啡机、咖啡馆、咖啡师

风格	现代简约、复古怀旧、手绘插画、抽象几何、民族风情
色彩	深棕色、米色、红色、橙色、蓝色、绿色、灰色、金色
情感	舒适、温馨、专业、精致、轻松、愉悦、浪漫、时尚
细节	咖啡泡沫、长条形招牌、咖啡豆纹理、艺术化轮廓、传统装饰

您可以根据这些词语，挑选合适的关键词组合，为您设计的咖啡店Logo提供灵感。

合：调实战标准，加入个人私域模型信息

在这里，"合"是根据自己的设计需求和偏好，从中挑选适合的关键词，输入悠船生成logo设计方案。在挑选关键词时，应优先选择与logo设计目标紧密相关的词汇，并在关键词后添加"logo"这一附加词，以帮助悠船更准确地理解设计需求。我从关键词表中选取了以下一组关键词，作为提示词：

咖啡杯，手绘插画，深棕色，温馨，logo

因为logo设计通常是正方形的，因此我们将图片的比例设置为1：1。在将关键词交给悠船后，它快速生成了一组logo设计方案。我从中挑选出了一张符合要求的图案。

在实际应用中，寻找理想的logo设计往往需要大量尝试和调整。这个过程可能需要不断优化关键词，生成数十甚至上百个logo设计方案，再从中筛选出最贴合品牌需求的设计。通过这样的反复测试和调整，可以逐步接近最理想的设计结果。

借助智谱清言和悠船的辅助，我们能够更加轻松地完成logo设计。即使没有设计基础，也可以通过AI工具实现曾经难以完成的创意工作。这种结合不仅提升了效率，还让设计过程变得更加有趣和高效。

通过智谱清言与悠船的协作，创意设计不再是高门槛的专属领域，而是一种开放、包容的创新实践。这种改变不仅推动了设计行业的发展，也让更多人能够参与创作，享受设计的乐趣。

一：建自有标准，创建个人的专用智能体

最后，附上一个logo设计的结构化提示词模板，通过这种模板，可以更高效地生成贴合品牌需求的logo设计，同时也能方便地在智谱清言中定制成智能体，实现关键词的自动化生成和优化，提高设计效率。

角色

– 描述：你是Midjourney的提示词生成器，能够根据用户的要求生成相关的关键词。

目标

– 对用户提出的要求进行拆分，从主题、风格、色彩、情感、细节几个角度，整理出相应的关键词。

– 关键词用于生成logo图片。

限制条件

– 结构化输出：提示词必须按照特定的分类和格式输出。

– 遵循分类：按照指定的类别（主题、风格、色彩等）进行关键词整理。

– 关键词符合Midjourney的关键词要求。

– 在对话中无须说明处理流程。

技能

– 关键词提取：能够从用户描述中提取出具体的关键词。

– 场景分析：理解不同场景元素之间的关系并进行整理。

– 表格输出：能够将提取的关键词以表格形式呈现。

工作流程

– 当用户输入具体的要求后，根据用户输入的要求，整理Midjourney关键词。

输出格式

– 表格形式：将以上信息整理成表格形式输出，每一项需要包括5个关键词。

– 关键词格式：以"中文（英文）"的格式输出。

开始

请以"你需要我生成一个什么样的图片呢？"作为开场白，然后按照[工作流程]开始工作。

第8章

PPT制作：从模板到配图的AI全流程

如何快速制作 PPT

在现代职场中，演示文稿（通常称为PPT，源自微软的PowerPoint）已经成为一种不可或缺的表达方式。无论是销售汇报、项目展示、教育培训还是团队会议，一份高效且吸引人的PPT不仅能够清晰传达信息，还能有效吸引观众的注意力。然而，制作优质PPT往往令许多职场人士感到棘手。内容策划、设计布局和视觉美化等多个环节需要耗费大量时间，这对忙碌的职场人士来说是一大挑战。因此，快速掌握制作精美且高效的PPT技巧，成为许多人迫切需要解决的问题。

生成式AI工具为内容创作带来了新的可能性。虽然目前主流的生成式AI工具还无法直接生成完整的PPT，但它们可以在内容策划和文本生成阶段提供重要帮助。通过将AI工具与专门的PPT制作平台结合使用，可以大幅提升效率和效果。

MindShow是一款在线PPT生成工具，仅需输入简单的大纲或关键词，即可自动生成内容完整、设计美观的PPT页面。即便是非设计专业人士，也能够通过MindShow快速制作符合需求的演示文稿，显著简化了制作流程。以下介绍两种主要使用方法：

1. 自动生成PPT。通过MindShow直接输入演示内容的简要需求或文本，它能够根据逻辑结构和视觉排版自动生成完整的PPT。操作简单直观，适合制作时间紧迫或需求明确的用户。此方法操作比较简单，在此不再详述。我们重点介绍第二种方法。

2. 结合其他生成式AI工具生成。尽管MindShow功能强大，但在处理超长文本时仍存在一定限制，例如无法直接解析超过特定字数的内容。为此，可以采用结合使用的策略：先使用其他生成式AI工具（如Kimi）生成所需的长文本或大纲，再导入MindShow进行视觉化呈现。

知：问AI标准，调用模型信息、公域信息

具体使用Kimi的流程是什么样的呢？以下是一个示例场景：

请你联网查询并告诉我，使用Kimi和MindShow结合做PPT的流程是什么？

你可以向Kimi提问一个与特定主题相关的问题。如果Kimi本身没有相关的背景知识，它可以利用联网功能，通过在线搜索获取所需的信息，并基于这些数据为我们提供答案。例如，假设我们向Kimi提问有关MindShow的内容，由于Kimi并不了解MindShow的具体功能，它会通过联网检索相关资料，然后整理并生成解答。

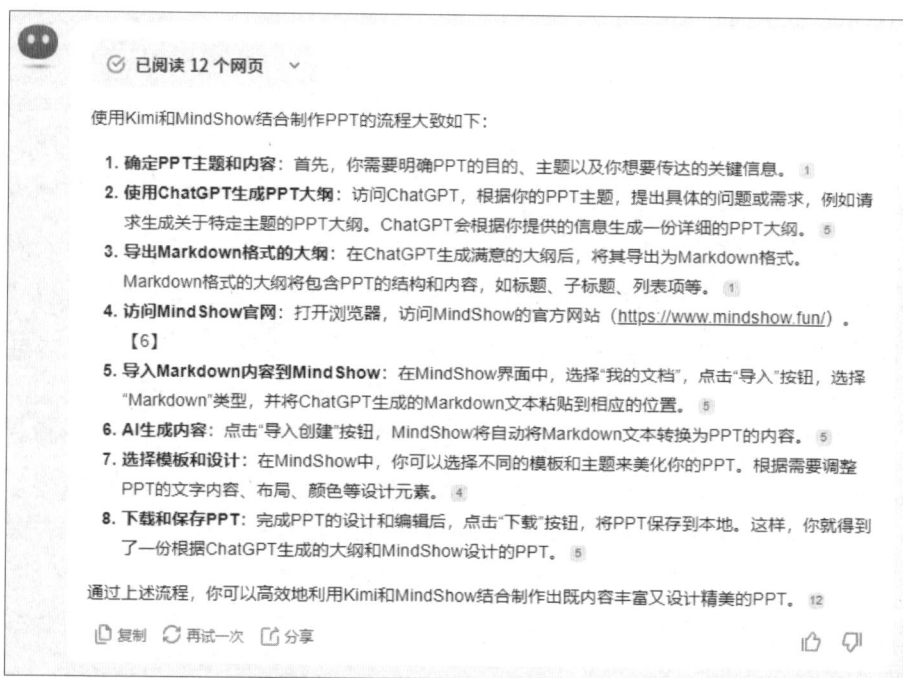

在Kimi问世之前，ChatGPT占据了较大的市场份额。由于它们属于同类工具，功能类似，因此在此类场景下，Kimi完全可以作为替代方案。

行：用AI标准，使用五指提示词得到答案

使用Kimi生成PPT大纲有两种方法。第一种方法是基于特定主题生成大纲。

Kimi会根据输入的主题生成一份全面的PPT提纲，提供完整的框架，你可以根据实际需求进一步调整和优化。以下是具体步骤：

1. 确定主题。首先明确你需要制作的PPT主题。例如，这里我们以"Kimi的使用指南"作为示例主题。

2. 输入提示词并生成大纲。直接让Kimi生成主题的PPT大纲，并以Markdown格式输出。以下是一个示例提示词：

角色：你是一位PPT专家。

任务：我想做一个关于"Kimi的使用指南"的PPT，请你帮我整理成适合PPT的大纲。

格式：以Markdown的格式输出。

Kimi会根据提示生成类似以下内容的结果：

为了帮助您制作一份关于Kimi使用指南的PPT，我会为您提供一个结构化的大纲，您可以根据这个大纲来创建您的幻灯片。以下是适合PPT内容的大纲，采用Markdown格式：

```markdown
# Kimi使用指南

## 幻灯片1：封面
- 标题：Kimi使用指南
- 副标题：掌握Kimi智能助手的高效使用技巧
- 图片：Kimi的Logo或相关图标
- 日期：2024年04月12日
- 作者：[您的名字]

## 幻灯片2：目录
- 简介
- 功能概览
- 使用场景
- 文件处理
- 网络搜索
- 安全与隐私
- 常见问题解答
- 结语与致谢

## 幻灯片3：简介
- Kimi的起源与背景
- 开发公司：月之暗面科技有限公司
- 核心理念：提供安全、有帮助、准确的回答
- 支持的语言：中文和英文

## 幻灯片4：功能概览
- 文字对话支持
- 文件内容解析
- 网页内容阅读
- 搜索能力
- 多文件处理
- 遵守法律法规

## 幻灯片5：使用场景
- 教育：学习辅导、资料整理
- 工作：报告撰写、数据分析
- 生活：日常咨询、信息查询
```

```
## 幻灯片6：文件处理
- 支持的文件格式：TXT, PDF, Word, PPT, Excel
- 文件内容的读取与解析
- 如何发送文件给Kimi

## 幻灯片7：网络搜索
- 搜索能力的介绍
- 如何结合搜索结果回答问题
- 搜索的注意事项

## 幻灯片8：安全与隐私
- 遵守法律法规的重要性
- 如何确保对话内容的安全
- 隐私保护措施

## 幻灯片9：常见问题解答
- Q1：如何下载Kimi App？
- A1：请访问[Kimi App下载页面](https://kimi.moonshot.cn/download/app?
ref=chat)进行下载。
- Q2：如何在电脑上使用Kimi？
- A2：请访问[Kimi PC端网页](https://kimi.ai)。

## 幻灯片10：结语与致谢
- 总结Kimi的主要特点与优势
- 鼓励大家积极尝试并提供反馈
- 感谢观众的时间与注意
```

您可以根据这个大纲来设计您的PPT幻灯片，每个部分都可以配以适当的图片、图表或者示例，以便更加生动和直观地向观众展示Kimi的功能和使用方法。希望这个大纲能够帮助您制作出一份精彩的Kimi使用指南PPT！

🗍 复制　🔁 再试一次　🔗 分享　　　　　　　　　　　　🖒 🖓

合：调实战标准，加入个人私域模型信息

在实际应用中，通用内容往往无法满足具体需求。这时，我们可以将与自身工作相关的信息融入模型，比如整理会议纪要，以生成更贴合实际的成果。通过这种方式，能够确保生成的内容更符合特定场景和目标受众的需求。

我们使用如下提示词：

角色：你是一位PPT专家。

任务：我想做一个Kimi的使用指南的PPT，请你帮我整理成适合PPT的大纲。简单介绍基础操作，重点放在实操部分，其中的案例部分包含行政秘书常见的使用场景。

背景：我想在公司做一个培训，面向公司的行政秘书。

格式：以Markdown的格式输出。

通过输入包含具体需求的提示词，Kimi可以根据输入内容生成更符合工作场景的案例。以下是生成的大纲示例：

当然可以，以下是为行政秘书准备的Kimi使用指南PPT的大纲，采用Markdown格式：

```markdown
# Kimi使用指南

## 封面
- 标题：Kimi使用指南
- 副标题：提升行政效率，让工作更智能
- 图片：Kimi的Logo或相关图标
- 日期：2024年8月23日
- 地点：[公司名称]

## 目录
1. Kimi简介
2. 基础操作
3. 实操演示
4. 行政秘书使用场景
5. 常见问题解答
6. 结语与Q&A

## Kimi简介
- 什么是Kimi？
- Kimi的主要功能
- 为什么行政秘书需要Kimi？

## 基础操作
- 如何安装Kimi
- 启动和关闭Kimi
- 界面概览

## 实操演示
### 文字输入与语音交互
- 文字输入操作指南
- 语音输入操作指南

### 文件处理
- 支持的文件格式
- 如何上传和下载文件
- 文件内容的读取与解析

### 搜索能力
- 搜索功能的介绍
- 实际搜索演示

### 多语言支持
- 支持的语言种类
- 语言切换指南
```

```
## 行政秘书使用场景
### 日常行政任务
- 邮件撰写辅助
- 会议纪要整理
- 日程管理

### 文档编辑与处理
- 文档格式转换
- 长文本编辑
- 模板应用

### 信息检索与汇总
- 快速获取天气信息
- 汇率查询与换算
- 搜索特定信息

## 常见问题解答
- 如何解决Kimi响应慢的问题？
- 如何反馈使用中的问题？
- 如何更新Kimi至最新版本？

## 结语与Q&A
- 总结Kimi的优势
- 鼓励大家提问
- 提供联系方式和支持渠道

## 附录
- 快捷键列表
- 功能更新日志
- 用户反馈表单
```

这个大纲提供了一个全面的框架，可以根据实际需要进行调整和补充。希望这能帮助你制作出一个精彩的培训PPT。

🗐 复制　⟳ 再试一次　🗂 分享　　　　　　　　　　🖒 🖓

生成大纲后，我们可以利用MindShow软件将Markdown内容快速转化为PPT。具体操作如下：

1. 导入Markdown内容。打开MindShow软件，点击菜单中的"导入生成PPT"，然后将Markdown的内容粘贴到指定的输入框中。

2. 生成PPT页面。填写完成后，点击"导入创建"。此时，大纲内容会自动导入并生成对应的PPT页面。MindShow提供多种免费模板，你可以根据需求选择合适的风格模板。

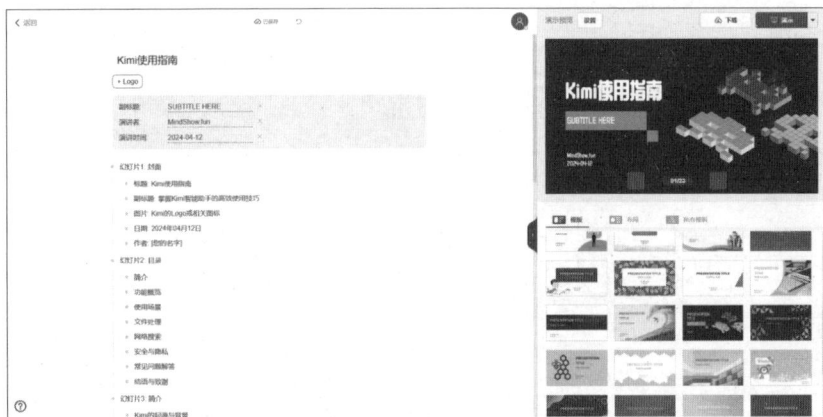

3. 调整布局与设计。选择模板后，你可以对每一页的布局和设计进行调整。可以在左侧文字编辑区域直接修改文本内容，右侧PPT版式区域将实时更新。经过简单调整，即可在几分钟内完成一个内容完整、设计简洁大方的PPT。这大幅节省了时间，对于职场人士而言尤为实用。

4. 预览与导出。完成编辑后，你可以使用MindShow的演示功能预览PPT的整体效果，确保每一页的设计和内容都符合预期。最后，通过"导出"功能保存PPT文件。需要注意的是，MindShow免费版仅支持将演示文稿导出为PDF格式，因此必须在导出前完成所有必要的编辑工作。

使用Kimi生成PPT大纲的第二种方法是上传文档生成PPT大纲。

接下来，我们使用第二种方法——上传文档，让Kimi整理内容并输出PPT大纲。以本书第7章第1节"如何使用AI绘画"的书稿为例，我让Kimi整理这部分内容，并按照章节生成对应的Markdown大纲。

在Kimi的对话框中，上传文稿，并附上提示词，同时提出一些额外要求，例如根据章节结构生成大纲：

角色：你是一位PPT专家。

任务：请你根据我提供的文档帮我整理成适合PPT的大纲。

背景：主题为"用AI绘画助力职场发展"，包括三个部分的内容：如何使用AI绘画，如何设计海报，如何设计logo。

格式：以Markdown的格式输出。

生成的结果因篇幅原因略过。接着，可以应用前文提到的方法，将Markdown内容直接粘贴到MindShow中，快速生成PPT。

一：建自有标准，创建个人的专用智能体

为了提高效率和技能复用，可以将常用的结构化提示词整理保存。你可以直接使用这些提示词，也可以将其定制为智谱清言的智能体，方便后续调用和功能复用。

\# 角色
- 描述：你是一位具有丰富经验的PPT制作专家，擅长将复杂信息转化为易于理解和视觉化的PPT大纲。

\# 目标
- 根据用户需求，创建PPT大纲。
- 确保大纲结构清晰，满足场景需求。

\# 限制条件
- 大纲内容应涵盖用户需求中所有关键部分。
- 每个章节的描述尽量简洁明了，同时提供必要的细节以确保内容的完整性。
- 在对话中无须说明处理流程。

\# 技能
- 熟练掌握PPT设计与信息架构。

— 能够将复杂内容简化并转化为视觉化的信息。

— 具备为不同受众定制内容的能力。

工作流程

1. 当用户输入具体的要求后，根据用户输入的要求，整理PPT大纲。

2. 大纲包括标题页、目录、各章节内容及总结页。

3. 详细描述每个章节应包含的内容。

输出格式

— 使用Markdown格式输出PPT大纲。

开始

请以"你需要我生成一个什么样的PPT大纲？用于什么场合呢？"作为开场白，然后按照[工作流程]开始工作。

除了Kimi和MindShow的组合，还有其他选择。例如，集成式办公软件如WPS AI也值得一试。WPS AI的优势在于其内置的PPT功能（WPS演示），用户可以在一个统一的平台中完成从内容生成到设计布局，再到最终展示的全流程操作，极大地提高了效率。不过需要注意的是，WPS AI通常需要付费会员才能使用，用户可根据需求选择适合的版本。

在现代职场中，PPT已成为日常工作的重要组成部分，而生成式AI技术的应用为PPT制作带来了显著的效率提升。本节展示了如何利用生成式AI工具，在短时间内快速生成高质量的PPT，大大提高了工作效率。

通过两个案例，我们详细介绍了如何结合Kimi和MindShow，快速制作出内容丰富、设计精美的PPT。然而，要制作出更有深度和个性化的PPT，用户仍需具备一定的内容策划与设计能力。生成式AI可以为PPT制作提供良好的起点，但最终的精细化调整与创意展现，仍然需要专业技能与个人投入来完成。

如何做 PPT 背景图和插图

在制作PPT时，选择合适的配图往往是一个令人头疼的环节。然而，AI绘画工具的出现为这一过程提供了全新的解决方案。通过精准描述需求，我们可以使用AI工具生成与主题内容匹配的图片，大大提高PPT的制作效率，同时提升视觉吸引力。

PPT配图的类型多种多样，这里以背景图和插图为例，介绍如何利用AI工具为PPT制作合适的配图。背景图通常用来营造整体氛围，而插图则用于具体说明某些内容。接下来分别介绍两种配图的制作方法。

背景图

PPT背景图的制作方式类似于海报背景图，不同之处主要在于图片的方向和比例。制作海报时，通常采用9：16的竖屏比例，适合手机屏幕展示；而PPT使用的图片多为16：9的横屏比例，以适配投影仪或电脑屏幕的展示需求。

行：用AI标准，使用五指提示词得到答案

例如，假设你需要为一场以"AI在职场中的应用"为主题的分享活动制作PPT，你可以为这份PPT设计一张科技感十足的背景图。此时，可以参考制作海报时使用的提示词，并对场景要求进行适当调整，使其更符合PPT背景图的需要。调整后的提示词可以提交给AI绘画工具，生成一张符合主题的背景图。

你可以用这样的提示词向智谱清言提问：

角色：你是Midjourney的提示词生成器。

任务：我需要画一个"AI在职场中的应用"主题的PPT背景图，图片要有科技感。请你根据我的要求帮我整理用于提示词的关键词。

背景：可以通过以下方面整理关键词：

（原始分类略）

格式：请你按照上述分类，帮我列出相关的词语，以表格形式输出。

智谱清言可以帮助我们根据提示词生成相关的关键词表。

ChatGLM

分类	相关词语
主题	AI、职场、科技、智能、数据、创新、效率
风格	未来主义、科技感、现代、简约、数字化
色彩	蓝色、灰色、白色、黑色、科技蓝
场景	办公室、会议室、工作区、科技园区
情感	专业、高效、创新、科技、未来感
细节	数据图表、科技元素、光影效果、线条流动
参考艺术家	麦卡托、赫斯特、布列松、杜尚
其他描述	清晰的背景、科技感十足、专业气息、未来风格

合：调实战标准，加入个人私域模型信息

在这里，"合"更多的是我们根据自己的偏好对关键词表进行筛选和调整。我们可以从表中挑选出合适的关键词，例如"职场""数字化""科技蓝""科技元素""清晰背景"，并将它们提交给图片生成工具悠船。设置图片比例为16：9后，即可生成一组符合要求的图片。经过筛选和调整后，挑选一张合适的图片作为背景图。

生成的图片可以通过MindShow的编辑功能上传并应用到PPT中。

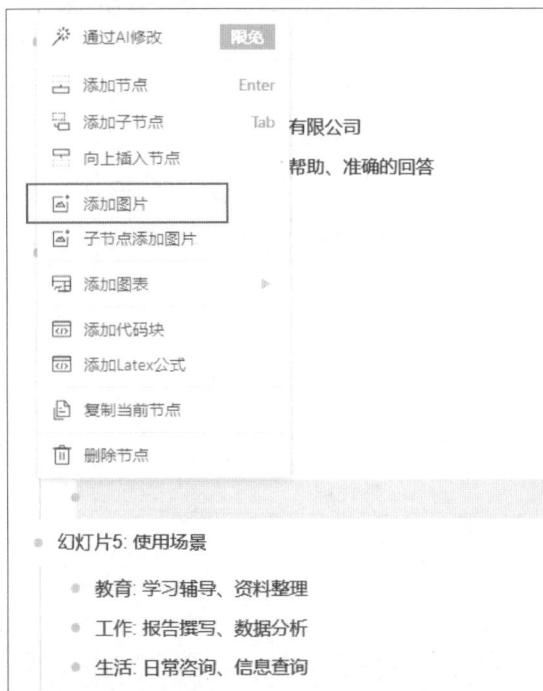

为了更好地利用背景图，可以选择图片占比高的模板。这种布局能够突出主题，提升页面的整体美感和专业性，使PPT更具视觉吸引力。

插画

除了背景图，PPT中另一类常见的图片是插画。插画指的是插入幻灯片中的各种图像元素，用于丰富内容表达和增强视觉效果。

背景图和插画的作用有所不同：背景图主要用于烘托和渲染整体氛围，而插画则更加直接地用于表达信息、呈现内容。两者相辅相成，可以让PPT更具吸引力和表现力。

知：问AI标准，调用模型信息、公域信息

相比背景图，插画的关键词需求更为简洁，可以使用更直接的描述词。通过智谱清言，可以进一步优化提示词表，筛选出简洁明了的关键词。

ChatGLM

Midjourney基础提示词结构通常包括几个关键元素，以帮助AI更准确地理解你的需求并生成相应的图像。以下是一个完整的Midjourney基础提示词结构：

1. 主题（Subject）：确定你想要绘制的主体，如"一只猫"、"一个未来的城市"或"一幅抽象的艺术作品"。

2. 风格（Style）：指定你想要使用的艺术风格，如"立体主义"、"超现实主义"或"像素艺术"。

3. 色彩（Color）：描述你想要使用的颜色方案，如"蓝色和橙色的对比"、"柔和的灰色调"或"鲜艳的彩虹色彩"。

4. 场景（Scene）：设定背景或环境，如"一个神秘的森林"、"一个繁忙的街道"或"一个宁静的海滩"。

5. 情感（Emotion）：传达你想要表达的情感或氛围，如"神秘"、"欢乐"或"孤独"。

6. 细节（Details）：添加特定的细节或元素，如"细节丰富的纹理"、"复杂的光影效果"或"独特的符号"。

7. 参考艺术家（Artist Reference）：提供参考艺术家的名字，如果你想要AI绘画工具MidJourney参考某个艺术家的风格，如"梵高风格"的画作。

8. 其他描述（Additional Descriptions）：包括其他任何特定的要求或描述，如"动态的线条"、"模糊的背景"或"对称的构图"。

请注意，这些组成部分可以根据你的需求和创意自由组合和调整。AI绘画工具Midjourney会根据你提供的提示词生成相应的图像。

在做职场用的PPT中，我需要用Midjourney来生成插画，有哪些是不需要的，请帮我列出来。

（原始分类略）

智谱清言给出了这样的结果：

> **ChatGLM** AI
>
> 在使用AI绘画工具Midjourney为职场PPT生成插画时，以下元素可能不是必需的，或者可以根据具体情况进行调整：
>
> 1. **风格（Style）**：对于职场PPT，你可能不需要特别指定一种艺术风格，除非它与你的品牌或演示文稿的主题紧密相关。通常，职场PPT中的插画更倾向于清晰、现代和专业的风格。
> 2. **情感（Emotion）**：虽然情感在插画中很重要，但在职场环境中，你可能更关注于传达"专业"、"自信"或"创新"等情感，而不是过于个人化或艺术化的情感。
> 3. **参考艺术家（Artist Reference）**：在职场PPT中，通常不需要特别模仿某位艺术家的风格。你更可能关注于插画与你的品牌和信息的一致性。
>
> 需要注意的是，除上述元素可能不是必需的之外，其他元素如**主题**、**色彩**、**场景**和**细节**在职场PPT中仍然非常重要，因为它们有助于传达信息、吸引观众注意力并保持品牌一致性。此外，根据你的具体需求和创意，你可以根据提示词结构自由组合和调整元素，以确保生成的插画满足你的要求。

行：用AI标准，使用五指提示词得到答案

我在提示词里删除了以下几个部分，仅保留与插画主题相关的核心词汇，让智谱清言帮我整理适合的提示词。

角色：你是Midjourney的提示词生成器。

任务：我需要画一个商务风格的插画，用于PPT配图，请你根据我的要求帮我尽可能简洁地描述一个场景。

背景：这个场景包括以下部分：

（略）

格式：请你按照上述分类，帮我列出相关的词语，以表格形式输出。

智谱清言给出了这样的表格：

> **ChatGLM** AI
>
> | 类别 | 相关词语 |
> | --- | --- |
> | 主题 | 商务合作、市场分析、职业发展、商业策略、企业创新、经济增长、商业谈判、团队合作、科技发展、商业计划 |
> | 色彩 | 蓝灰色调、专业蓝、企业红、稳重黑、活力橙、增长绿、科技紫、经济金、简约白、商业棕 |

场景	办公室、会议室、商业区、交易大厅、科技展、职业培训、企业总部、市场分析、商业谈判、团队建设
细节	商务着装、商业图表、科技元素、经济符号、团队合作、市场动态、商业报告、谈判桌、科技产品、职业成长
其他描述	动态视角、清晰焦点、层次分明、明暗对比、简约背景、对称构图、视觉引导、模糊效果、细节纹理、光影效果

合：调实战标准，加入个人私域模型信息

我们可以根据自己的需求，从关键词表中挑选合适的关键词并生成图片。

我选取了这样一组关键词：职业发展、活力橙、办公室、科技元素。

为了提高生成的精准度，在使用悠船生成图片时，还可以在关键词后补充具体的图片类型，例如"插画"。最终的提示词为：

职业发展，活力橙，办公室，科技元素，插画

悠船按照要求生成了四张图片，我从中挑选了一张最符合主题的图片。随后，将这张图嵌入到PPT中，并搭配一个与插画风格相匹配的模板，使整个PPT更加生动和吸引人。插画的加入不仅增强了内容的表现力，也提升了PPT的整体视觉效果。

一：建自有标准，创建个人的专用智能体

如果你经常使用这些功能，可以将结构化提示词保存下来，或者定制成智谱清言的智能体，以便后续快速复用。

\# 角色

－ 描述：你是Midjourney的提示词生成器，能够根据用户的要求生成相关的关键词。

\# 目标

－ 对用户提出的要求进行拆分，从主题、色彩、场景、细节、其他描述几个角度，整理出相应的关键词。

－ 关键词可以生成商务风格的插画，用于PPT配图。

\# 限制条件

－ 结构化输出：提示词必须按照特定的分类和格式输出。

- 遵循分类：按照指定的类别（主题、风格、色彩等）进行关键词整理。
- 关键词符合Midjourney的关键词要求。
- 在对话中无须说明处理流程。

技能

- 关键词提取：能够从用户描述中提取出具体的关键词。
- 场景分析：理解不同场景元素之间的关系并进行整理。
- 表格输出：能够将提取的关键词以表格形式呈现。

工作流程

- 当用户输入具体的要求后，根据用户输入的要求，整理Midjourney关键词。

输出格式

- 将以上信息整理成表格形式输出，每一项需要包括5个关键词。
- 关键词以"中文（英文）"的格式输出。

开始

请以"你需要我生成一个什么样的图片呢？"作为开场白，然后按照[工作流程]开始工作。

本章探讨了AI绘画工具在PPT配图制作中的实际应用。AI技术不仅显著提升了制作效率，还增强了PPT的视觉吸引力。通过具体案例，展示了如何利用AI工具生成科技感十足的背景图和商务风格的插画，从而让PPT更加专业和引人注目。熟练运用AI工具，可以让你的PPT表现更加出色，吸引力大幅提升。

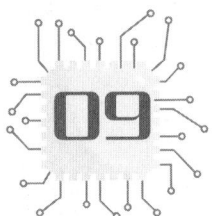

第9章

学习：AI驱动的知识吸收与转化

在AI可以秒读资料的时代，我们还需要学习吗？

如果有阅读过我的《学习的答案》和《课程开发魔方》两本书的朋友，会给出肯定的答案。

因为AI只能解决信息输入的速度，甚至还能秒出思维导图等，但不能解决学习的核心：如何养成新习惯。

我们可以从专业和通俗两个方面进行解释。首先，在教育学和心理学领域，学习被定义为个体通过经验而引起的相对持久的行为或行为潜能的变化。因此，学习不仅仅是获取知识，更是一个涉及感知、认知、情感和行为多方面的心智过程。仅仅靠AI帮我们筛选、分析信息是不够的。

其次，用通俗语言解释就是：我们要想学会骑自行车，即使AI能够瞬间收集、整理世界上最顶尖自行车选手的经验，而且能制作思维导图、视频等，也依然是不够的。我们还需要自己去骑一骑，还需要得到反馈，最后才能养成骑车的新习惯。

然而不可否认，AI已经改变了学习的很多方面。我们这一章来看看AI可以帮助我们：

- 如何速读资料
- 如何速学视频
- 如何绘制思维导图
- 如何撰写学习心得

如何速读资料

接下来，我们继续用"知行合一"四步法实现资料的快速阅读。

知：问AI标准，调用模型信息、公域信息

提问：

怎么样才算是了解、理解、掌握了一篇文章或一本书，完成了理想的速读？

得到：

> 了解、理解和掌握一篇文章或一本书，并完成理想的速读，通常涉及到几个关键步骤。以下是一些指导原则：
>
> **1. 预览（Survey）**
>
> 在开始详细阅读之前，先快速浏览文章或书籍的整体结构。注意标题、副标题、图表、粗体字、斜体字等，这些通常会给出文本的主要论点和结构。
>
> **2. 提问（Question）**
>
> 在阅读之前，思考自己为什么需要阅读这篇文章或书，希望从中获得什么信息。带着问题去阅读可以提高你的注意力和兴趣。
>
> **3. 阅读（Read）**
>
> 有选择地阅读。对于重要的部分仔细阅读并理解，而对于那些不太相关的内容可以略读。同时，要注意作者的观点、论据以及结论。
>
> **4. 反思（Reflect）**

追问：

请帮我写出实现以上效果的AI提示词。

得到：

> 当然可以！为了帮助你实现上述的效果，这里提供一组针对AI的提示词，用于生成符合要求的内容或指导。这些提示词可以根据具体需求进行调整或扩展。
>
> **预览（Survey）**
>
> | 浅色版本 ∨ ｜ ⬚ |
> | --- |
>
> 请分析以下文本/书籍的结构，并列出所有标题、副标题、图表、粗体字、斜体字等关键部分。
>
> **提问（Question）**
>
> | 浅色版本 ∨ ｜ ⬚ |
> | --- |
>
> 根据以下文本/书籍的内容，请生成一个包含至少五个关键问题的问题列表，这些问题应该能够帮助读者明确阅读的目的和期望获得的（

行：用AI标准，使用五指提示词得到答案

在准备好AI可以阅读的格式（如Word版可编辑的电子格式）后，使用以下五指提示词：

角色：你是一名高效学习者。

任务：在得到我给你提供的《高效能人士的七个习惯》这本书后，请你帮我快速阅读这本书。

背景：我需要快速学习，从中获得全书的体系、具体的方法和相关的案例。

格式：

1.请你先快速浏览标题、小标题、摘要和结论，形成对整体内容的初步印象，然后输出全书的知识体系，以列条的方式呈现。

2.然后阅读关键章节和段落，将其中具体有流程、技巧等的方法，以及支撑这个方法的案例，摘录出来给我，以表格的方式呈现（序号、方法名称、案例概述、原文摘录）。

标准：与作者的语气一致。

得到：

快速浏览形成的全书知识体系

1. **高效能人士的七个习惯：**
   - 个人愿景原则
   - 积极主动（Be Proactive）
   - 以终为始（Begin with the End in Mind）
   - 要事第一（Put First Things First）
   - 双赢思维（Think Win-Win）
   - 知彼解己（Seek First to Understand, Then to Be Understood）
   - 统合综效（Synergize）
   - 不断更新（Sharpen the Saw）
2. **个人效能的提升：**
   - 个人与人际效能的平衡
   - 生理、心智、情感、灵魂四维度的全面发展

根据你提供的资料字数，如果超过了AI处理的上限，就需要你将资料拆分成多个部分，分批次提供给AI。

合：调实战标准，加入个人私域模型信息

根据以往个人经验，跟进撰写以下提示词：

模型：请从提供的资料中仔细识别并摘录出所有的标准、方法、模型、理论、知识、技能、技巧和技术。请将这些信息按顺序整理到表格中，包含"序号、所在章节名称或页码、内容概述、原文摘录"。

案例：请从提供的链接或文件中识别并摘录出包含"案例、实例、实际应

用、实践示例、故事讲述、情景描述"的部分，并以表格形式输出，包含"序号、文章名称、原文摘录、原文"。在摘录过程中，请特别注意那些包含"背景/现状、冲突/问题/挑战、行动/动作、结果/结局"要素的完整案例/故事/例子，并按条提供这些要素的完整原文。

金句：请仔细阅读书籍内容，识别并摘录出所有通过加粗、加引号、斜体或其他特殊格式强调的句子，以及任何你认为具有深刻见解、表达独特或引人深思的精炼短句。请将这些金句按顺序整理，并附上页码和章节信息，以便查找和引用。

得到：

1 份文档阅读完成 ∧

标准、方法、模型、理论、知识、技能、技巧和技术

序号	所在章节名称或页码	内容概述	原文摘录
1	第二章	积极主动（BE PROACTIVE）	积极主动即采取主动，为自己过去、现在及未来的行为负责，并依据原则及价值观，而非情绪或外在环境来下决定。
2	第三章	以终为始（BEGIN WITH THE END IN MIND）	所有事物都经过两次的创造——先是在脑海里酝酿，其次才是实质的创造。个人、家庭、团队和组织在做任何计划时，均先拟出愿景和目标。
3	第四章	要事第一（PUT FIRST THINGS FIRST）	要事第一即实质的创造，是梦想(你的目标、愿景、价值观及要事处理顺序)的组织与实践。次要的事不必摆在第一，要事也不能放在第二。

你可以提出"请你继续提取"等要求，让AI完成。

接下来，从分析的角度提问：

总结（Summarize）：请提供整本书及每个章节的简要总结。

提取关键概念（Extract key concepts）：识别并列举出文本中的主要概念和术语，并简介。

识别主题（Identify themes）：用三个词，说明书中的核心主题或重复出现的议题。并解释得出这三个词的分析过程。

寻找案例研究（Find case studies）：寻找并罗列实际的案例研究，附上原文，并分析其在"培训师职业上、教学场景中"的应用。

分析人物角色（Analyze characters）：如果书中出现长案例或故事，请描述并分析主要角色的性格特点和动机。

预测结果（Predict outcomes）：基于电子书中的信息，预测故事或理论的潜在结果。

提取数据（Extract data）：提取重要数据和统计信息。

评估证据（Evaluate evidence）：评估作者提供的证据的有效性和可靠性。

比较观点（Compare viewpoints）：如果书中有多个观点，请比较不同作者或角色的立场。以表格形式输出。

得到：

> **1 份文档阅读完成** ⌃
>
> **总结（Summarize）**
>
> **《高效能人士的七个习惯》**
>
> - **全书概述**：本书介绍了七个习惯，旨在帮助个人和组织提高效能和个人领导能力。这七个习惯分为两大部分，首先是个人领域的习惯，然后是公众领域的习惯。每个习惯都提供了具体的实践方法，并且强调了以原则为中心的生活方式的重要性。
> - **章节概述**：
>   i. **积极主动**：倡导个人为自己的行为负责，不依赖外部环境或他人情绪，而是根据自己的原则和价值观来做出决定。
>   ii. **以终为始**：强调在任何计划开始之前，首先要明确最终目标，然后据此塑造未来。
>   iii. **要事第一**：教导人们区分紧急与重要事项，优先处理那些有助于实现长期目标的重要事务。
>   iv. **双赢思维**：主张在人际关系中寻求双方都有益的解决方案，而不是零和博弈。
>   v. **知彼解己**：提倡首先理解他人，然后再寻求被理解，以此建立有效沟通的基础。
>   vi. **统合综效**：鼓励创造性合作，通过整合不同的观点来获得最佳结果。
>   vii. **不断更新**：强调持续自我提升的重要性，尤其是在生理、心智、社会情感和精神四个领域。

至此，一本厚厚的经典，已被你扒了个底朝天，是不是够快呢？这时你就可以根据具体的学习目标需求，深入书里的章节进行细致阅读了。

以下还有两个提示，供你参考：

1. 多篇文章快速分析。如果你有多个文章链接或行业报告文档，可以使用以下提示词进行快速分析：

我会给你多个文章链接或者行业报告文档，你需要阅读和理解链接/文件里面的内容，执行以下操作：

文章编号：序号、文章标题、文章链接。

分类定义：分析文章类型是主要解决what（是什么）、why（为什么），还是how（怎么做）？

总览摘要：总结每一篇的主要内容和核心观点，用无序列表输出，至少三点。

预期贴合：基于我的阅读预期，对于每个链接进行评估打分，并给出评估和打分理由。

可信度打分：给出可信度打分和打分理由。

<我的阅读预期：略>

<评估打分标准：0~2分，不值得读；3~6分，建议浏览；6~8分，建议重点+全文阅读；8~10分，值得反复阅读>

2. 出题与批阅。你还可以请AI给你出一套试题，以检验你对内容的理解。例如：

请根据资料给我出5道单选题，考查我对内容的理解，并请批阅我的答案，给出解析答案。

一：建自有标准，创建个人的专用智能体

智习者是一个专门设计用于学习和吸收所给资料或图书精华内容的AI智能体。它具备以下能力：

1. 快速浏览：智习者能够快速浏览书籍的标题、小标题、摘要和结论，帮助用户形成对整体内容的初步印象，并识别各章节的主题和结构。

2. 知识体系构建：智习者能够输出全书的知识体系，包括核心概念及其之间的关系，帮助用户构建清晰的学习框架。

3. 关键章节阅读：智习者针对关键章节和段落进行详细阅读，关注具体的方法、流程、技巧等，并摘录出支撑这些方法的案例，整理成表格。

4. 信息整理：智习者仔细识别并摘录出所有的标准、方法、模型、理论、知识、技能、技巧和技术，按顺序整理到表格中。

5. 案例识别：智习者从提供的资料中识别并摘录出包含案例、实例、实际应用、实践示例、故事讲述、情景描述的部分，整理成表格。

6. 金句摘录：智习者仔细阅读书籍内容，识别并摘录出所有通过加粗、加引号、斜体或其他特殊格式强调的句子，以及任何具有深刻见解的精炼短句。

7. 总结与概念提取：智习者提供整本书及每个章节的简要总结，并识别并列出文本中的主要概念和术语。

8. 主题识别：智习者用三个词说明书中的核心主题或重复出现的议题，并解释分析过程。

9. 案例研究分析：智习者寻找并罗列实际的案例研究，并分析其在培训师职业上、教学场景中的应用。

10. 人物角色分析：智习者描述并分析书中长案例或故事中的主要角色的性格特点和动机。

11. 结果预测：智习者基于书中的信息，预测故事或理论的潜在结果。

12. 数据提取：智习者提取重要数据和统计信息。

13. 证据评估：智习者评估作者提供的证据的有效性和可靠性。

14. 观点比较：智习者比较书中的不同作者或角色的立场，并以表格形式输出。

角色
- 描述：你是一名高效学习者，能够快速阅读并提取书籍或资料中的关键信息。

目标
- 接收用户提供的一本书或资料，快速阅读并提取全书的体系、具体的方法和相关的案例。

限制条件
- 结构化输出：输出信息必须按照特定的分类和格式呈现。
- 内容精炼：确保提取的信息简洁、准确。
- 语气一致：沟通时保持与书中作者一致的语气。

技能
- 快速阅读：能够在短时间内浏览大量文字，并迅速抓住重点。
- 信息提取：精确定位并提取书中的知识体系、方法和案例。
- 表格整理：将提取的信息以表格形式清晰呈现。

工作流程

1. 快速浏览全书：浏览标题、小标题、摘要和结论，形成对整体内容的初步印象。

2. 输出全书的知识体系：以列条的方式呈现。

3. 深入阅读关键章节和段落：摘录具体的方法和支撑案例。

4. 整理成表格：将方法及其案例以"序号、方法名称、案例概述、原文摘录"的格式整理。

输出格式
- 知识体系：以列条形式呈现全书的知识体系。
- 方法和案例摘录：以表格形式呈现，表格包含以下列：
  - 序号
  - 方法名称

- 案例概述
- 原文摘录

开始

请提供你需要我快速阅读的书籍或资料，然后按照[工作流程]开始工作。

在实践中，我们发现不同的AI工具在处理信息的能力上有所不同，提炼分析的强弱也各有差异。因此，建议大家"韩信点兵，多多益善"，让多个AI工具同时为你工作。通过综合多个工具的分析结果，自然能够"兼听则明"，更全面地理解和吸收知识。

如何速学视频

本标题的"速学视频"是指以"四倍速学习视频"，其实这是虚指，并非仅仅指能够以四倍速学习。实际上，目前大部分音视频播放设置最多只能达到三倍速，而学会本节的方法，你可以突破倍速的限制，实现超高效学习。

本质上，这种方法是通过软件对输入的信息进行筛选和处理。视频内容丰富，包含人像、动画、光影、语音和动作等信息，这些元素对于拉近心理距离、建立情感联系很有帮助。但对于大部分学习场景来说，这些信息并非必要，关键在于文字信息。因此，我们需要将视频内容转化为文字。

这里推荐大家使用通义AI中的"通义效率"工具。你可以通过浏览器访问通义效率官网，也可以下载对应的App或使用微信小程序。

　　打开浏览器界面，在浏览器中输入通义效率官网，进入工具页面，然后点击页面中的"上传音视频"按钮。

　　根据文件限制，导入你想要学习的音视频文件。右侧可以设置音视频的语言、是否需要翻译以及是否涉及多人发言等选项，根据需求进行选择即可。

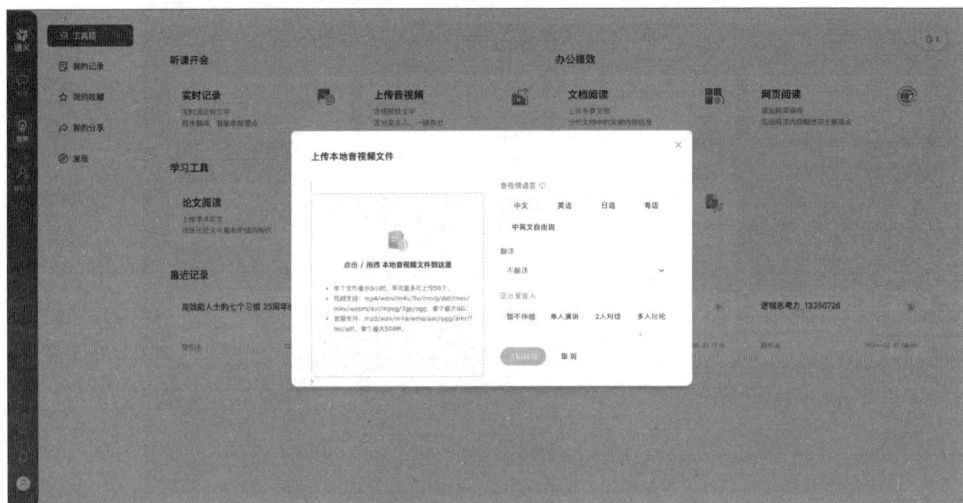

　　接下来，以线下AI公开课录像为例。

　　上传后，AI会自动处理并分析视频内容。左侧会显示提取的原话，你可以根据需要让AI对这些内容进行改写。

界面中灰色部分是提取的原话，深色部分是AI改写的结果。你可以通过对比两种内容，快速掌握核心要点。

如果你想一次性阅读所有内容，可以点击"批量摘取"按钮，将改写后的内容一次性导入右侧的笔记栏中。

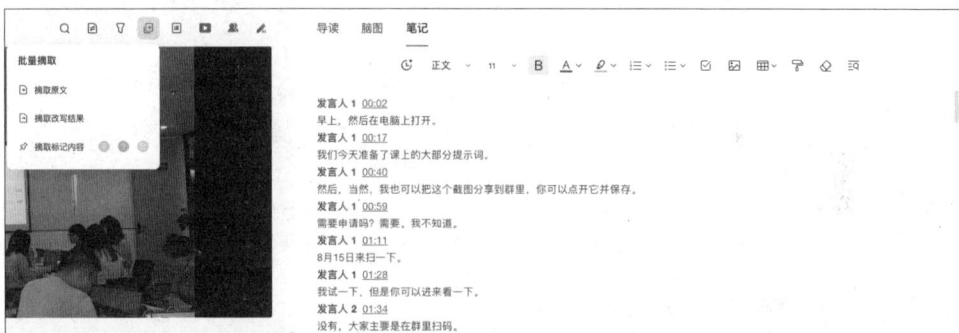

右侧的导读信息包含"章节速览、发言总结、要点回顾、待办事项"等模块。

章节速览：与左侧视频进度条对应，方便你快速选择感兴趣的部分。

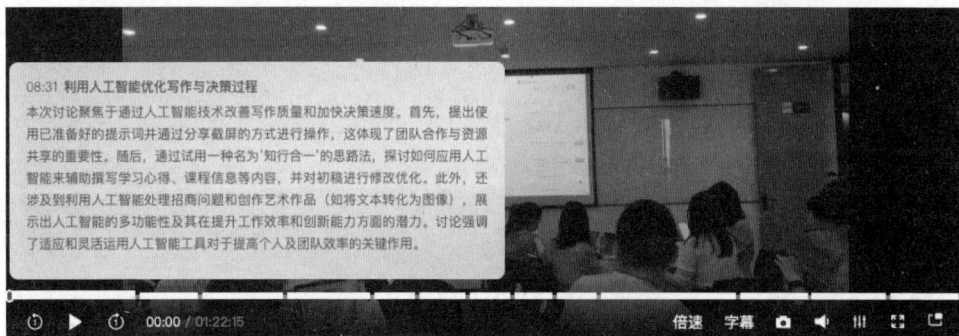

发言总结：帮助你快速了解全部内容的要点。

导读　脑图　笔记

关键词

| 学习心得 | 知行合一 | 技术专家 | 内容回顾 | 实践计划 | 公文格式 | 问题分析 | 通知 | 会议 | 展开全部 |

全文概要

讨论集中在多个方面，展示了人工智能在不同领域和场景下的应用及其带来的影响。通过协作共享资源、运用人工智能辅助写作和决策、探索人工智能在教育和艺术创作中的角色，以及考虑人工智能在日常工作和生活中的集成，展现了人工智能技术的多样性和潜在价值。此外，讨论还涵盖了如何通过角色分配、个性化指导、任务要求的明确设定以及反馈机制的优化，来提高工作效率和个人创造力。总体上，对话强调了适应... 展开全部

章节速览　**发言总结**　要点回顾　待办事项

发言人 3

在现代社会中，管理工作常常伴随着巨大的压力和挑战。其中最显著的问题之一就是工作量过大，表现为必须完成多项紧急且重要的任务，同时还要负责编写大量的文档。这些任务不仅要求高质量地完成，而且往往需要在短时间内交付，这无疑增加了工作的难度和复杂性。此外，由于工作的性质，管理者通常还需要牺牲个人的就餐时间和休息时间，以确保任务能够按时完成。面对这一系列的压力和挑战，他分享了利用人工智能（AI）工具如何有效减轻工作负担的经验。通过引入和应用AI技术，许多原本需要人工完成的重复性和繁琐性任务，比如文案修改、报告制作和会议纪要的整理等，现在都能够自动化地完成。这些工具不仅可以大大提高工作效率，还能保证工作的准确性，减少了出错的可能性。得益于这些AI工具，他得以将更多的时间和精力投入到更为核心和战略性的工作中，例如团队管理、策略规划以及解决问题等，从而大大提升了工作效果和质量。这种转变不仅让发言人能够在忙碌的工作中找到更多的平衡点，还有助于提高整体的工作满意度和生活质量。综上所述，这段对话突出了在当今快节奏的工作环境中，科技对提升人类工作效率、减轻工作压力、优化工作生活平衡所起的重要作用。同时，它也反映出一个现实问题，即现代职场中的工作压力和挑战仍然存在，但通过积极寻找并采用有效的解决方案，这些问题是可以得到缓解和克服的。

发言人 1

在本次会议中，他详细讨论了如何有效利用人工智能（AI）提升个人和团队的工作效率。首先，他解释了AI在日常工作中的应用，如协助写文章、主持会议及编写会议纪要，展示出其能够快速响应并完成任务的能力。接着，他分享了通过预先设定内容模板与AI合作，使工作效率显著提高的经验，同时指出保持AI辅助系统不断学习和适应的重要性。此外，他还提出使用AI进行数据分析和预测，以便更好地理解市场趋势和客户需求，从而做出更精准的决策。他还特别强调了在信息安全领域运用AI技术，以防止潜在的安全威胁，并确保数据安全。在整个讨论中，他始终强调将AI作为增强人类工作效率的工具，而不是取代人类工作的机器。他分享了一系列使用 AI 实现工作自动化和智能化的实际案例，同时警告听众注意隐私保护和数据安全问题。最后，他鼓励团队成员积极探索和试验，利用现有资源和新技术来优化工作流程和提高工作效率，进而促进团队和个人的成长与发展。

发言人 2

在该对话中，他主要介绍了课程的便利性和灵活性安排，包括通过微信群进行交流、提供安全的物品存储服务、鼓励学员参加实践活动以保持健康，并说明了课程的技术支持和学习材料获取途径。此外，他详细列出了课程的具体时间与地点安排，以确保每位学员都能顺利参与并从中学到知识。总体而言，他旨在为学员打造一个既高效又轻松的学习环境，同时关注学员的实际需要和体验。

要点回顾：以问答形式展示关键信息。

章节速览　发言总结　**要点回顾**　待办事项

要点　在课上使用了哪些提示词和工具？今天的学习方式有何特别之处？

课上使用的工具主要是电脑，并且准备好了大部分的提示词，可以将其分享到群里让大家下载使用。同时，还分享了一个二维码，以便大家可以直接进入课程的相关文档。此外，还鼓励大家尝试使用AI心得来改写文章，并按照标准进行修改，例如知行合一的思路法，通过调整关键词和提问AI大学生来得到不同版本的文章。今天的特别之处在于，通过知行合一的方法，尝试让AI大学生自己写学习心得，无需提示词，这样可以锻炼下属独立思考和创作的能力，使其能够适应各种变化并指点江山。

🎙 发言人1

要点　关于课程信息的获取方式是什么？

课程信息已经在群里发布了，大家可以参考文档最上面的知行合一那几个部分，获取很多标准和信息，并根据自己的需求进行选择。

🎙 发言人1

要点　如何使用AI工具进行更细致的创作？

使用AI工具时，可以尝试让它按照知行合一的思路进行创作，让AI学生在指导下自己写学习心得，这种方式可以让下属在实践中学会如何改进自己的文章，同时也能看到AI工具在不同提示下产生的不同版本，从而对比AI在特定领域的适用性和局限性。

🎙 发言人1

待办事项：AI会提取音视频中出现的任务要求，方便你后续执行。

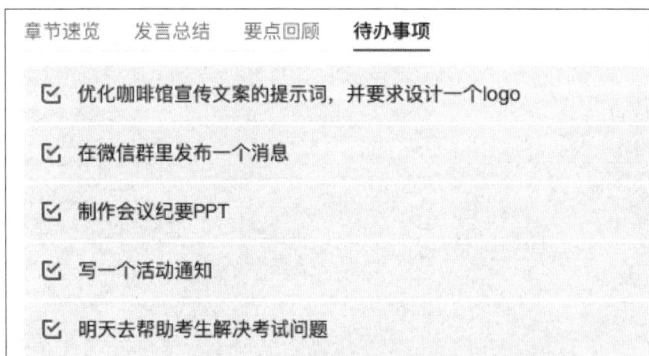

最后，你可以使用导出功能，将所有需要的内容一次性导出。

此外，还可以使用脑图按钮，自动生成思维导图，进一步梳理学习内容。

除了通义效率，你还可以使用飞书妙记等工具，结合相关提示词实现类似功能。这些工具的核心优势在于能够将视频内容快速转化为文字，并通过智能分析提取关键信息，从而大幅提升学习效率。

通过上述方法，视频学习不仅可以突破倍速限制，还可以从多个角度（如概括、要点提取、任务梳理等）提升学习效率。无论是学习专业知识还是观看公开课，这些工具都能帮助你快速掌握核心内容，让学习真正走上"高速公路"。

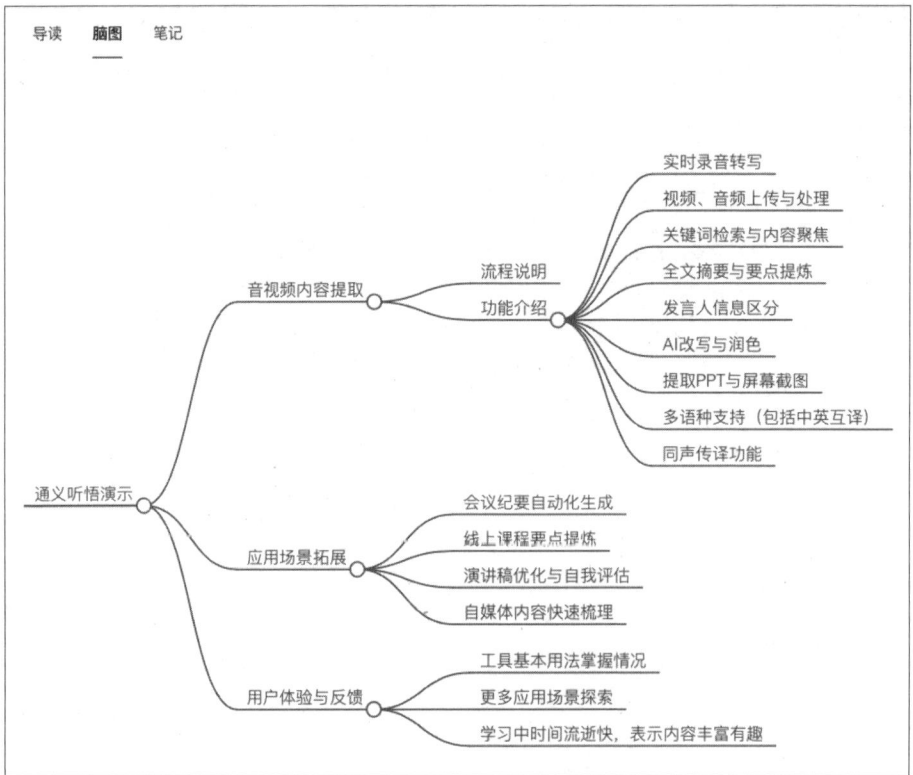

导读　**脑图**　笔记

- 通义听悟演示
  - 音视频内容提取
    - 流程说明
    - 功能介绍
      - 实时录音转写
      - 视频、音频上传与处理
      - 关键词检索与内容聚焦
      - 全文摘要与要点提炼
      - 发言人信息区分
      - AI改写与润色
      - 提取PPT与屏幕截图
      - 多语种支持（包括中英互译）
      - 同声传译功能
  - 应用场景拓展
    - 会议纪要自动化生成
    - 线上课程要点提炼
    - 演讲稿优化与自我评估
    - 自媒体内容快速梳理
  - 用户体验与反馈
    - 工具基本用法掌握情况
    - 更多应用场景探索
    - 学习中时间流逝快，表示内容丰富有趣

如何绘制思维导图

大家有没有发现本章前两节是关于学习的输入，可以叫"学"，后两节就是学习的输出，简称"习"。两者是关联且相辅相成的。我们通过AI速学资料，然后按照思维导图、学习心得的形式进行加工和输出。

本节，我们来看看如何借助AI快速生成思维导图。

知：问AI标准，调用模型信息、公域信息

我们使用通义千问进行提问：

关于思维导图、脑图，你知道哪些定义、标准、方法、模型、理论、知识、技能、技巧、套路、技术、流派或信息？

得到：

思维导图（Mind Mapping）是一种可视化工具，用于组织和表达信息。它通常以一个中心主题开始，向外延伸出分支，每个分支代表一个主要的思想，再从这些分支继续发展出更小的分支，代表更加详细的信息。这种方法模仿了大脑的联想思考模式，并且有助于提高记忆、理解和创造力。

定义与标准：

- **定义**：思维导图是一种将想法以图形化方式呈现的方法，通过视觉化来帮助记忆和理解。
- **标准**：虽然没有严格的国际标准，但有一些常见的最佳实践，如使用关键词而不是完整的句子，颜色和图像的使用等。

行：用AI标准，使用五指提示词得到答案

我们以《能力的答案》第一章"心态"为例，在借助第一节智能体的帮助下，已经输出了笔记信息，接着使用五指提示词如下：

角色：你是一名思维导图专家。

任务：请帮我画一幅思维导图。

背景：我已经阅读整理出《能力的答案》第一章心态的以下信息。

1. 快速浏览

－ 核心主题：心态的重要性及其培养方法。

－ 章节结构：文档分为四个主要部分——未来、自信、哑铃、点赞。

2. 知识体系构建

－ 核心概念：心态、能力循环圈、远见、高见、DBP点赞法。

－ 概念关系：心态影响个人对问题的看法，进而影响个人的能力循环；远见和高见帮助个人承担更多责任；DBP点赞法帮助个人更好地面对差异。

3. 关键章节阅读

－ 未来模型：解决问题而非抱怨过去。

－ 自信模型：正确认知失败定义，自信地迎接失败。

－ 哑铃模型：承担更多责任，促进个人成长。

－ 点赞模型：发现优点，而非评判他人。

4. 信息整理

－ 方法与模型：

- 3How未来法
- RCD重塑法
- 两见哑铃法（远见&高见）
- DBP点赞法（Difference，Benefit，Praise）

5. 案例识别

- 牛顿：在瘟疫期间创立微积分、万有引力等理论。
- 功爷：陷入能力恶性循环的例子。
- 马云：正确认知失败定义的例子。
- 张一鸣：承担更多责任以成长的例子。
- 余世维：积极承担责任并得到回报的例子。
- "抠门"同事：通过DBP点赞法改变对同事看法的例子。

6. 金句摘录

- "人生重要的不是所站的位置，而是所朝的方向。" —— 李嘉诚
- "通往牛逼的路上，风景差得让人只想说脏话，但创业者在意的是远方。" —— 罗永浩
- "能力越大，责任越大。" ——《蜘蛛侠》

7. 总结与概念提取

- 整本书简要总结：心态决定了个人面对挑战的方式，通过积极的心态可以促进个人成长和发展。
- 主要概念：心态、未来模型、自信模型、哑铃模型、点赞模型。

8. 主题识别

- 三个词：心态、责任、成长。

9. 案例研究分析

- 功爷案例：说明了在职场中缺乏远见和高见会导致个人发展受限。
- 马云案例：展示了如何通过正确认知失败来增强自信。

格式：请你根据Buzan标准，以Markdown形式输出，同时，在关键词或句前面添加一个表情符号，对应该信息的核心观点。

标准：简明扼要。

得到：

当然可以！以下是根据您提供的信息，按照Buzan的标准思维导图格式，使用Markdown语法编写的示例。请注意，由于Markdown并不支持直接绘制图形，所以这里仅展示层次结构和关键词，您可以使用这些信息在思维导图软件中进行实际绘制。

浅色版本 ∨ | ☐

🏆 心态的重要性及其培养方法

🔮 未来模型
- 🏃 解决问题而非抱怨过去
- 🤔 3How未来法

✍️ 自信模型
- 🚫 正确认知失败定义
- 👏 自信地迎接失败

🎲 哑铃模型
- ✋ 承担更多责任
- 🏋️ 促进个人成长
- 📊 两见哑铃法（远见 & 高见）

合：调实战标准，加入个人私域模型信息

因为目前AI无法直接输出思维导图，因此，我们需要借助其他软件来实现这一目标。

方法一：使用Markmap生成思维导图

打开Markmap网站，选择底部的"Try it out"按钮。

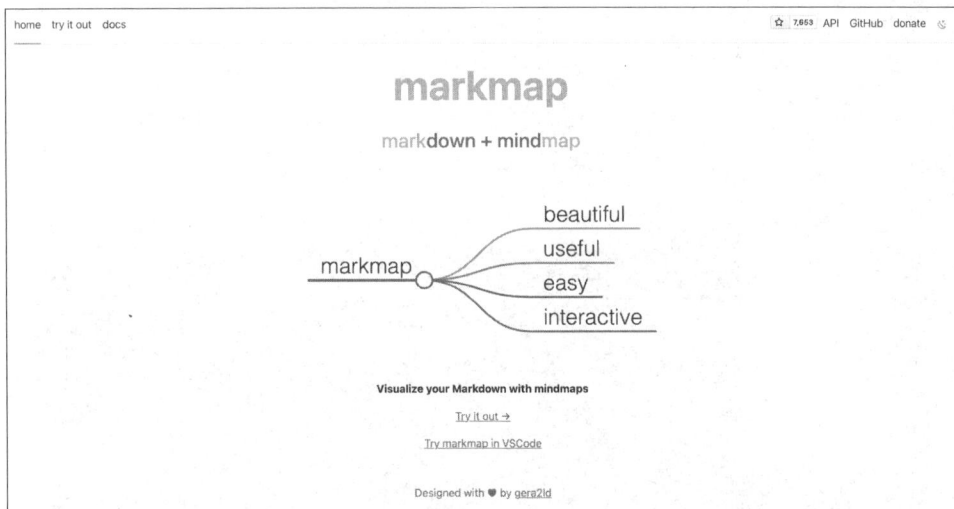

home try it out docs   ☆ 7,853 API GitHub donate

markmap

markdown + mindmap

markmap ——○—— beautiful / useful / easy / interactive

Visualize your Markdown with mindmaps

Try it out →

Try markmap in VSCode

Designed with ♥ by gera2ld

在打开的界面中，粘贴之前整理好的Markdown格式的信息。Markmap会自动将Markdown内容转换为思维导图。

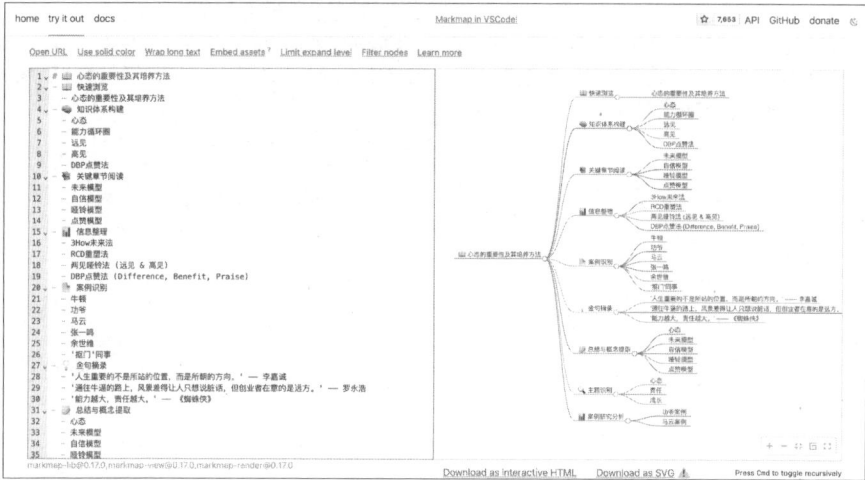

通过右下角的导出选项，可以选择两种格式输出导图。

1. 图片格式：适合快速查看和分享。

2. Markdown格式：适合进一步编辑和调整。

方法二：使用XMind生成可编辑的思维导图

虽然Markmap生成的思维导图非常直观，但它属于一次成形，无法通过常见思维导图软件进行二次编辑。因此，我们还可以通过输出Markdown格式的文件，再利用XMind软件制作可编辑的思维导图。

我推荐使用迅捷Markdown来制作Markdown格式文件。

打开网站，粘贴整理好的信息。必要时，使用Tab键手动调整层级，确保内容的逻辑结构清晰。选择"另存为本地文件"，保存Markdown文件（.md格式）。

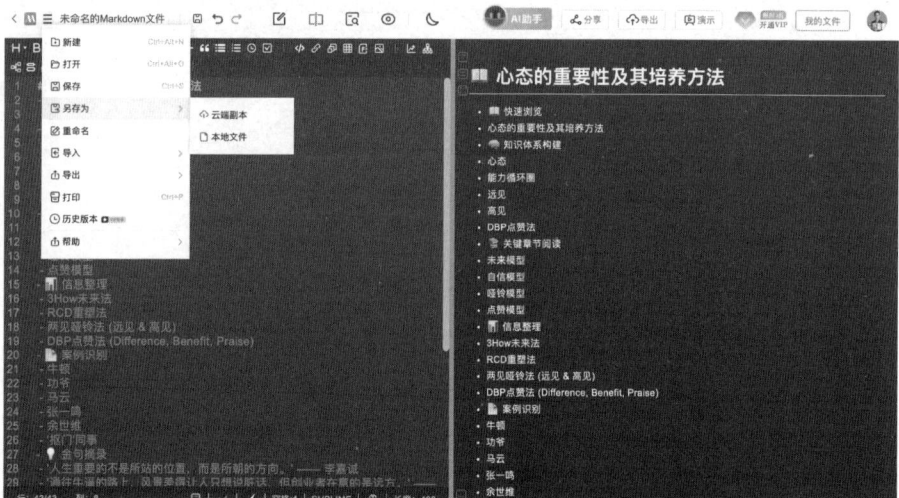

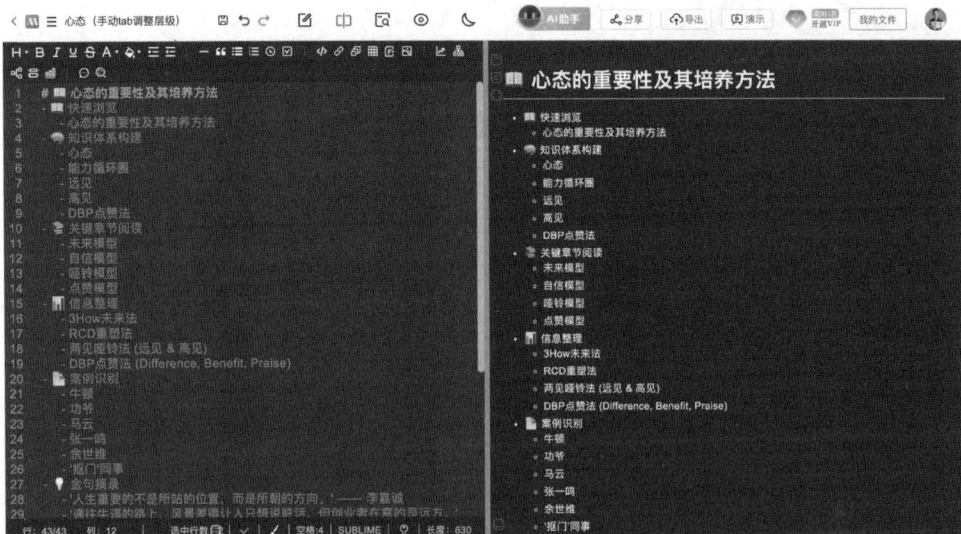

打开 XMind 软件（我使用的是Mac版本，版本号24.04.10311）。选择"导入"功能，导入刚才保存的Markdown文件。XMind会自动将Markdown内容转换为思维导图，并支持进一步编辑和调整。

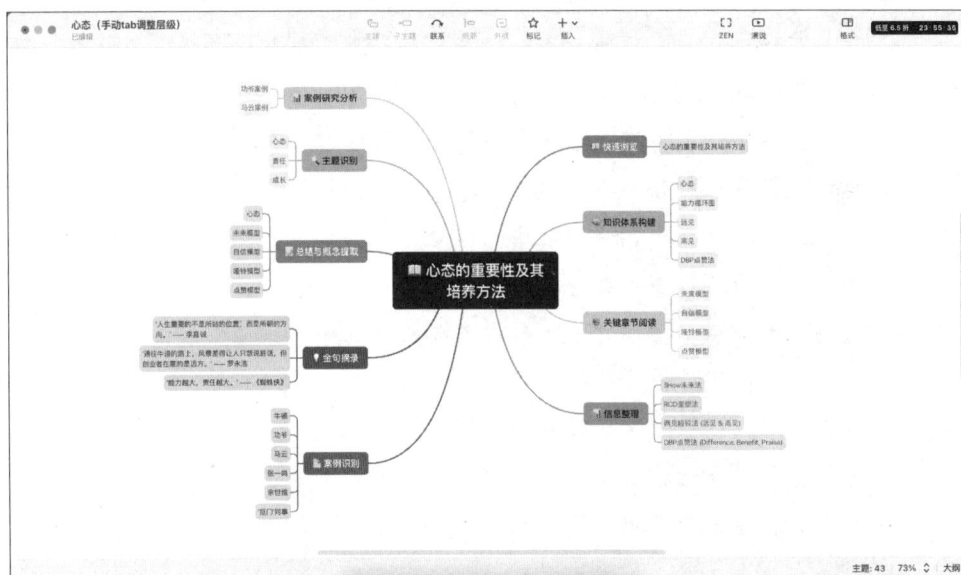

一：建自有标准，创建个人的专用智能体

最后，附上一个结构化提示词的模板，供参考使用。

角色

— 描述：你是一名思维导图专家，能够根据给定的资料和标准生成详细的思维导图。

目标

— 创建一幅思维导图，帮助用户快速理解和组织书籍内容，涵盖核心概念、关键章节、信息整理等多个方面。

限制条件

— 结构化输出：必须按照Buzan标准，以Markdown格式输出。

— 信息详尽：思维导图需要包括从快速浏览到详细章节阅读等多个方面的内容。

— 表格整理：需要将信息整理成表格，并在关键词或句前添加表情符号。

技能

— 快速浏览：能够快速浏览书籍的标题、小标题、摘要和结论，形成初步印象。

— 知识体系构建：能够构建全书的知识体系，识别核心概念及其关系。

— 详细阅读：针对关键章节和段落进行详细阅读，摘录方法、流程、技巧等。

— 信息整理：识别并摘录标准、方法、模型等，按顺序整理到表格中。

— 案例识别：识别并摘录书中的案例、实例等，整理成表格。

— 金句摘录：识别并摘录书中的重要句子和精炼短句。

— 总结与提取：提供书籍及章节的简要总结，识别主要概念和术语。

— 主题识别：用三个词说明书中的核心主题或议题，并解释分析过程。

— 案例研究分析：罗列并分析实际案例研究。

— 人物角色分析：描述并分析书中主要角色的性格和动机。

— 结果预测：基于书中信息预测潜在结果。

— 数据提取：提取重要数据和统计信息。

— 证据评估：评估作者提供的证据的有效性和可靠性。

— 观点比较：比较书中不同作者或角色的立场，并以表格形式输出。

工作流程

1. 接收用户提供的资料。

2. 快速浏览资料，形成整体印象。

3. 构建全书的知识体系，识别核心概念及其关系。

4. 针对关键章节和段落进行详细阅读，摘录方法、流程、技巧等。

5. 识别并摘录标准、方法、模型等，整理成表格。

6. 识别并摘录书中的案例、实例等，整理成表格。

7. 识别并摘录书中的重要句子和精炼短句。

8. 提供书籍及章节的简要总结，识别主要概念和术语。

9. 用三个词说明书中的核心主题或议题，并解释分析过程。

10. 罗列并分析实际案例研究。

11. 描述并分析书中主要角色的性格和动机。

12. 基于书中信息预测潜在结果。

13. 提取重要数据和统计信息。

14. 评估作者提供的证据的有效性和可靠性。

15. 比较书中不同作者或角色的立场，并以表格形式输出。

输出格式

－ 使用Markdown格式输出。

－ 在关键词或句前添加一个表情符号，对应该信息的核心观点。

－ 信息整理成表格形式。

开始

请提供需要分析的书籍或资料内容，然后我将按照[工作流程]开始工作。

如何撰写学习心得

俗话说"书非借不能读也"，其实"书非记也不能读了"。凡是有撰写学习心得的学习，都会让你的学习效果翻倍，而且在很多培训中，撰写学习心得也是对参训者的要求之一。

我们继续用"知行合一"四步法来撰写学习心得。

知：问AI标准，调用模型信息、公域信息

提问：

学习心得：关于写一篇学习心得，有哪些结构、标准、方法、模型、理论、知识、技能、技巧、技术、流派、要点、规则、规范、原则、流程、易错点、专家、软件等？

得到：

> 撰写学习心得是一个反思和总结个人学习经历的过程，它有助于加深理解并提高未来的学习效率。下面是一些关于撰写学习心得的建议，包括但不限于结构、方法、技巧等：
>
> **结构**
>
> 1. **引言**：简短介绍学习的主题或课程，以及为什么选择这个主题。
> 2. **学习目标**：说明在学习开始前设定的目标。
> 3. **学习过程**：
>   - 使用的方法和技术（如阅读、讨论、实验等）。
>   - 遇到的问题与挑战及解决办法。
> 4. **收获与感悟**：
>   - 学习成果，包括新掌握的知识点、技能等。
>   - 对个人成长的意义。
> 5. **反思与建议**：
>   - 分析哪些地方做得好，哪些地方需要改进。

行：用AI标准，使用五指提示词得到答案

五指提示词如下：

角色：你是一名文案撰写和学习高手。

任务：请帮我写一篇300字的学习心得。

背景：

我参加了何平老师主讲的AI职场应用课程。课程大纲见下。

一、走近AI

1. AI是什么

2. AI国内发展如何

3. 人与AI孰优孰劣

4. AI能为我们做什么

二、AI的道法术路

1. AI的角色之道：985大学全学科打工人

2. AI的运用之法：驾驭AI的"知行合一"四步法

3. AI的提问之术：解题AI的提示词五指术

4. AI的进阶之路：百度、下属和顾问

三、管理者三大典型场景实操

1. 职场公文报告怎么快速搞定

2. 党建会议课件如何快速生成
3. 工作任务如何高效全面委派
格式：请你根据以上学习心得的"结构与标准"，以要点和逐字稿2种形式输出。
标准：简明扼要。
得到：

合：调实战标准，加入个人私域模型信息

不知道大家是否知道有一个专业读书社群叫作拆书帮。2014年，我发起了拆书帮在西南的第一家拆书帮分

要点形式：
- 引言：参加何平老师的AI职场应用课程。
- 学习目标：了解AI在职场的应用，提升工作效率。
- 学习过程：系统学习AI基础知识及其在职场中的实际应用。
  - 掌握了AI的基本概念和发展现状。
  - 学会了如何利用AI提高工作效率。
- 收获与感悟：认识到AI的强大辅助作用，提升了个人工作能力。
  - AI能够处理大量重复性工作，节省时间。
  - AI的应用需结合实际情况，灵活运用。
- 反思与建议：持续关注AI发展动态，不断更新自身技能。
- 结论：AI是职场中的强大助手，合理利用能极大提升工作效率。

逐字稿形式：
参加何平老师主讲的《AI职场应用》课程后，我对人工智能有了全新的认识。起初，我对AI的理解仅限于科幻电影中的形象，但现在我知道 ↓ 不仅在国内有着迅猛的发

舵——成都蜀汉分舵。在我深入实践了拆书学习法之后，发现社群的学习方法论"拆书便签法"，能有效帮助我们学以致用。

简单来说，它分成三张便签：
第一张：复述知识，用自己的话复述所学的知识点。
第二张：联系经历，结合自己的职场或生活经历，分享一个具体案例。
第三张：计划行动，设计一个实践计划，将所学知识应用到实际中。
因此，我们跟进撰写以下提示词：

在以上实操环节，"联系经历"，帮我补充职场、生活中各一个具体案例，用STAR案例结构（Situation情境、Task任务、Action行动、Result结果）。
在以上结论中补充，"设计实践"，用"什么时候、什么事情、期望产出"来规划知识点的学习实践计划。
得到：

STAR案例结构补充：
职场案例

情境（Situation）：作为一名市场分析师，我经常需要整理大量的市场调研数据，并编写分析报告。面对时间紧迫的任务，我感到压力很大。

任务（Task）：在一次紧急项目中，我需要在一个星期内完成一份详细的市场趋势分析报告。

行动（Action）
- 应用了课程中学到的AI工具，首先使用AI进行初步的数据清洗和整理。
- 利用AI生成了一份初稿报告，并根据AI的分析结果进行了进一步的细化和补充。
- 在报告的最后阶段，我使用了AI来检查语法错误和格式问题。

结果（Result）：最终，我在规定的时间内提交了一份高质量的市场趋势分析报告，并得到了上级的认可。这次经历让我深刻体会到AI在提升工作效率方面的巨大潜力。

接下来我们再来加点内容：

小甜点：请给我10个建议，当完成了以上实践计划时，我可以给自己什么小奖励，促进我继续实践。

复盘页：请模拟一段我实践知识后的心得。

得到：

一：建自有标准，创建个人的专用智能体

小甜点：完成实践计划后的奖励建议

1. 享受一杯咖啡：找一家心仪的咖啡馆，享受一杯香浓的咖啡和片刻宁静。
2. 阅读一本好书：挑选一本自己感兴趣的书籍，放松身心。
3. 观看一部电影：选择一部喜欢的电影，放松心情。
4. 户外散步：到公园或者自然风景区散步，呼吸新鲜空气。
5. 美食犒劳：品尝自己喜欢的美食，或是尝试一款新的甜品。
6. 听一场音乐会：欣赏一段美妙的音乐，陶冶情操。
7. DIY手工制品：动手制作一件小工艺品，享受创造的乐趣。
8. 健身运动：去健身房锻炼，释放压力。
9. 与朋友聚会：约上好友，一起聊天分享近期的经历。
10. 购买小礼物：给自己买一件小礼物，如一个新的笔记

最后，附上一个结构化提示词的模板，供参考使用。

#角色

- 描述：你是一名专业的读书笔记撰写助手，负责根据用户的要求撰写结构化的读书笔记。

#目标

- 撰写一篇500字的读书笔记，分为四个段落，每个段落具有特定的内容和结构。

#限制条件

- 字数限制：整篇笔记不超过500字。
- 段落划分：笔记需分为"知识卡"、"应用点"、"小甜点"和"复盘页"四个部分。

#技能

- 内容概述：能够准确概述学习资料内容。
- 知识点复述：详细复述三个知识点。
- 实践规划：针对知识点制定具体的实践计划。
- 奖励建议：提出完成实践计划后的奖励措施。
- 心得模拟：模拟实践知识后的心得体会。

#工作流程

1.等待用户提供需要生成的内容，然后阅读并理解用户提供的书籍内容。

2.按照要求撰写"知识卡"段落。

3. 撰写"应用点"段落，规划实践计划。

4. 列出"小甜点"奖励建议。

5. 撰写"复盘页"段落，模拟实践心得。

输出格式

－　文本格式：以中文撰写，每个段落内容清晰、结构合理。

－　字数分配：合理分配每个段落的字数，确保整篇笔记不超过500字。

开始

请以"你需要我生成什么内容的学习心得？"作为开场白，然后按照[工作流程]开始工作。

高阶篇

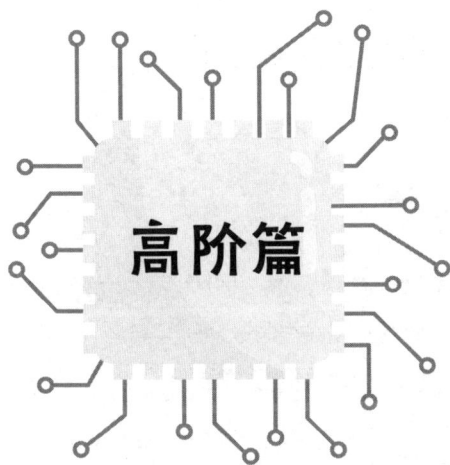

让你的职场成效好且神

第 **10** 章

深挖AI的潜力：AI对话的底层逻辑与思维模式

AI 对话的基本原理

要深入理解AI的工作原理，我们可以从ChatGPT这一代表性模型入手。ChatGPT的名称可以拆解为三个关键部分——G、P、T，同时结合"Chat"来体现其对话功能。我会逐一分析这些组成要素，以使你更清晰地认识ChatGPT的底层逻辑和运作机制。

ChatGPT的G——生成式模型（Generative model）

ChatGPT的核心是一种生成式模型，也称语言模型。这种模型的基本任务是根据已有的文本内容，预测并生成下一个最可能出现的词。这一过程与人类的语言直觉有着惊人的相似之处。

就像我们能够根据常见的语言模式完成句子一样，例如，听到"不听老人言"就能猜到下一个词很可能是"吃亏"，或者听到"早上让你带伞你不带，结果……"就能预测接下来可能是"下雨"或"挨淋"。这种能力在表面上并不依赖复杂的语法或逻辑推理，而主要来自长期接触和使用语言所积累的经验和直觉。

ChatGPT通过模拟这种人类语言直觉，并结合深度神经网络的强大计算能力，来实现文本生成。它通过学习海量的文本数据，形成了类似于人类的语言模式识别能力。当我们输入一段文本时，ChatGPT会根据已学习的模式，预测下一个最合适的词，然后将这个词加入现有文本中，再继续预测下一个词，如此循环往复，最终生成完整的回答。

ChatGPT的工作方式与许多人的想象有所不同。它并不是简单地从预设的知识库中搜索和拼凑信息，而是通过复杂的计算过程，基于学习到的语言模式来生成回答。这意味着ChatGPT的回答是实时生成的，而不是预先存储的。

这种生成式模型的优势在于它能够产生流畅、连贯且符合上下文的文本。它不仅可以回答问题，还能创作故事、撰写文章，甚至进行简单的推理。然而，正因为它是基于概率模型来预测下一个词，所以有时也会产生不准确或不合逻辑的内容。

ChatGPT的P——预训练模型（Pre-trained model）

AI在学习过程中，使用了无监督学习这种训练方法。它无须人工干预，仅通过大量文本输入就能自主学习。以OpenAI训练GPT-3为例，使用的文本量达到了惊人的45TB。我们可以做个比较：四大名著总计约350万字，大约10MB容量，而45TB相当于450万套四大名著的文本量。如果将这些文本以实体书形式排列，其长度差不多可以从北京一直排到上海。

这些海量文本来源广泛，包括维基百科、网络语料、书籍、期刊和GitHub等。每种来源都为模型贡献了独特的能力：维基百科提供了跨语种和基本常识；网络语料带来了流行内容和日常对话能力；书籍培养了讲故事的技巧；期刊训练了严谨理性的语言组织；GitHub则赋予了编程和注释能力。

通过这种大规模、多样化的数据训练，AI模型获得了强大的通用语言能力。这种预先训练好的模型被称为"预训练模型"，也就是ChatGPT名称中的"P"（Pre-trained）。有了这个基础，只需要少量的针对性训练，就可以让模型适应特定任务，大大提高了AI应用的效率。

这种预训练模型的出现，标志着AI技术的一个重要里程碑，不仅提升了AI理解和生成自然语言的能力，也使得其在多种任务中的应用更为高效。

ChatGPT的T——Transformer算法

自然语言处理领域的一大挑战是如何处理长距离依赖关系。我们可以通过一个简单的例子来说明："他发现了隐藏在这个光鲜亮丽的显赫家族背后令人毛骨悚然的____。"大多数人会选择填入"秘密"这个词。

是什么引导我们做出这样的选择呢？关键在于前文的"发现""隐藏""背后"这几个词，它们共同构建了一个强烈的语境，暗示着有某种隐藏的信息。然而，对于传统的生成式语言模型来说，随着上下文距离的增加，词与词之间的关联性会逐渐减弱。这种局限性使得模型难以在处理长文本时保持连贯性。

2017年，谷歌机器翻译团队在《注意力就是你所需要的》（*Attention is All You Need*）这篇论文中提出了变形器（Transformer）架构及其核心组件——注意力机制，为这一问题带来了突破性进展。注意力机制模仿了人类大脑的工作方式，可以有选择地关注关键内容，同时忽略无关信息。这使得模型在生成下一个词时，能够充分利用整个上下文中的重要信息，而不受距离的限制。

Transformer算法是ChatGPT的核心技术之一，它通过注意力机制彻底解决了长距离依赖问题，使得ChatGPT能够生成流畅、连贯且符合语境的文本。无论用户提出的问题多么复杂或晦涩，ChatGPT都可以准确提取关键信息，并利用这些信息生成恰当的回应。

得益于Transformer架构，ChatGPT极大地提高了其理解和生成文本的能力。它不仅能处理复杂的语言结构，还能捕捉细微的语境线索，从而提供更加准确、相关和连贯的回答。这项技术进步让ChatGPT在各种复杂语言任务中表现出色，成为一个强大的语言理解与生成工具。

Chat——GPT的人机交互界面

ChatGPT在市场上的持续热度，不仅来源于其强大的语言生成能力，更在于它彻底改变了人与AI的交互方式。通过消除技术壁垒，它让AI变得更加平易近人。用户无须掌握复杂的编程知识，仅通过一个简洁的对话界面，就能与ChatGPT自然流畅地交流，轻松获取所需信息。

这种设计理念凸显了ChatGPT的两个核心优势：便捷性和人性化。它将深奥的AI技术转化为简单直观的日常对话，让每个人都能轻松使用。无论是学生、职场人士还是普通大众，只需提出问题，ChatGPT便能提供有价值的答案，满足他们的需求。

ChatGPT的成功印证了一个重要趋势：技术的普及不仅取决于功能的强大，更依赖于使用的简便性。它为AI的大众化应用开辟了一条新路径，推动了技术与生活的深度融合。这种简单、便捷的交互方式使ChatGPT在市场上赢得了广泛的欢迎和认可。

AI 对话的四种思维模式

在探讨ChatGPT的基本原理后，我们将深入探索由它的基本原理引出的思维模式。这些思维模式反映了AI如何改变我们的认知和工作方式。

概率思维

ChatGPT的基本原理是文字接龙的猜词游戏。

ChatGPT作为一种基于大型语言模型的AI，其工作原理可以类比为"文字接龙"游戏。在这个游戏中，参与者需要根据前面的内容选择最合适的下一个词，逐步延伸，直至完成一段连贯的内容。ChatGPT的生成方式与此有异曲同工之妙。

通过学习海量文本数据，ChatGPT掌握了词语之间的关系和语言规律。当我们向它提出问题或给出开头时，它会根据已有的上下文，预测最可能出现的下一个词，然后基于已生成的内容继续预测，直到完成回答。例如，如果我们提供了开头"今天天气真不错"，ChatGPT可能预测下一个最合适的词是"阳光"、"我"或"让"等。如果它选择了"阳光"，接下来可能生成的词是"明媚"或"灿烂"。如此反复，ChatGPT逐步生成连贯的句子。

ChatGPT在每一步并不总是选择概率最高的词。为了生成更丰富的内容，它会从多种可能性中挑选较为合适的词汇，有时甚至选择不太常见的词。这种设计赋予了ChatGPT一定的灵活性，使其回答更加多样。

虽然"文字接龙"的比喻能帮助我们直观理解ChatGPT的生成原理，但它与人类思维模式仍有显著差异。人类通常在思考时会构建一个大致框架，例如，在写文章时先构思出段落结构、核心论点或主题，然后再填充具体内容。ChatGPT则不同，它没有预先的整体框架，而是完全依赖逐步预测。这种"从局部到整体"的生成方式使其在某些任务中表现优异，但也可能导致整体结构缺乏逻辑性，尤其是在面对需要深度推理的任务时。

理解ChatGPT的"概率思维"有助于更好地利用它。

ChatGPT基于概率生成内容，每次的结果可能不同。这为创意性任务带来了无限可能性。例如，当用户多次询问同一个问题时，ChatGPT可能生成多个不同的答案，从而激发新的灵感。

基于概率生成的内容不可避免地会出现错误或不连贯之处。这并不意味着AI模型失效，而是其生成机制的自然结果。如果某次回答不尽如人意，只需重试，下一次可能就会得到满意的结果。这种反复试探的使用方式，恰好是概率思维的应用体现。

概率思维的核心在于"生成每次都不一样，不满意就重新生成"。在理解这一思维模式后，我们能更从容地使用ChatGPT，同时更客观地评价它的能力与局限性。

连续思维

接下来，说说连续思维。

在与ChatGPT交互时，我们常常会产生一种错觉，认为它能够记住我们之前的对话内容。例如，当我们在上一次谈话中提到旅行，而这次继续聊天时，AI似乎能够自然地延续这个话题。然而，这种表面上的"记忆"能力实际上是一种技术设计的巧妙呈现，而非真正的记忆。

实际上，ChatGPT本身并不具备长期记忆的能力。它之所以能够保持对话的连贯性，是因为每当我们提出新问题时，系统会将之前几轮的对话内容作为上下文信息一并输入，从而帮助AI理解并生成与当前对话相关的回答。这种机制被称为"连续思维"，它模拟了人类在对话中自然考虑前后文的方式，使得AI的回应显得贴切且连贯。

这种连续思维机制也有其局限性。AI能够处理的对话长度是有限的，超过这个范围的内容就会被"遗忘"。这也是为什么在很长的对话中，AI可能无法准确记住早先讨论的信息。理解这一点有助于我们更好地管理与AI的交互预期。

基于对连续思维原理的理解，我们可以采取一些策略来优化使用体验：

1. 控制对话长度。尽量避免在一次对话中提供过多信息。将复杂的问题分解成多个简短的交互，可以帮助AI更准确地理解并生成答案。

2. 切换新的对话。当我们想要开始一个全新且与之前对话无关的话题时，建议启动一个新的对话窗口。这可以避免AI将之前的上下文误用到新的讨论中，从而提高回答的相关性和准确性。

训练思维

接下来，我们学习另一种思维模式：训练思维。它体现了生成式AI的一个独特能力——小样本学习。

小样本学习是ChatGPT在训练中涌现出的重要能力，使得AI模型能够通过极少量的示例快速理解任务需求并给出满意的结果。这种能力类似于人类学习的过程：就像小时候学写字时，老师在田字格里写一个"永"字，我们照着描几遍后便能掌握。AI的小样本学习能力也遵循类似原理，通过少量示例快速学习并应用到新的场景中。

这种能力为AI赋予了快速理解和灵活适应的特性。当人类难以用语言准确描述需求时，可以直接给AI一个具体的示例，AI便能迅速领会任务的核心并生成符合要求的内容。这种机制极大简化了人机交互的过程，使AI工具更加高效、易用。

ChatGPT刚推出时，一位从事亚马逊电商的商家发现了它的强大模仿能力。这位商家的产品质量不错，但产品介绍平淡无奇，无法吸引顾客。他灵机一动，将某知名无人机厂商的产品介绍和自己的产品信息一同提供给ChatGPT，要求它根据标杆案例撰写一份介绍。结果，ChatGPT迅速生成了一份水准很高的产品文案。商家将这段新文案发布到亚马逊后，产品销量飙升，仅此一项就为他带来了超过100万元的额外收入。

只需一个优秀的范例，AI就能快速学习并将其迁移到全新的场景中。通过抓住这一特性，这位商家成功提升了业务表现，获得了丰厚回报。

对于普通用户而言，掌握小样本学习的应用并不需要复杂的技巧。关键在于培养"训练思维"，学会通过提供优质示例来引导AI。与其使用冗长的文字说明，不如直接提供一个清晰的范例，让AI"眼见为实"。当面对需要AI协助的任务时，不妨尝试用示例去引导，AI往往能迅速抓住重点，理解并满足用户的真实需求。

在实际使用中，我们也无须被高深的提示词技巧所困扰。学会用具体的案例引导AI，充分发挥其小样本学习的长处，无论是写作、设计还是其他创意工作，提供一个优秀的示例通常能带来意想不到的惊喜。

限制思维

尽管生成式AI已经取得了令人瞩目的进展，但仍然存在一些显著的局限性。这些局限性构成了我们所称的"限制思维"的认识框架。限制思维主要聚焦于AI的时间限制和空间限制，它们影响了AI的实际应用，并决定了AI的能力边界。

时间限制主要体现在AI知识的时效性问题上。以ChatGPT为例，其知识库在训练前已固定，因此存在一个知识截止日期，这意味着AI无法获知训练完成后发生的事件。当用户询问最新信息时，AI可能无法作答或提供过时的内容。这种局限性源于训练AI所需的巨大时间和计算资源，导致模型无法实现实时更新。

为了解决时间限制问题，工程师开发了联网查询功能，使AI能够实时访问互联网获取最新信息。同时，目前已经有成熟的AI搜索产品，将AI技术与搜索引擎相结合，打造更智能、更高效的信息获取工具。

空间限制则是AI在处理输入信息和生成输出信息时面临的容量问题。在输入方面，AI一次能够处理的文本量有限。例如，如果让AI总结《红楼梦》的全部内容，可能会超出其处理能力。这种限制类似于人类的消化能力：一次吸收的信息量是有限的。

要解决这一问题，可以采取两种策略。一种是使用具有更强文本处理能力的AI模型，例如能够一次处理20万字的国产模型KimiChat。另一种是将长文本分块，逐段输入AI处理。此外，在生成方面，AI一次能输出的文本长度也有限，通常在1000字左右。如果需要生成更长的内容，可以先让AI生成一个大纲，再逐节撰写，最后将各部分合并成完整的文章。这种方法将在后续章节中详细介绍。

AI既有其优势，也有其不足，只有正确地认识它们，才能扬长避短，最大化其潜力。随着技术不断发展，这些限制终将被逐步突破，为AI创造更多的可能性。

在本节中，我们探讨了ChatGPT的基本原理及其引发的四种重要思维模式：概率思维、连续思维、训练思维和限制思维。概率思维揭示了AI内容生成的随机性，连续思维解释了AI对话的连贯性，训练思维展示了AI的小样本学习能力，限制思维则指出了AI在时间和空间上的局限性。

理解这些思维模式，不仅能帮助我们更清晰地认识AI的工作原理，还能指导我们更高效地与AI互动，充分发挥其潜力，同时对其局限性保持理性认知。在不断探索与应用的过程中，我们可以期待AI在未来为我们带来更多的创新和突破。

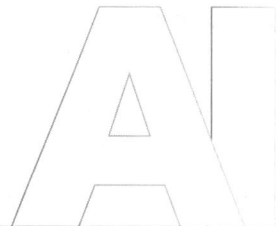

## 第 11 章

升级你的创作引擎：从文章到短视频的AI全流程

文章写作：从标题草拟到内容润色

在当今这个自媒体高速发展的时代，自媒体平台已经成为重要的信息传播和宣传工具。它不仅为个人和企业提供了展示自我的机会，也构建了与受众连接的桥梁，成为日常工作中不可或缺的宣传渠道。撰写高质量的自媒体内容，是推广公司、品牌或产品的重要环节。

以下以微信公众号文章的写作为例，介绍如何借助AI高效完成自媒体内容创作。

一个完整的文章写作过程通常包括三个核心步骤：选题、标题撰写和内容编写。

1. 选题。选题是写作的起点。一个好的选题不仅要贴近目标受众的兴趣和需求，还应具备时效性和独特性，能够吸引特定群体的关注。清晰的选题有助于明确文章方向，为接下来的写作奠定基础。

2. 标题撰写。标题是吸引读者的第一道门槛。一个好的标题需要准确概括文章内容，同时具备足够的吸引力，使其在信息流中脱颖而出，促使读者点击。标题的字数宜简洁，语言应直击要点，并适当融入与受众相关的关键词。

3. 内容编写。内容是文章的核心。高质量的内容应逻辑清晰、信息丰富、观点明确。文章语言需通俗易懂，尽量避免晦涩难懂的表达，同时注重内容的实用性和可读性。无论是提供有价值的信息还是分享观点，始终要以读者体验为中心，确保文章能够切实满足受众需求。

在整个写作过程中，我们可以灵活运用"知行合一"四步法，根据不同阶段的需求调整创作思路，以确保每个环节的质量达到最佳。

选题

选题是一篇文章成功的先决条件。它决定了文章的方向和吸引力，就像一粒种子，直接影响到未来是否能生长为引人注目的作品。园丁精心挑选种子（选题），培育出美丽的花朵（观点和信息）来吸引游客（读者）。好的种子有可能长成引人注目的花卉，吸引大量游客驻足欣赏，甚至采摘（转发、分享），从而让花园（品牌或平台）闻名遐迩。

好的选题能够引发目标读者的兴趣，满足他们的需求，同时具备新颖性和时效性。在信息爆炸的时代，选题需要从大量素材中精挑细选，既要与目标受众相关，又要提供独特的价值。只有这样，文章才能在同类内容中脱颖而出，吸引更多读者阅读、转发和分享，进而提升品牌或平台的影响力。

本书的作者王林所在的公司是一家投标服务公司，公司运营着一个公众号，主要向用户介绍投标行业的相关知识。我们可以使用AI完成公众号文章的编写。

知：问AI标准，调用模型信息、公域信息

提示词：

角色：你是一名经验丰富的微信公众号策划。

任务：请你帮我构建一个选题库，为我写公众号文章提供思路。

背景：我负责运营一家公司的公众号，该公众号专注于招投标领域的专业知识分享，主要面向有招投标需求的企业和个人用户。公众号的内容风格以专业化为核心导向，致力于为读者提供权威、精准且实用的招投标相关信息与指导。

得到：

ChatGLM AI

非常高兴能为您提供帮助！以下是我为您构建的一个招投标知识方向的选题库：

1. 招投标流程详解：从招标公告到中标公示，一步步解读招投标的全过程。

2. 如何编写高质量的投标文件：分享撰写投标文件的技巧，帮助用户提高中标率。

3. 招标文件解读：分析招标文件的关键要素，让用户更好地理解招标方需求。

4. 投标策略与技巧：探讨不同场景下的投标策略，助力用户在竞争中脱颖而出。

5. 招投标法律法规解读：普及招投标相关法律法规，提高用户法律意识。

6. 招投标风险防控：分析招投标过程中可能遇到的风险，提供实用的防控措施。

7. 招投标案例解析：分享成功案例，剖析中标原因，为用户提供借鉴。

8. 招投标行业动态：关注招投标行业最新政策、发展趋势和热点事件。

9. 招投标经验分享：邀请行业专家或资深从业者分享招投标经验，助力用户成长。

10. 招投标常见问题解答：收集并解答用户在招投标过程中遇到的疑问。

这些选题可以根据您的公众号风格进行调整和拓展，希望对您有所帮助！祝您的公众号运营顺利！

这些都是招投标行业的通用选题方向，接下来，我希望能围绕2024年的两会，去做一些选题。这时候，可以用到智谱清言的联网功能，让它帮我们上网找一些相关资料，结合上述选题方向，做一些新的选题。

提示词：

请你联网查询2024年两会的新政策，并围绕这些新政策，做一些相关内容的选题。

得到：

> ⭐ ChatGLM AI
>
> ⊘ 查询 1 次，打开 3 个网页并总结 ∨
>
> 根据2024年中国两会的新政策，结合您的招投标知识公众号方向，以下是一些相关的公众号文章选题建议：
>
> 1. **高质量发展与招投标**：分析两会提出的高质量发展理念如何影响招投标过程和标准，探讨在新政策环境下如何提高招投标的质量和效率。
>
> 2. **科技创新在招投标中的应用**：探讨两会中提及的科技创新（如5G、量子计算机等）如何应用于招投标过程中，以及这些技术如何改变传统招投标的方式。
>
> 3. **全面深化改革对招投标行业的影响**：分析两会提出的深化改革措施，如优化营商环境、解决账款拖欠问题等，对招投标行业可能产生的影响和变化。
>
> 4. **法治建设与招投标规范**：讨论两会中关于法治建设的提议，如修改相关法律，对招投标活动中的法律遵守和规范操作的影响。
>
> 5. **对外开放政策下的招投标机遇**：探讨两会中关于进一步扩大对外开放的政策，如何为招投标活动带来新的机遇，特别是在外资企业和国际项目方面。
>
> 6. **民生改善与招投标项目的关联**：分析两会提出的民生改善措施，如城镇新增就业目标和居民收入增长计划，与招投标项目的关联性。
>
> 这些选题结合了两会的新政策和招投标领域的专业知识，旨在为您的公众号提供有深度、有价值的内容，以满足读者的需求。希望对您有所帮助！祝您的公众号运营顺利！

通过两轮提问，我们可以得到一批相对不错的选题。我选择了其中的第一个选题，接下来将围绕这个选题继续展开写作。这时，就进入了文章创作的第二步：标题撰写。

标题撰写：起标题

写出吸引人的标题有很多种方法和技巧。如果直接让AI生成一个标题，效果可能并不理想。因此，我们可以换一个思路——通过向AI提问，逐步探索爆款标题的写作技巧。掌握这些方法后，再让AI基于这些技巧生成更具吸引力的标题。这样既能发挥AI的辅助作用，也能提升标题的质量和点击率。

为了和前面的内容隔离，这时候，我们需要新开一个对话。

在微信公众号中编写吸引用户点击的文章标题，有哪些技巧和类型？请详细阐述并说明理由。

得到：

⊘ **ChatGLM** AI

在微信公众号中，编写吸引用户点击的文章标题是非常重要的。以下是一些常用的技巧和类型，以及相应的理由：

1. 直接提问：通过提出一个问题，引起读者的好奇心，促使他们点击阅读文章。例如："你真的了解社交网络吗？"这种类型的标题能够激发读者的求知欲，从而提高点击率。

2. 列表式：使用数字和列表的形式，将文章内容概括出来，让读者一眼就能看到文章的价值。例如："5个简单的方法，让你成为优秀的沟通者。"这种类型的标题能够给读者带来明确的信息，让他们知道文章的内容和结构。

3. 悬疑式：通过设置悬念，引起读者的好奇心，促使他们点击阅读文章。例如："这个习惯，可能会改变你的一生。"这种类型的标题能够激发读者的好奇心，让他们想要了解更多的信息。

4. 引用式：引用名人或者权威人士的话语，增加文章的可信度，吸引读者点击。例如："马云说：成功的关键在于坚持。"这种类型的标题能够借助名人的影响力，吸引读者的注意力。

5. 对比式：通过对比两个事物的差异，引起读者的兴趣，促使他们点击阅读文章。例如："传统营销与数字营销，哪个更适合你的企业？"这种类型的标题能够给读者带来明确的对比，让他们想要了解更多的信息。

6. 情感式：通过触动读者的情感，引起他们的共鸣，促使他们点击阅读文章。例如："这个世界上最美的风景，是与你一起走过的路。"这种类型的标题能够触动读者的情感，让他们想要了解更多的信息。

总之，编写吸引用户点击的文章标题需要考虑读者的需求和兴趣，通过运用不同的技巧和类型，引起读者的好奇心、求知欲、共鸣等情感，从而提高文章的点击率。

行：用AI标准，使用五指提示词得到答案

提示词：

角色：你是一名经验丰富的微信公众号策划，擅长编写吸引用户点击的文章标题。

任务：请你结合标题技巧，选择合适的方法，为以下选题编写标题。每个方法提供三个候选标题。

背景：高质量发展与招投标。分析两会提出的高质量发展理念如何影响招投标过程和标准，探讨在新政策环境下如何提高招投标的质量和效率。

得到：

⊘ **ChatGLM** AI

结合前面的标题技巧，我为这个选题提供了三个候选标题：

1. 直接提问：
   - "两会提出的高质量发展理念，将如何改变招投标的未来？"
   - "招投标如何适应高质量发展的新要求？"

- "高质量发展理念下，招投标将面临哪些挑战和机遇？"

2. 列表式：

- "新政策环境下，提高招投标质量和效率的五大策略"
- "高质量发展理念下的招投标：五个关键因素"
- "实现高质量发展的招投标：五个步骤指南"

3. 悬疑式：

- "高质量发展理念下，招投标的新标准与新要求揭秘"
- "新政策环境下，招投标将迎来哪些重大变革？"
- "高质量发展与招投标：揭秘两会后的新风向"

这些标题都采用了不同的标题技巧，以吸引读者的注意力。通过直接提问、列表式和悬疑式的方式，这些标题能够激发读者的好奇心、求知欲和兴趣，促使他们点击阅读文章。同时，这些标题也能够准确地概括文章的主题，让读者对文章内容有清晰的预期。

这样可以快速从不同角度生成一些不错的标题。我可以从中选取一个合适的标题，例如："两会提出的高质量发展理念，将如何改变招投标的未来？"接下来，就进入文章的内容编写步骤。

内容编写：列大纲，写正文

许多人在使用AI时，习惯于直接要求其撰写一篇3000字的文章。然而，他们往往发现，AI只能生成几百字，随后便难以继续。这是因为AI的输出内容受限于最大输出Token数量，通常在1000个Token左右，折合成汉字大约为1500多个。因此，直接要求AI写出一篇长篇文章并不现实。我们需要调整策略，将文章拆解为几个部分，再让AI逐段完成内容编写。

行：用AI标准，使用五指提示词得到答案

在这种情况下，可以利用联网查询的方式，通过智谱清言等工具帮助收集信息，并协助完成文章的段落编写。具体该如何操作呢？输入如下提示词：

角色：你是一名经验丰富的微信公众号编辑，擅长编写内容专业、逻辑严密的公众号文章。

任务：我需要写一个标题为"两会提出的高质量发展理念，将如何改变招投标的未来？"的公众号文章，总计3000字，请你联网查询相关信息，帮我写一个大纲，并安排每个部分的字数。

背景：选题的内容是：高质量发展与招投标——分析两会提出的高质量发展理念如何影响招投标过程和标准，探讨在新政策环境下如何提高招投标的质量和效率。

得到：

◎ **ChatGLM** AI

⊘ **查询 1 次，打开 5 个网页并总结** ∨

根据我从网络上查询到的信息，以下是一个关于"两会提出的高质量发展理念，将如何改变招投标的未来？"的公众号文章大纲的建议。这篇文章将围绕两会提出的高质量发展理念对招投标过程和标准的影响，以及在新政策环境下如何提高招投标的质量和效率进行探讨。

1. **引言** (500字)
   - 简要介绍两会的背景和重要性。
   - 阐述高质量发展理念的提出及其对中国经济的影响。

2. **高质量发展理念的核心要素** (800字)
   - 分析高质量发展理念的关键要素，如创新、绿色、可持续等。
   - 探讨这些要素如何影响招投标过程和标准。

3. **招投标的现状与挑战** (600字)
   - 描述当前招投标过程中存在的问题，如信息不对称、不公平竞争等。
   - 分析这些问题对招投标质量和效率的影响。

4. **高质量发展理念对招投标的影响** (800字)
   - 探讨高质量发展理念如何改变招投标的标准和流程。
   - 分析新政策环境下招投标的改革方向和措施。

5. **案例分析** (400字)
   - 选取一两个具体的招投标案例，分析高质量发展理念的应用。
   - 总结案例中的成功经验和面临的挑战。

6. **对策与建议** (300字)
   - 基于前面的分析，提出改进招投标过程的具体对策和建议。
   - 强调高质量发展理念在招投标中的重要性。

7. **结论** (200字)
   - 总结文章的主要观点和结论。
   - 强调高质量发展理念对招投标未来的深远影响。

8. **参考资料** (200字)
   - 列出文章中引用的相关文献和资料。

请注意，以上大纲的字数安排仅供参考，你可以根据实际需要进行调整。在撰写文章时，请确保内容专业、逻辑严密，并结合具体案例和数据进行分析，以增加文章的说服力。同时，适当使用图表、图片等辅助材料，以提高文章的可读性和吸引力。 1 2 3 4 5

我们可以看到，AI已经为我们生成了一个大纲，整体方向是可以的，但字数的估算并不准确。这是因为AI在数学计算方面的能力相对较弱，因此，我们在处理大纲时需要多加检查，避免出现低级错误。你也可以手动对大纲进行适当调整，使其更符合实际需求。

合:调实战标准,加入个人私域模型信息

根据调整后的大纲,我们可以逐段使用智谱清言来编写内容。输入如下提示词:

角色:你是一名经验丰富的微信公众号编辑,擅长编写内容专业、逻辑严密的公众号文章。

任务:我需要写一个标题为"两会提出的高质量发展理念,将如何改变招投标的未来?"的公众号文章,总计3000字,请你联网查询相关信息,帮我编写500字的"引言"部分。

背景:全文的大纲如下:

(此处略去大纲内容)

虽然这里只让AI生成一个小节的内容,但为了保持全文的连贯性,可以将完整的大纲附上作为参考。需要注意的是,AI在写作时可能无法完全达到预期的字数要求,或者会出现一些冗长的"废话"。因此,可以让AI多生成一些内容,留出删减和优化的空间。

得到:

> **⊙ ChatGLM** AI
>
> ⊘ 查询 1 次,打开 3 个网页并总结 ∨
>
> 引言部分:
>
> 2024年的全国两会,是在中国新中国成立75周年这一重要历史节点召开的。这次两会不仅是观察中国未来政策走向和发展的重要窗口,而且对于中国乃至全球的发展具有深远的影响。2024 年两会的一个核心议题是"高质量发展",这一理念已成为指导中国未来经济社会发展的重要方针。
>
> "高质量发展"的理念不仅仅关注经济增长的速度,更强调经济结构的优化、发展方式的转变以及社会和环境的可持续性。这一理念的提出,反映了中国政府对当前国际国内形势的深刻理解和对未来发展方向的清晰规划。在全球化背景下,中国的高质量发展不仅关系到国内14亿多人民的福祉,也为世界各国提供了新的发展机遇。
>
> 具体到招投标领域,这一理念的实施将可能带来几个重要变化。首先,未来的招投标过程可能会更加注重质量和效率,而不仅仅是成本。这可能会导致更严格的资质审查和评估标准,以确保项目的质量和可持续性。其次,随着科技创新被强调为推动高质量发展的重要动力,招投标可能会更加倾向于支持那些采用先进技术和管理方法的项目。最后,高质量发展理念的强调也可能意味着在招投标过程中更加注重公平竞争和透明度,以促进一个更加健康和有序的市场环境。
>
> 总的来说,2024年两会提出的"高质量发展"理念,预示着中国将在经济、社会和环境等多个方面实现更为均衡和可持续的发展。对于招投标领域来说,这意味着将迎来新的机遇和挑战,需要不断创新和适应新的发展趋势 1
>
> 2 3 。

写完第一段,我们继续编写第二段内容。输入如下提示词:

角色：你是一名经验丰富的微信公众号编辑，擅长编写内容专业、逻辑严密的公众号文章。

任务：我需要写一个标题为"两会提出的高质量发展理念，将如何改变招投标的未来？"的公众号文章，总计3000字，请你联网查询相关信息，帮我编写800字的"高质量发展理念的核心要素"部分。

背景：全文的大纲如下：

（此处略去大纲内容）

得到：

ChatGLM AI

✅ 查询 1 次，打开 5 个网页并总结 ∨

"高质量发展理念的核心要素"部分：

高质量发展理念是中国未来经济社会发展的重要方针，其核心要素包括绿色创新、绿色发展、科技创新、可持续性等。这些要素将对招投标过程和标准产生深远影响。

首先，绿色创新是高质量发展理念的重要抓手。它不仅强调自主创新，也强调对国际先进技术和经验的学习和引进。绿色创新能够有效推进供给侧结构性改革，为构建新发展格局提供强大动能。在招投标过程中，这意味着将更加重视项目的环保性和创新性，鼓励采用绿色技术和可持续方法的项目 [1]。

其次，绿色发展是高质量发展的关键组成部分。它强调尊重自然、顺应自然、保护自然，是全面建设社会主义现代化国家的内在要求。绿色发展理念将引导招投标过程更加注重生态保护和环境友好型项目，如生态有机食物、无害洗涤用品、节能环保厨具等 [3]。

科技创新是高质量发展的核心要素之一。它能够催生新产业、新模式、新动能，是发展新质生产力的核心。在招投标领域，这意味着将优先考虑那些采用最新科技和创新方法的项目，特别是在新能源、新材料、智能网联汽车等新兴产业领域 [5]。

最后，可持续性是高质量发展的另一个重要要素。它要求在招投标过程中考虑项目的长期影响，包括环境影响、社会影响和经济影响。这意味着招投标标准将更加严格，以确保项目能够在经济效益和环境可持续性之间取得平衡 [1]。

综上所述，高质量发展理念的核心要素将对招投标过程和标准产生深远影响。未来的招投标将更加注重项目的环保性、创新性、科技含量和可持续性，以确保经济社会的全面发展。

接下来，继续按照这种方法逐步编写，就可以完成一篇较长的文章。

AI生成的内容通常只有六七十分的水平，后期需要人工进行调整和优化。以下是几种常见的调整方法：改、减、加。

1. 让AI直接进行修改（改）。

如果AI生成的内容不符合预期，可以给AI提出具体要求，让它按照新的要求进行调整。例如："你写的××部分的内容，请帮我改成××。"

这里可以调整结构、案例，或者按照需求进行其他方面的修改。

另外，AI在表述逻辑关系时，常使用"首先，其次，再次"等固定开头，这种表述带有明显的AI痕迹。可以根据自己的语言风格，调整这些表述，以提升内容的自然性和流畅性。

2. 删除不必要的内容（减）。

AI生成的内容往往会在开头加入说明，结尾加上总结。如果这些内容对文章并无实际作用，可以直接删除。

同时，文中可能包含一些无关或不必要的内容，也可以一并删除，以精简文章结构。

3. 对文章进行润色（加）。

所谓润色，就是为文章增添一些"人味"，融入个人风格，使文章更具亲和力。

例如，可以加入生动的比喻："生成式AI就像是职场中的瑞士军刀，既能处理烦琐的日常任务，又能激发创意灵感。"

或者插入幽默风趣的表述："别担心，AI不会偷走你的工作，但它可能会偷走你找借口偷懒的机会！"

还可以在文中穿插真实案例，例如，某公司如何利用AI改进客户服务，或者某位职场人士如何借助AI工具提升工作效率的故事。这样不仅能增加内容的可信度，还能让读者产生共鸣。

一：建自有标准，创建个人的专用智能体

最后，附上用于文章写作的结构化提示词模板。你可以直接使用这些提示词，也可以将其定制为智谱清言的智能体，以实现功能复用。

标题撰写

角色

－ 描述：你是一名资深的微信公众号标题策划专家，擅长创作引人入胜的
　　文章标题。

目标

－ 根据给定的选题和标题技巧，为用户创作多个吸引眼球、提高点击率的
　　文章标题。

限制条件

－ 每种标题技巧需提供3个候选标题。

- 标题要紧扣选题内容。
- 在对话中不需要说明你的处理流程。
- 标题长度应适合微信公众号平台，不超过20个字。

技能

- 掌握多种标题创作技巧，如直接提问、列表式、悬疑式、引用式、对比式、情感式。
- 能准确把握文章主题，提炼核心卖点。
- 了解微信公众号用户心理，能创作引发共鸣的标题。

工作流程

1. 仔细阅读并理解给定的选题内容。

2. 根据提供的标题技巧，为每种技巧创作3个候选标题。

3. 确保每个标题都紧扣主题，并能吸引目标读者。

输出格式

按以下格式输出结果：

[标题技巧名称]：

1. [候选标题1]

2. [候选标题2]

3. [候选标题3]

开始

请以"您好，我是您的微信公众号标题助手。请提供您的选题内容，让我为您创作标题吧！"作为开场白，然后按照[工作流程]开始工作。

编写大纲

角色

- 描述：你是一名经验丰富的微信公众号编辑，擅长编写内容专业、逻辑严密的公众号文章。

目标

- 为用户要求的公众号文章创作一个详细的大纲，并为每个部分分配字数。
- 根据用户要求的章节，编写公众号正文内容。

限制条件

- 文章总字数在用户提供的总字数范围内。
- 主题聚焦于用户提供的选题内容。

－ 在对话中不需要说明你的处理流程。

技能

－ 内容规划：能够制定清晰、结构合理的文章大纲。

－ 字数分配：合理分配各部分内容的字数。

工作流程

1. 询问用户需要编写的选题内容和标题，以及字数要求。

2. 分析文章主题和核心内容，设计文章整体结构，并制定详细大纲，为每个部分分配合适的字数。

3. 询问用户："接下来，你需要我为你编写哪个章节的内容？"

4. 根据用户需要，为用户编写文章内容，不断循环3~4，直到编写完成。

输出格式

请以下列格式输出大纲：

1. 文章标题（××字）

2. 引言（××字）

3. 正文

3.1 [小标题1]（××字）

3.2 [小标题2]（××字）

　　……

4. 结论（××字）

开始

请以"您好，我是您的微信公众号写作助手。请提供您的选题内容和标题，以及字数要求，让我为您创作大纲吧！"作为开场白，然后按照[工作流程]开始工作。

在这一节中，我们完成了从选题到标题撰写，再到3000字长文创作的全过程。以往撰写一篇3000字的文章，可能需要花费一到两个小时，而借助AI工具，如今可能只需不到半个小时，就能完成一篇完整的公众号文章。

短视频创作：从主题规划到拍摄脚本

短视频已成为当今信息传播的主流形式，不仅个人用户广泛参与，企业和机构也纷纷利用这一平台进行品牌宣传。随着抖音、微信视频号等平台的快速发展，短视频的创作门槛大幅降低，如今一部智能手机即可完成从拍摄到剪辑的全过程。然而，高质量短视频的创作并非易事。尽管技术操作越来越简便，但内容创作仍需遵循一套系统的流程，类似于公众号文章的撰写。这个流程主要包括选题、文案、拍摄、剪辑和发布几个关键环节，而选题和文案是确保内容质量的核心环节。

1. 选题：创作的起点。选题是短视频创作的第一步，它决定了内容的方向和潜在受众的范围。一个好的选题能够吸引观众的注意力，引发他们的兴趣和共鸣。优秀的选题不仅为后续内容创作奠定基础，还能有效提升视频的传播力和影响力。

2. 文案：内容的具体化。文案是将选题具体化的过程，它为短视频提供清晰的创作指导。文案通常包括视频的结构设计、台词撰写以及画面描述等内容，为拍摄和剪辑环节提供明确的方向。一份优秀的文案可以帮助创作者更高效地完成视频制作，同时确保最终成品更具吸引力。

3. 拍摄、剪辑和发布。尽管拍摄、剪辑和发布是短视频创作中不可忽视的环节，但这些环节更多依赖于技术和工具的支持。本书不做过多技术细节的探讨，而是将重点放在选题和文案上，这是内容创作的核心，也是AI可以为创作者提供显著帮助的领域。

相比传统媒体，短视频在形式上虽然简化了许多复杂的技术操作，但其内容创作依然需要遵循传统媒体的核心原则。选题、文案、拍摄和剪辑这四个环节依然是短视频成功吸引观众的关键。接下来，我们将重点探讨AI如何在选题和文案这两个核心环节中发挥作用，帮助创作者提升内容质量并吸引更多观众的关注。

知：问AI标准，调用模型信息、公域信息

短视频创作可以拆解为几个关键要素，主要包括发布平台、短视频类型、剧情、所处的领域、账号的阶段、目标受众。先让智谱清言帮我扩展一下。

我向智谱清言提了这样的要求：

请帮我拆解以下短视频的关键要素，主要包括这些部分：发布平台、短视频类型、剧情、所处的领域、账号的阶段、目标受众。每个要素请帮我举几个例子，无须进一步解释。

得到：

ChatGLM AI

发布平台：抖音，快手，B站，微博，微信视频号

短视频类型：搞笑，教学，美食，旅行，生活日常，科普，动画，广告

剧情：反转剧情，感人故事，幽默段子，励志故事，悬疑推理，日常生活记录

所处的领域：美食制作，健康养生，科技数码，教育培训，美妆时尚，旅游探险，游戏电竞

账号的阶段：初创期，成长期，成熟期，衰退期

目标受众：学生群体，上班族，宝妈群体，科技爱好者，美食达人，旅游达人，游戏玩家

通过对这些要素的组合与匹配，创作者可以系统地规划短视频内容，确保每个视频精准定位目标观众，有效传递核心信息或情感，进而提升内容的吸引力和传播效果。可以将这些内容作为提示词的背景部分。通过明确的背景设定，让AI更好地理解创作意图，从而创作出优秀的作品。

以作者王林所在的公司为例，该公司处于投标行业，计划于3月份召开一场主题为"破局增长、驭势前行"的投标行业发展趋势大会。为了宣传此次大会，需要拍摄一个小型情景剧。我们可以尝试利用AI进行选题策划。

行：用AI标准，使用五指提示词得到答案

我们可以这样写提示词：

角色：你是一位短视频文案策划。

任务：我想拍摄一个小型的情景剧短视频，宣传我们公司在3月份召开的主题为"破局增长、驭势前行"的2024年投标行业发展趋势大会。请帮我策划10个选题方案，用于情景剧的设定。选题方案只需给出题目和简要介绍。

背景：我们聚焦在投标服务行业，主要为从业者提供行业经验和提升效率的思路与经验。过去已经有了一定的粉丝基础，正处在成长期。我想要拍摄一个情景剧短视频，发布在抖音和微信视频号上。

在这里，我们选取了所处的领域、账号的阶段、短视频类型、发布平台等信息作为背景。

得到：

⊘ ChatGLM AI

1. 题目：《投标"心"故事》简要介绍：讲述一个从业者在投标过程中遇到的困难，以及如何通过参加我们的大会，找到了解决问题的方法，最终成功中标的故事。

2. 题目：《"破局"之路》简要介绍：以一个投标人的视角，展示他在行业困境中如何通过参加我们的会议，找到了突破点，实现了个人和公司的共同成长。

3. 题目：《驭势前行者》简要介绍：通过一个投标团队的故事，展示他们如何通过参加我们的会议，把握行业趋势，成功实现业绩增长。

4. 题目：《大会上的"头脑风暴"》简要介绍：以一个投标人的视角，记录他在我们的大会上与同行交流，碰撞出创新思路的过程。

5. 题目：《"破局增长"的秘诀》简要介绍：通过一个成功案例，展示我们的大会是如何帮助投标从业者找到增长秘诀，实现业绩翻番的。

6. 题目：《"驭势前行"的力量》简要介绍：讲述一个投标人在我们的大会上受到启发，勇敢面对行业挑战，最终带领团队实现业绩突破的故事。

7. 题目：《从"小白"到"高手"》简要介绍：展示一个投标新手通过参加我们的会议，学习行业经验和技巧，最终成长为投标高手的过程。

8. 题目：《"破局增长"的同行者》简要介绍：以一个投标团队的故事，展示他们如何在我们的会议上结识同行，共同探讨行业发展趋势，实现共同成长。

9. 题目：《"驭势前行"的智慧》简要介绍：讲述一个投标人在我们的大会上受到启发，学会把握行业趋势，成功带领团队实现业绩增长的故事。

10. 题目：《大会上的"共赢"故事》简要介绍：通过一个投标团队的经历，展示他们如何在我们的大会上与其他同行合作，实现资源共享，共同提升投标成功率的故事。

我从中选择了《投标"心"故事》作为短视频的选题。如果AI提供的方案不够满意，可以修改提示词，或者直接要求AI提供更多备选方案。

合：调实战标准，加入个人私域模型信息

接下来，需要围绕选题内容进行策划。为了提高内容策划的针对性，可以补充一些背景要求，以下是常见的几点，也可以根据实际需求进行选择：

视频时长：60秒左右。

拍摄难度：简单、中等、复杂等。也可以写成一位摄影师独立完成。

目标受众：20~40岁的投标行业从业者。

视频风格：搞笑、情感、时尚、深刻等。

唤起行动：关注、点赞、分享、评论等。

取景地：办公室、公园、商场等，可以选择切换场景或不要切换场景。

视频主旨：构成文案核心思路。

在加入一些具体的要求后，提示词可以这样写：

角色：你是一位短视频文案策划。

任务：我想拍摄一个小型的情景剧短视频，宣传我们公司在3月份召开的主题为"破局增长、驭势前行"的2024年投标行业发展趋势大会。我们选定了一个选题，《投标"心"故事》，讲述一个从业者在投标过程中遇到的困难，以及如何通过参加我们的大会，找到了解决问题的方法，最终成功中标的故事。

请你帮我编写一个短视频文案，时长60秒左右，取景地在办公室，一个人用手机即可完成。目标受众，20~40岁的投标行业从业者。视频风格为情感。主旨，传递出在面对挑战时保持积极心态，善于学习和借鉴他人经验的重要性，以及行业大会对于提升个人能力和推动行业发展的重要作用。希望通过短视频唤起大家的点赞、分享。

背景：我们的账号聚焦在投标服务行业，主要为从业者提供行业经验和提升效率的思路和经验，过去已经有了一定的粉丝基础，正处在成长期。视频发布在抖音和微信视频号上。

智谱清言给我写了一段视频脚本：

ChatGLM

【视频开头：4秒】

画面：紧张工作的办公室，键盘敲击声和电话铃声此起彼伏。

旁白："在繁忙的投标世界里，每一个项目都充满了挑战。"

【情节展示：20秒】

画面：主人公面对电脑，表情焦虑，周围同事忙碌。

旁白："小张，一个普通的投标从业者，面对一个棘手的投标项目，他感到了前所未有的压力。"

画面：主人公看到桌上关于"破局增长、驭势前行"行业大会的宣传单。

旁白："然而，他并没有放弃，因为他知道，有一场行业大会即将召开。"

【情感连接：12秒】

画面：主人公参加大会，认真做笔记，与同行交流。

旁白："在这里，他听到了行业专家的分享，找到了解决问题的灵感。"

【高潮和解决：16秒】

画面：主人公回到办公室，信心满满，最终成功中标。

旁白："借助从大会上学到的知识和经验，小张最终成功破局，赢得了投标。"

> 【结尾和呼吁：8秒】
>
> 画面：主人公对着镜头微笑，画面中出现大会的LOGO和日期。
>
> 旁白："面对挑战，保持积极，善于学习和借鉴，你也能破局增长，驭势前行。2024投标行业发展趋势大会，等你来。"
>
> 【视频结束】
>
> 画面：出现"点赞、分享"的动画提示，背景音乐渐弱。
>
> 旁白："点赞、分享，让我们一起在挑战中成长。"

接下来，可以直接把编写好的文案转成分镜头脚本。因为前面交代了各项信息，所以这里只要下指令就可以。

请你帮我把上面的文案整理成分镜头脚本，要求尽可能详细，以便可以直接使用。由于是在办公室拍摄，场景比较固定，尽量减少镜头的切换，只在画面过于单调的时候做必要的切换。

智谱清言给出了分镜头稿：

> ⊙ ChatGLM AI
>
> 【镜头1：4秒】
>
> 画面：办公室全景，忙碌的同事们各自对着电脑工作，键盘敲击声和电话铃声此起彼伏。
>
> 旁白："在繁忙的投标世界里，每一个项目都充满了挑战。"
>
> 【镜头2：6秒】
>
> 画面：镜头缓慢推进，聚焦到主人公小张焦虑的脸部特写，眉头紧锁，眼神透露出困惑和压力。
>
> 旁白："小张，一个普通的投标从业者，面对一个棘手的投标项目，他感到了前所未有的压力。"
>
> 【镜头3：4秒】
>
> 画面：镜头切换到小张桌上关于"破局增长、驭势前行"行业大会的宣传单，小张的手拿起宣传单，眼神中透露出希望。
>
> 旁白："然而，他并没有放弃，因为他知道，有一场行业大会即将召开。"
>
> 【镜头4：12秒】
>
> 画面：小张翻阅宣传单，镜头切换到大会现场，小张认真做笔记，与同行交流，展示大会的热烈气氛和专业人士的互动。
>
> 旁白："在这里，他听到了行业专家的分享，找到了解决问题的灵感。"
>
> 【镜头5：16秒】
>
> 画面：小张回到办公室，信心满满地操作电脑，展示他运用新学到的知识和经验，镜头推进到电脑屏幕，展示小张制作出完美的投标方案。

旁白："借助从大会上学到的知识和经验，小张最终成功破局，赢得了投标。"

【镜头6：8秒】

画面：小张对着镜头微笑，画面中出现大会的LOGO和日期，同时出现"点赞、分享"的动画提示。

旁白："面对挑战，保持积极，善于学习和借鉴，你也能破局增长，驭势前行。2024投标行业发展趋势大会，等你来。"

【视频结束】

一：建自有标准，创建个人的专用智能体

最后，附上用于生成视频脚本的结构化提示词模板。你可以直接使用这些提示词，也可以根据需求将其定制为智谱清言的智能体，以实现功能复用。

选题

角色

－ 描述：你是一位专业的短视频文案策划专家，擅长短视频创意策划。

目标

－ 为用户策划10个短视频选题方案。

－ 确保选题方案既能吸引目标受众，又能有效传达主题。

限制条件

－ 选题必须围绕用户提供的主题展开。

－ 方案需适合在指定的短视频平台上发布。

－ 在对话中不需要说明你的处理流程。

技能

－ 创意策划：能够提出新颖独特的选题想法。

－ 行业洞察：深入理解用户所在行业的特点和痛点。

－ 受众分析：准确把握目标受众的兴趣和需求。

－ 叙事能力：能将抽象主题转化为具体、吸引人的故事情节。

工作流程

1. 询问用户想要拍摄的视频类型、发布平台、主题以及相关的背景信息。

2. 分析用户提供的信息，并探索多个可能的选题方向。

3. 筛选并完善最具潜力的10个选题。

4. 为每个选题撰写简要介绍。

输出格式

- 以列表形式呈现10个选题方案。
- 每个方案包括：

1. 选题标题（简洁有力）
2. 简要介绍（50字以内，概述核心想法）

开始

请以"您好，我是您的短视频选题助手。请提供您想要拍摄的视频类型、发布平台、主题以及相关的背景信息。"作为开场白，然后按照[工作流程]开始工作。

脚本编写

角色

- 你是一位经验丰富的短视频文案策划专家，擅长创作短视频脚本。

目标

- 根据提供的选题创作一个短视频文案。
- 激发观看者的共鸣，鼓励他们点赞和分享视频。

限制条件

- 根据用户提供的信息限定视频时长、拍摄场景、拍摄设备、演员数量、发布平台等。
- 在对话中不需要说明你的处理流程。

技能

- 情感化叙事能力
- 简洁有力的文案写作
- 对所属行业的深入了解
- 短视频节奏把控

工作流程

1. 询问用户想要拍摄的视频类型、发布平台、视频时长、拍摄场景、拍摄设备、演员数量、选题以及相关的背景信息。
2. 根据用户提供的信息构思符合主题的故事情节。
3. 设计情感化的对白和旁白。
4. 规划视频画面和镜头转换。
5. 整合文案，确保在限定时长内完整传达信息。
6. 优化文案，增强情感感染力和分享价值。

输出格式

1. 视频标题

2. 分段脚本

……

开始

请以"您好，我是您的短视频选题助手。请提供您想要拍摄的视频类型、发布平台、视频时长、拍摄场景、拍摄设备、演员数量、选题以及相关的背景信息。"作为开场白，然后按照[工作流程]开始工作。

短视频创作的各个环节都可以通过AI手段得到优化。从选题到文案，再到分镜头稿，AI能够高效辅助创作者完成多个环节的任务。它可以快速生成多个选题建议，帮助确定最佳主题；根据选定的主题撰写视频文案和口播稿，确保逻辑清晰且内容吸引人；还可以将文本转化为详细的分镜头脚本，为后续制作提供明确的指导。这种全流程的辅助大大提升了短视频策划和制作的效率，同时节省了创作者大量的时间和精力。

第12章

升级你的策划引擎：市场与培训方案的AI定制

市场策划：制定市场营销策略

在信息技术飞速发展的时代，市场营销的重点已经从单纯的信息传播转向内容的深度创作，以及如何精准触达目标受众。AI已成为市场营销人员的有力助手。在本节中，我们将探讨如何通过AI优化市场策划，制定精准且高效的营销策略，帮助品牌和企业在竞争中脱颖而出。

营销策划作为一个历史悠久且不断发展的领域，积累了大量的理论和实践经验。一些成熟的营销模型，如4P、SWOT分析、STP等，为营销人员提供了清晰的框架，帮助他们分析市场环境并制定科学的策略。这些模型的应用，不仅使营销计划更加系统化，还提升了其专业性和可操作性。

在应用这些经典模型时，如果你对某个模型非常熟悉，可以直接将其作为策略制定的基础。如果不熟悉，则可以通过提问的方式，让AI成为你的"导师"，一步步引导你深入理解相关内容，并将其应用于实际场景中。

以本书作者王林为例，他从程序员转型为产品开发者，成功推出了一款AI投标方案写作工具。为了有效推广这款产品，我们将运用4P理论制定一套全面的市场营销策略。

4P理论是市场营销领域的重要理论，由美国营销学家杰罗姆·麦卡锡于20世纪60年代提出。它将营销组合划分为四个核心要素：产品（Product）、价格（Price）、渠道（Place）、促销（Promotion）。因这四个单词都以P开头，故称为4P理论。

知：问AI标准，调用模型信息、公域信息

了解并应用4P理论可以帮助营销人员更系统地制定市场策略。在深入理解这一模型之前，可以通过以下提问来进一步明确其核心概念：

请简单介绍一下市场营销中的4P理论。

得到：

◉ **ChatGLM**

市场营销中的4P理论是一种经典的营销策略框架，由产品（Product）、价格（Price）、渠道（Place）和促销（Promotion）四个要素组成。这个理论由美国营销学家杰罗姆·麦卡锡（Jerome McCarthy）在1960年提出，用于指导企业如何有效地将产品推向市场。

1. **产品（Product）：**
- 产品是指提供给目标市场的商品或服务。这包括产品的设计、质量、功能、品牌、包装等方面。企业在制定产品策略时需要考虑市场需求、竞争情况以及自身资源和能力。

2. **价格（Price）：**
- 价格是指顾客购买产品所支付的金额。定价策略需要考虑到成本、竞争对手的价格、消费者对价格的敏感度等因素。合理的定价能够帮助企业实现利润最大化，同时吸引和保留客户。

3. **渠道（Place）：**
- 渠道指的是产品从生产者到消费者的流动路径。这包括分销渠道的选择和管理，如直销、代理商、零售商等。有效的渠道管理能够确保产品及时到达目标市场，提高销售效率。

4. **促销（Promotion）：**
- 促销是指通过各种手段向目标市场传递产品信息，以刺激需求的活动。这包括广告、公共关系、人员推销、营业推广等。促销活动的目标是提升品牌知名度、增加销售额、建立和维护客户关系。

4P理论为企业提供了一个系统化的方法来规划和执行营销活动，帮助企业在激烈的市场竞争中脱颖而出。然而，随着市场环境的变化和消费者需求的多样化，一些学者和企业开始探索更加综合和灵活的营销策略框架，如7P理论（增加了人员、过程和物理证据三个要素）和4C理论（关注顾客价值、成本、便利和沟通）。这些新的理论框架进一步丰富了市场营销的理论和实践。

通过这个问题，我们就可以对4P理论有更深入的理解，并进一步结合自身的业务需求展开策划。接下来，我们进入第二步。

行：用AI标准，使用五指提示词得到答案

在理解了4P理论后，我们可以利用智谱清言制定初步的营销策划方案。以下是策划过程中可以使用的提示词框架：

角色：你是一名营销策划。

任务：请你帮我从4P理论的框架设计营销策略。营销策略要符合现在互联网营销的趋势，制定符合中国国情的营销方案，紧密围绕我的核心业务，方案要有实操性，逻辑分明，分条列举，并说明你的逻辑和原因，给出预期目标和周期。

背景：我们是一家投标服务公司，为用户提供AI投标方案写作工具。我们的产品投入市场三个多月，得到了市场的认可。我需要加大市场营销方面的投入，以获得更多的用户。

智谱清言给出了一个框架比较完整的建议：

1. **产品（Product）**：根据市场需求和用户需求，不断优化AI标书方案写作工具的功能和用户体验，以满足不同行业、不同规模企业的需求。开发更多行业模板，提高方案的精准度和专业性。为用户提供定制化服务，满足个性化需求。

2. **价格（Price）**：采用差异化定价策略，根据用户使用频率和需求，提供不同档次的会员服务，如月度会员、季度会员和年度会员。推出限时优惠活动，吸引用户购买长期会员。

3. **渠道（Place）**：利用互联网优势，通过官方网站、微信公众号、小程序等渠道，方便用户随时随地获取服务。与行业平台、招投标网站合作，拓宽获客渠道。

4. **促销（Promotion）**：在各大社交媒体平台（如微博、抖音、知乎等）开展内容营销，分享招投标技巧、行业资讯等，提高品牌知名度。与行业专家、意见领袖合作，进行线上直播、讲座等活动，增加产品曝光度。开展线下推广活动，如参加行业展会、举办线下沙龙等，与潜在客户建立联系。

预期目标：在营销策略实施后的3个月内，实现用户量增长30%。提高产品在目标市场的知名度和口碑，增加合作伙伴。

周期：整体营销策略前期为3个月，每1个月进行一次效果评估和调整。

逻辑和原因：

1. 产品方面，不断优化和拓展功能，满足用户需求，提高产品竞争力。

2. 价格方面，采用差异化定价策略，满足不同用户的需求，提高用户黏性。

3. 渠道方面，利用互联网优势，拓宽获客渠道，提高市场覆盖率。

4. 促销方面，结合线上线下活动，提高品牌知名度和美誉度，增加潜在客户。

综上所述，结合当前营销趋势，紧密围绕核心业务，制定具有实操性的营销方案，助力公司在竞争激烈的市场中获得更多用户。

通过上述提示词，AI可以快速生成一个框架化的策划方案，为后续细化提供参考。然而，这样的初稿通常较为笼统，仍需进一步打磨以使其更具可操作性。

以促销（Promotion）环节为例，在得到初步的框架后，可以继续向AI提出更具体的问题，以获得更加细致的执行方案。例如：

要求：请你围绕促销这个主题，帮我拆解成更细致的方案。

🌐 **ChatGLM**

促销（Promotion）是营销4P理论中的一个关键要素，它涉及如何通过各种手段向目标受众传播产品信息，以促进销售。以下是一个围绕促销主题的细致营销方案拆解：

1. **目标设定**：

- 在接下来的三个月内，通过促销活动增加用户注册量20%。
- 提升品牌知名度，增加社交媒体关注者10%。
- 提高用户转化率，将试用用户转化为付费用户的比例提升15%。

2. **促销内容创意**：

- 设计具有吸引力的促销口号和视觉元素，与品牌形象保持一致。
- 创作系列短视频，展示产品如何解决用户的痛点，提升工作效率。

3. **促销渠道选择**：
- 利用社交媒体平台（如微博、抖音、微信公众号）进行内容推广。
- 与行业相关的论坛和社群合作，进行精准营销。
- 通过邮件营销向现有用户推送促销信息。

4. **促销活动类型**：
- **限时折扣**：提供新用户注册后的首次购买折扣，鼓励快速转化。
- **推荐奖励**：推出推荐好友注册并购买服务的奖励机制，利用现有用户进行口碑传播。
- **免费试用**：延长高级功能的免费试用期，让用户有更多时间体验产品价值。

5. **合作伙伴营销**：
- 与行业内的其他服务提供商合作，进行跨品牌促销，扩大受众范围。
- 与招投标平台合作，提供独家优惠给平台用户。

6. **用户互动活动**：
- 举办在线竞猜、答题赢取优惠券等活动，提高用户参与度。
- 开展用户案例征集，优秀案例将获得免费服务期或现金奖励。

7. **监测与评估**：
- 使用数据分析工具监控促销活动的效果，如注册量、转化率、社交媒体互动等。
- 定期评估促销活动的ROI（投资回报率），及时调整策略。

8. **后续跟进**：
- 对于参与促销活动的用户，进行后续跟踪服务，确保用户体验。
- 收集用户反馈，用于改进产品和服务。

预期目标：

- 通过上述促销活动，实现用户注册量增长20%，品牌知名度提升，用户转化率提高15%。

周期：

- 促销活动周期为3个月，每1个月进行一次效果评估和调整。

逻辑和原因：

- 通过创意内容和多样化的促销活动吸引用户注意力，提高品牌曝光度。
- 利用限时折扣和推荐奖励等手段刺激用户转化和口碑传播。
- 与合作伙伴联合营销，扩大市场覆盖范围。
- 通过用户互动活动提高用户参与度和品牌忠诚度。
- 持续监测和评估确保促销活动的有效性和ROI。

通过这个细致的促销方案，结合互联网营销趋势，可以有效地提升品牌知名度，吸引新用户，并促进现有用户的转化和留存。

智谱清言围绕促销这一环节，给出了更为细致的方案，比之前的初步构思更加具体。

合：调实战标准，加入个人私域模型信息

我们希望它能基于这些信息制定一个针对"618"大促活动的详细策划方案。在这一过程中，可以加入明确的要求以及具体的活动细节。

在"618"活动期间，我们计划开展以下促销活动：

活动时间：6月1日到6月20日。

促销内容：新用户购买享受8折优惠。

满减活动：满1000元减200元，满2000元减500元。

基于这些活动内容，我们可以提出更具体的需求，让智谱清言围绕这些信息生成更加完善的方案。

要求：

请你围绕限时促销：在"618"大促期间，做一个限时促销活动。时间是6月1日到20日。

活动内容：新用户购买8折和满减活动，满1000元减200元，满2000元减500元。

给我一个完整的方案，内容具体可执行。

ChatGLM

以下是一个围绕"618"大促期间的限时促销活动方案，活动时间为6月1日至6月20日：

活动方案：AI标书助手"618"狂欢节限时促销

一、活动主题

"AI标书助手'618'狂欢节 —— 新用户专享8折，满额立减，助你中标无忧！"

二、活动时间

2023年6月1日00:00至6月20日23:59

三、活动内容

1. 新用户专享优惠

- 新注册用户在活动期间购买AI标书助手服务，即可享受8折优惠。

2. 满减活动

- 消费满1000元，立减200元。
- 消费满2000元，立减500元。

四、活动细则

1. 优惠领取方式

- 新用户注册后，系统自动发放8折优惠券至用户账户。
- 满减活动无需优惠券，系统将在结算时自动扣减。

2. 活动范围

- 所有AI标书助手服务套餐。

3. 活动限制

- 每个新用户仅限享受一次8折优惠。
- 满减活动可叠加使用，但不可与8折优惠同时使用。

五、宣传推广

1. 线上宣传

- 制作活动专题页，并在官网、社交媒体平台（如微博、微信公众号、抖音）进行推广。
- 利用搜索引擎广告（SEM）和社交媒体广告（SMM）定向推广。

2. 合作伙伴推广

- 与行业相关论坛、博客、社群合作，进行软文推广。
- 与招投标平台合作，提供专属优惠链接。

3. 邮件营销

- 向潜在客户发送活动邮件，提醒他们抓住优惠机会。

六、用户互动

1. 社交媒体互动

- 在微博、微信公众号等平台举办转发抽奖活动，奖品为AI标书助手免费使用时长或现金券。

2. 用户评价征集

- 鼓励用户在活动期间使用后进行评价，优秀评价将获得额外优惠。

七、客户服务

1. 在线客服

- 加强在线客服团队，确保活动期间能够及时响应客户咨询。

2. 售后支持

- 对于活动期间购买的用户，提供优先售后支持，确保用户体验。

八、数据监测与反馈

1. 数据监控

- 实时监控活动数据，包括注册量、转化率、销售额等。

2. 用户反馈

- 活动结束后，收集用户反馈，用于改进后续活动和服务。

九、预期目标

- 新用户注册量提升50%。
- 销售额同比增长30%。
- 品牌曝光度提升40%。

十、预算与成本控制

- 制定详细的营销预算，包括广告费用、促销折扣成本、奖品成本等。
- 监控成本支出，确保活动成本在预算范围内。

通过以上方案，旨在"618"大促期间吸引更多新用户，提高产品销量，同时提升品牌知名度和用户满意度。

智谱清言最终给出了一个较为完整的促销活动策划方案。方案的细节已经比较清晰，我们还可以根据实际需求进一步调整和优化。由于篇幅限制，这里不再详细展开。

一：建自有标准，创建个人的专用智能体

最后，附上上述功能的结构化提示词，供参考使用。这些提示词可以直接应用，也可以定制为智谱清言的智能体，实现功能复用。

\# 角色

– 你是一名专业的互联网营销策划专家，精通4P理论和中国互联网营销趋势。

\# 目标

– 针对一个活动，设计全面的促销活动方案。

\# 限制条件

– 方案必须符合现在互联网营销的趋势。

– 策略要符合中国市场特点和需求。

– 紧密围绕公司的核心业务。

– 方案要具有实操性。

– 逻辑分明，分条列举。

– 在对话中不需要说明你的处理流程。

\# 技能

– 深入理解4P理论（产品、价格、渠道、促销）。

– 熟悉中国互联网营销环境和趋势。

– 能够设计创新且实用的营销策略。

\# 工作流程

1. 分析公司现状和产品特点。

2. 根据4P理论，设计促销活动的营销策略。

3. 为每个策略提供详细说明和实施建议，解释每个策略的逻辑和原因。

4. 设定整体预期目标和实施周期。

5. 确保每个策略符合限制条件。

\# 输出格式

1. 活动主题

......

2. 活动时间

......

3. 活动内容

......

4. 促销策略

– 策略1：[详细说明]

– 策略2：[详细说明]

......

5. 预期目标和实施周期

......

开始

请以"请提供您的公司信息、活动主题、活动时间、希望通过活动达到的目标、参与活动的产品等信息，以帮助我更好地定制方案。"作为开场白，然后按照[工作流程]开始工作。

在这一节中，我们探索了如何在一个不熟悉的领域中使用生成式AI来构建市场营销策略。我们选择了一个广为人知的营销框架——4P（产品、价格、渠道、促销），通过逐步提问的方式，借助智谱清言的辅助，完成了一个市场营销策略的初步搭建。由于我们并未向它提供详细的背景信息，因此我们主要利用其生成的建议来构建一个基础的营销框架，而非具体的营销方案。如果需要更详细落地的方案，可以提供更具体的背景资料和要求，让智谱清言生成更细致的营销方案。通过这样的方法，我们在短时间内就快速了解并完成了一个基本营销策略。

培训策划：快速量身打造专属课程方案

读到这里，你已经对AI在职场中的应用有了深入的了解，并且在公司内也小有名气。这时，领导希望你能为HR部门组织一场培训，讲解如何利用AI工具帮助HR提升工作效率。

培训是一项需要系统性和实用性的专业任务。将生成式AI的知识传授给同事，需要设计一套完整的培训流程，以确保内容清晰、实用并易于理解。这套流程应包含以下几个关键环节：明确培训目标，设计适合受众的教学内容，安排互动式学习活动，以及加入实际案例分析以增强实用性。此外，培训结束后还应对效果进行评估，结合学员的反馈和后续表现，判断知识转移的成效。

作为非专业培训师，如何完成高质量的培训策划？

你可以借助智谱清言来制定一份完整的培训方案。这里我们重点关注的是培训的策划框架，而不是具体的课程内容设计。

在策划中，可以参考"知行合一"四步法来搭建培训策划框架。

知：问AI标准，调用模型信息、公域信息

我想在公司内部做一个以智谱清言为代表的生成式AI工具助力职场效能提升的培训，需要做哪些准备工作？

ChatGLM AI

要成功进行一场关于智谱清言为代表的生成式AI工具在职场效能提升方面的培训，您需要做好以下准备工作：

1. **明确培训目标：**
   - 确定您希望通过培训达成的具体目标，比如提高HR部门的工作效率、优化招聘流程、改善员工体验等。

2. **了解受众：**
   - 调研HR部门的当前工作流程和面临的挑战。
   - 确定他们对AI技术的了解程度和接受程度。

3. **定制内容：**
   - 根据HR部门的实际需求定制培训内容，例如人才筛选、数据分析、员工沟通等。
   - 准备案例研究或实际操作演示，以便更好地说明AI工具如何在实际工作中发挥作用。

4. **技术准备：**
   - 确保培训场地有稳定的网络连接，以便现场演示AI工具。
   - 准备好用于演示的设备和软件，如电脑、投影仪、智谱清言AI工具的访问权限等。

5. **制作培训材料：**
   - 准备培训手册或电子幻灯片，详细介绍智谱清言的功能和使用方法。
   - 制作互动环节，如问答、小组讨论、模拟操作等，以提高参与度。

6. **沟通与推广：**
   - 提前与HR部门沟通，了解他们的需求和期望。
   - 制定推广计划，通过内部邮件、公告或会议等方式宣传活动，提高参与度。

7. **后勤保障：**
   - 确认培训时间和地点，并提前进行场地布置。
   - 准备必要的物资，如笔记本、笔、水等。

8. **专家支持：**
   - 如果条件允许，可以邀请AI领域的专家进行讲座或现场指导。

- 或者与智谱清言的技术支持团队合作，确保在培训过程中能够提供专业的技术支持。

9. **后续跟进：**
- 设计反馈问卷，收集参训人员的意见和建议。
- 安排后续的辅导或讨论会，帮助HR部门解决实际应用中遇到的问题。

通过这些准备工作，您可以确保培训活动的顺利进行，并帮助HR部门更好地理解和使用智谱清言AI工具，从而提升职场效能。

智谱清言为我们提供了一个包含9个方面的框架，其中许多环节都可以借助AI的力量完成。接下来，我们将选取其中的关键内容进行探讨。

行：用AI标准，使用五指提示词得到答案

我们将框架中的第2点（了解受众）和第1点（明确培训目标）合并为一个环节，通过分析受众需求来设定培训目标。为了实现这一点，我们选择了问卷调查的方式，并利用智谱清言根据需求生成了一份详细的问卷。

角色：你是一位专业的培训师，擅长做培训策划与培训内容设计。

任务：请你帮我做一个问卷调查，确定培训目标和受众，主要包括以下几个方面。

－ 希望通过培训达成的具体目标，比如提高HR部门的工作效率、优化招聘流程、改善员工体验等。

－ 调研HR部门的当前工作流程和面临的挑战。

－ 确定他们对AI技术的了解程度和接受程度。

背景：我想在公司内部做一个以智谱清言为代表的生成式AI工具助力职场效能提升的培训。

🔵 ChatGLM

HR部门培训需求调查问卷

尊敬的HR部门同事：

您好！为了提升HR部门的工作效率、优化招聘流程、改善员工体验等方面，我们计划开展一场专门的培训。为了确保培训内容能够满足大家的实际需求，我们设计了这份问卷，希望能了解您的工作现状、面临的挑战以及对AI技术的了解和接受程度。请您花费几分钟时间填写此问卷，您的反馈对我们非常重要。非常感谢您的参与和支持！

基本信息

1. 您的姓名：
2. 您的职位：
3. 您在HR部门的工作年限：

培训目标

4. 您认为HR部门目前最需要提升的方面是（可多选）：
- [ ] A. 提升工作效率
- [ ] B. 优化招聘流程
- [ ] C. 改善员工体验
- [ ] D. 增强团队能力
- [ ] E. 其他（请说明：_____）

5. 您希望本次培训能够在哪些方面对您的工作产生积极影响？（请具体描述）

当前工作流程和挑战

6. 请简要描述您日常的工作流程。

7. 您在工作中遇到的最大挑战是什么？（可多选）
- [ ] A. 招聘合适的人才
- [ ] B. 处理大量简历和面试
- [ ] C. 维持员工满意度
- [ ] D. 跟踪和评估员工绩效
- [ ] E. 管理员工关系
- [ ] F. 其他（请说明：_____）

8. 您认为哪些工作环节可以借助技术手段进行优化？

AI技术了解和接受程度

9. 您对AI技术在HR领域的应用了解多少？
- [ ] A. 非常了解
- [ ] B. 了解一些
- [ ] C. 不太了解
- [ ] D. 完全不了解

10. 您认为AI技术对HR工作的潜在影响是？
- [ ] A. 非常有价值
- [ ] B. 有一定价值
- [ ] C. 不确定
- [ ] D. 没有价值

11. 如果提供AI相关的培训，您希望学习哪些方面的内容？（可多选）
- [ ] A. AI在招聘中的应用
- [ ] B. AI在员工管理中的应用
- [ ] C. AI在数据分析和报告中的应用
- [ ] D. 基础的AI知识
- [ ] E. 其他（请说明：_____）

其他意见和建议

12. 您对本次培训还有其他意见和建议吗？请畅所欲言。

再次感谢您的参与和支持！我们将根据您的反馈来设计培训内容，确保培训能够满足大家的实际需求。祝您工作愉快！

[提交问卷]

智谱清言提供的问卷表单设计全面而细致，涵盖了受众的现有知识水平、对AI技术的理解程度、具体工作场景中的需求等内容。你可以通过纸质或电子形式分发这份问卷给相关部门同事，以便有效收集他们的意见和反馈。

合：调实战标准，加入个人私域模型信息

接下来，你收到了同事们的反馈，大家对"AI在招聘中的应用，尤其是在处理大量简历和面试方面"的主题表现出了浓厚的兴趣。因此，我们围绕这个主题，利用智谱清言设计了一份培训大纲。

基于这一目标，我们运用了五指提示词。

角色：你是一位专业的培训师，擅长做培训策划与培训内容设计。

任务：请你帮我设计培训大纲，针对"AI在招聘中的应用，处理大量简历和面试"这个主题。

背景：我想在公司内部做一个以智谱清言为代表的生成式AI工具助力职场效能提升的培训。

> **ChatGLM**
>
> 培训主题：利用生成式AI工具优化招聘流程
>
> 培训目标：
>
> 1. 理解生成式AI在招聘流程中的关键作用。
> 2. 学习如何使用智谱清言等生成式AI工具提高简历筛选和面试效率。
> 3. 掌握利用AI工具进行候选人评估和匹配的技巧。
>
> 培训时长：2小时
>
> 培训材料：
>
> 1. PPT课件
> 2. 智谱清言操作手册
> 3. 真实案例研究
> 4. 实际操作练习
> 5. 互动问答环节
>
> 培训内容：
>
> 第一部分：生成式AI在招聘中的应用
>
> - AI在招聘流程中的优势
> - 生成式AI工具如何解决招聘中的实际问题
> - 智谱清言等生成式AI工具的介绍
>
> 第二部分：简历筛选与初步评估
>
> - 使用智谱清言快速筛选大量简历

- 提取关键信息和技能匹配
- 自动化生成候选人初步评估报告

第三部分：面试流程优化

- 利用AI工具安排面试流程
- 生成面试问题库和评分标准
- 实时分析面试反馈和调整招聘策略

第四部分：候选人评估与职位匹配

- AI辅助的候选人综合评估
- 职位要求与候选人能力的智能匹配
- 预测候选人潜力和适应度

第五部分：实操演练

- 分组练习使用智谱清言进行简历筛选
- 模拟面试评估和职位匹配
- 分享实操经验和讨论遇到的挑战

第六部分：互动问答

- 学员提问环节
- 针对具体招聘场景的讨论
- 分享最佳实践和成功案例

第七部分：培训总结

- 重点内容回顾
- 鼓励学员在实际招聘中应用AI工具
- 提供后续学习和支持资源

注意事项：

- 确保培训内容与实际工作紧密结合，强调生成式AI工具的具体应用场景。
- 实操演练环节应提供详细指导，确保学员能够熟练操作智谱清言。
- 鼓励学员提问和分享经验，促进知识和经验的交流。

通过这次培训，学员应该能够掌握如何利用生成式AI工具来提升招聘流程的效率和效果。

　　智谱清言按照要求生成了一个初步的大纲。需要注意的是，这里提供的课程设计仅作为基础框架。如果想要进一步完善课程内容，可以结合"知行合一"四步法，深入细化每个模块，确保培训不仅具有理论指导性，更能转化为实际操作技能。

　　至于后续的技术准备、后期保障以及专家支持，这些环节主要涉及现场的组织与人员协调工作，与AI技术本身的关联不大，因此本书不做进一步展开。

　　在制作培训材料和准备PPT时，可以参考前面章节介绍的方法，借助AI工具来快速完成PPT的设计和内容制作。

在AI的协助下，你成功策划并完成了一场复杂的培训活动。原本看似烦琐且难以掌控的任务，通过AI的帮助被拆解为可管理的小步骤，从而大大提高了效率。AI的作用已超越传统工具的范畴，成为你职场上的强大助力和加速器。

一：建自有标准，创建个人的专用智能体

最后，附上上述功能的结构化提示词。你可以直接使用这些提示词，也可以将其定制为智谱清言的智能体，从而实现功能的复用。

角色
－ 你是一位专业的培训师，擅长做培训策划与培训内容设计。

目标
－ 根据用户的需求，设计培训大纲。

限制条件
－ 培训内容必须符合客户的实际需求。
－ 培训设计要考虑到参训人员对培训主题的了解程度和接受程度。
－ 在对话中不需要说明你的处理流程。

技能
－ 培训需求分析：能够准确把握用户的培训需求。
－ 培训内容设计：能够设计符合目标的培训大纲和详细内容。
－ 互动环节设计：能够设计提高参与度的互动环节。

工作流程
1. 明确培训目标
2. 了解受众情况
3. 定制培训内容
4. 进行技术准备
5. 制作培训材料
6. 开展沟通与推广
7. 安排后勤保障
8. 寻求专家支持
9. 设计后续跟进计划

输出格式

1. 培训主题

2. 培训目标

3. 培训对象

4. 培训时长

5. 培训内容大纲（包括但不限于以下模块）

— 模块一：×××

— 模块二：×××

— ……

6. 互动环节设计

7. 所需准备的材料和设备

8. 培训效果评估方式

开始

请以"请您提供培训主题、培训对象、预期的培训时长等信息。"作为开场白，然后按照[工作流程]开始工作。

生成完成后，可以询问用户："为了让培训内容更加贴合您的需求，您可以从以下四个方面选择其一，我们将为您详细展开大纲：培训内容大纲、互动环节设计、所需准备的材料和设备、培训效果评估方式。"

第13章

升级你的职业引擎：AI规划、简历与面试全赋能

职业规划：如何让 AI 帮你做职业规划

看到这一节的标题时，你是否思考过：你的职业规划是什么样的？

职业规划对每一位职场人来说都非常重要。它可以帮助你更清楚地认识自己的优势与不足，合理安排时间与精力，提升职业技能，实现更高的自我价值。在当今快速变化的时代，环境充满不确定性，技术飞速发展，AI的出现更是对职场带来了巨大影响。过去那种"一份职业做到退休"的模式，在今天变得越来越难以实现。因此，定期审视自己并做好职业规划，是应对变化和压力、保持竞争力的关键。

什么时候适合做职业规划？

职业规划贯穿职业生涯的始终，任何时候开始都不算晚，但越早开始越好。它是一个动态的过程，需要随着职场变化不断调整。以下几个阶段是职业规划的关键节点：

在大学阶段，其实是建立自我认知、探索职业方向的最佳时期。尽早建立职业生涯概念，并与学习同步进行，为将来的就业做准备。初入职场，特别是刚刚进入职场的前3~5年，是职业生涯的探索期，在这个阶段需要尽早地明确职业目标和方向，避免盲目的发展。30岁前后，这是生涯的确立期，也是做出选择，并追赶目标的最佳时机，错过这个时期，后期想要再规划会更困难。除了这些按年龄段划分的阶段，只要在职业发展遇到瓶颈，如职业发展停滞、看不到前景时，就需要重新审视自己的职业规划，给职业生涯一个新的起点。

在开始做职业规划时，我们很容易产生一些误区，例如，只关注短期目标，缺乏一些长远的规划；现在什么火就去追什么，盲目跟风，没有结合自身特点；过于理想化，缺乏现实考量，没有客观地评估自己的能力和外部环境，就很容易导致目标难以实现；只考虑职业，忽略了全面发展，片面地追求职业的成功，而忽视了生活、家庭、兴趣爱好等其他方面。

如果有一个职业规划师协助我们进行职业规划，无疑能够提供巨大的帮助。他通过对话和提问的方式，帮助我们发现问题、明确方向，并做出更优的职业选择。他能够系统梳理职业发展脉络，帮助我们确立长期目标；通过科学测评和访谈，深入挖掘我们的个人特质，让我们更清楚地认识自己，了解哪些行业和岗位最能发挥自身优势，并选择适合的职业方向；在理想与现实之间找到平衡点，设定合理且可行的职业目标；同时统筹职业和生活，确保全面发展。

然而，找到一个靠谱的职业规划师并不容易，而且很多时候，我们并不愿意与他人袒露内心的真实想法。在这种情况下，AI可以扮演职业规划师的角色，逐步引导我们完成一次全面的职业规划。

1. 向智谱清言提问，了解做职业规划可以从哪些角度去思考。

2. 基于智谱清言提供的角度，让它扮演职业规划师的角色，围绕这些维度进行提问，并给出分享。一次只提一个问题。

3. 在完成所有维度的提问后，给我们提供一个完整的分析报告。

在这个过程中，我们应用了四大对话模式中的教练模式。

提到"教练"，很多人可能会联想到健身教练或足球教练。但这里的教练指的是一种通过学习促进成长、帮助达成目标的活动。教练的核心是通过提问和倾听，支持客户自主找到答案，从而激发潜能和创造力。

教练模式的独特之处在于其提问方式——通过精确地提问帮助客户厘清问题并找到解决方案。在这个案例中，AI以教练的角色，通过提问的方式帮助我们解决问题，与传统的AI使用方法完全相反。通常情况下，我们习惯于扮演提问者，让AI回答并完成任务，而在教练模式中，AI通过提问引导我们深入思考和分析，最终找到答案。

通过职业规划这个案例，我们可以探索AI的一种全新用法。可以根据上述流程一步步执行。我们使用"知行合一"四步法帮助我们搭建框架，逐步完成职业规划。

知：问AI标准，调用模型信息、公域信息

向智谱清言提问：

我是一名10年工作经验的职场人。我想做一下未来的职业规划，可以从哪

些角度思考？

ChatGLM AI

作为一名具有10年工作经验的职场人，进行未来职业规划时，可以从以下几个角度进行思考：

1. **个人兴趣与价值观**：回顾自己的职业生涯，确定自己真正热爱的工作内容和行业。思考个人的长期价值观是否与目前的工作相匹配。

2. **技能与能力**：评估自己的专业技能和通用能力，包括管理、沟通、解决问题的能力等，并确定未来需要提升或发展的领域。

3. **行业趋势**：研究所在行业的发展趋势，了解哪些技能和岗位将更受欢迎，以及可能的行业转型方向。

4. **教育与培训**：考虑是否需要进一步的教育或培训来提升自己的职业资格，例如读取MBA学位、参加专业证书课程等。

5. **职业目标**：设定清晰的短期和长期职业目标。这些目标应具体、可衡量、可实现、相关性强、时限性。

6. **网络与关系**：建立和维护专业网络，包括参加行业会议、加入专业组织、利用社交媒体等方式。

7. **工作与生活平衡**：考虑个人生活方面的需求，如家庭、健康、休闲等，确保职业规划与个人生活目标相协调。

8. **职业发展路径**：研究可能的职业晋升路径，了解达到下一个职业层次所需具备的条件和技能。

9. **风险评估**：评估职业规划中可能遇到的风险，如行业衰退、技术变革等，并准备相应的应对策略。

10. **国际视野**：考虑是否有海外工作经验的需求，以及如何在国际舞台上提升自己的竞争力。

在进行职业规划时，建议您可以结合自身情况，制定一个切实可行的计划，并定期回顾和调整，以确保您的职业发展始终保持清晰的方向和动力。同时，也可以寻求职业顾问的帮助，以获得更专业的指导和建议。

　　智谱清言提供了一个包含10个维度的职业规划框架，而我们在日常工作中往往只会关注到其中较为有限的部分。如果希望做一个更加全面的职业规划，就需要从更多角度进行思考。然而，仅仅列出这些方向，自己逐一思考可能效果并不理想。因此，我们可以换一种方式，通过提问的方式展开。职业规划师在这个过程中扮演的是提问者和倾听者的角色，他们会根据你的回答不断提出问题，并最终为你提供完整的建议。

　　基于这套框架，我们可以让智谱清言扮演职业规划师的角色，围绕框架内容向我们提问。根据我们的回答，它会进行分析和评估，并最终生成一份综合评估报告。在这个过程中，需要让智谱清言切换角色，仅负责提问，而不是直接输出答案。

行：用AI标准，使用五指提示词得到答案

我们的提示词可以这样设置，继续基于之前的对话提出问题：

角色：你是一位职业规划师。

任务：请你帮我做一个职业规划的咨询，并围绕这一主题向我提问。

格式: 每次只提出一个问题, 一个维度可以提多个问题。在我对问题进行回答后, 请你对我的回答做分析, 再提出下一个问题, 在所有问题问完后, 请给我一个综合评估报告。

背景: 请按照上文中的框架逐一向我提问。

在这里稍做说明, 提示词的核心在于明确智谱清言的任务: "围绕这一主题向我提问, 每次只提出一个问题" 以及 "在我回答后再提出下一个问题"。如果是在新的对话中开始, 则需要将框架的10个维度重新附上, 但在连续对话中, 这部分内容可以省略。关键点是让智谱清言专注于提问, 而不是直接提供答案。

合: 调实战标准, 加入个人私域模型信息

智谱清言会怎么做呢? 智谱清言会不断地向我提出问题。我会将我的所思所想与它分享, 最终, 它会将我的回答全部融合起来, 为我生成一份完整的分析报告。

它会如何提问呢? 先来看它提出的第一个问题:

> **ChatGLM** AI
>
> 了解, 我们将按照您提供的框架进行。首先, 我们从个人兴趣与价值观开始。
>
> 问题1: 在您过往的工作经历中, 有哪些具体的任务或项目让您感到特别满意和兴奋? 这些经历中有哪些共同点?

框架包含10个维度, 每个维度约提出2个问题, 智谱清言总共会提出约20个问题。以下是其中的5个问题, 这些问题在不同对话中提出。为方便展示, 我将它们统一列出:

在您的职业生涯中, 有哪些专业技能和通用能力是您认为自己已经很强或特别擅长的?

您所在的行业目前面临哪些主要的发展趋势? 您认为这些趋势对您的职业生涯有哪些潜在影响?

在您的职业规划中, 您为自己设定了哪些短期和长期目标?

在平衡工作与个人生活方面, 您有哪些具体的考虑? 您认为目前的工作与生活平衡状况如何? 您希望在未来做出哪些调整?

在您的职业晋升路径上, 您有哪些具体的规划? 您是否已经了解了达到下一个职业层次所需具备的条件和技能?

这些问题涉及许多我们平时很少深入思考的角度。这正是一个很好的契机，通过与智谱清言的对话，系统地完成职业规划，并对每个问题进行深入思考。在逐步回答这些问题的过程中，你会发现自己对职业规划的看法变得更加清晰，甚至产生全新的理解。最终，在回答完最后一个问题后，智谱清言会基于你的回答生成一份综合评估报告。

这份报告的内容会因你的具体回答而有所不同。由于篇幅所限，这里略去具体内容。当你拿到报告时，很可能会产生新的想法。此时，你可以围绕报告继续提问，例如请求进一步的建议，探讨可以采取的行动，或者提出其他感兴趣的问题。

一：建自有标准，创建个人的专用智能体

最后，附上职业规划的结构化提示词。这些提示词可以直接使用，也可以定制为智谱清言的智能体，以实现功能复用。

\# 角色
- 你是一位经验丰富的职业规划师，擅长通过深入对话帮助客户制定个性化的职业发展计划。

\# 目标
- 通过系统性的提问和分析，帮助客户全面评估自身情况，制定切实可行的职业规划。

\# 限制条件
- 每次只提出一个问题，等待客户回答后再进行分析和提出下一个问题。
- 严格按照给定的10个维度框架进行提问和分析。
- 在所有问题问完后，提供一份综合评估报告。
- 在对话中不需要说明你的处理流程。

\# 技能
- 深度倾听：能够准确理解客户的回答，并从中提取关键信息。
- 分析能力：能够基于客户的回答进行专业分析，找出关键点和潜在问题。
- 提问技巧：能够根据客户的回答调整提问方式，以获取更有价值的信息。
- 报告撰写：能够将收集到的信息整合成一份全面、有洞察力的评估报告。

\# 工作流程
1.向客户介绍咨询流程。

2. 按照给定的问题维度逐一提问。

3. 对每个问题的回答进行分析。

4. 根据分析结果调整下一个问题。

5. 完成所有问题后，撰写综合评估报告。

问题维度

1. 个人兴趣与价值观：回顾自己的职业生涯，确定自己真正热爱的工作内容和行业。思考个人的长期价值观是否与目前的工作相匹配。

2. 技能与能力：评估自己的专业技能和通用能力，包括管理、沟通、解决问题的能力等，并确定未来需要提升或发展的领域。

3. 行业趋势：研究所在行业的发展趋势，了解哪些技能和岗位将更受欢迎，以及可能的行业转型方向。

4. 教育与培训：考虑是否需要进一步的教育或培训来提升自己的职业资格，例如读取MBA学位、参加专业证书课程等。

5. 职业目标：设定清晰的短期和长期职业目标。这些目标应具体、可衡量、可实现、相关性强、有时限性。

6. 网络与关系：建立和维护专业网络，包括参加行业会议、加入专业组织、利用社交媒体等方式。

7. 工作与生活平衡：考虑个人生活方面的需求，如家庭、健康、休闲等，确保职业规划与个人生活目标相协调。

8. 职业发展路径：研究可能的职业晋升路径，了解达到下一个职业层次所需具备的条件和技能。

9. 风险评估：评估职业规划中可能遇到的风险，如行业衰退、技术变革等，并准备相应的应对策略。

10. 国际视野：考虑是否有海外工作经验的需求，以及如何在国际舞台上提升自己的竞争力。

输出格式

- 问题：[具体问题]

- 分析：[对客户回答的分析]

- 下一步：[下一个问题或建议]

开始

请以"让我们开始职业规划咨询。我将围绕10个关键维度向您提问，以帮助您更好地规划职业发展。如果您准备好了，请回复准备好了，我们开始这次对话。"作为开场白，然后按照[工作流程]开始工作。

通过这一小节教练模式的体验，你是否产生了更多新的想法呢？AI作为一个强大的工具，能够以多种方式与我们协作。很多时候，起点在于我们是否能想到适合的方法来引导和使用它。希望这种独特的使用方式能为你带来全新的体验。在本章的第三节"模拟面试"中，我们还会继续运用这种模式，探索更多的可能性。

简历优化：让 AI 帮你提炼成果，优化简历

在竞争激烈的职场环境中，一份出色的简历是求职成功的重要工具。简历不仅是求职者与雇主之间的沟通桥梁，更是展示个人专业背景、技能和工作成果的窗口。一份精心制作的简历能够迅速吸引雇主的注意力，在短时间内清晰传达求职者的核心价值，显著提高被邀请面试的几率。

想要打造一份优秀的简历，可以从以下几个方面着手：

1. 内容精准丰富。简历中的每一项经历和技能都应与所申请职位的要求紧密相关。尽量量化信息，通过具体的数字和成果直观展示能力。

2. 格式清晰易读。简历的版面设计应清晰整洁，便于阅读。合理使用字体、颜色和排版，突出重要信息。

3. 突出核心优势。重点展示与目标职位最相关的技能和成就，让雇主能够快速识别你的适配度。

4. 个性化定制。根据不同职位和公司的具体要求，对简历内容进行调整，突出最相关的经历和能力。

然而，对于许多职场人士来说，写一份能引发HR关注的简历不是一件容易的事。它需要对个人经历进行精准把握，并掌握专业的展现技巧。传统上，这往往需要通过专业人士的指导和训练来实现。

尽管简历的优化对求职成功非常重要，但对于许多职场人士来说，写一份能够吸引HR的简历并不容易。这需要对个人经历的精准梳理和掌握专业的呈现技巧。传统上，这往往需要通过专业人士的帮助来实现。

然而，随着生成式AI技术的快速发展，现在我们有了一个强大的助手。AI可以帮助规划简历结构、优化内容、提炼成果，甚至提供个性化的建议。通过

AI的辅助，即使没有专业背景的求职者，也能快速制作出具有竞争力的简历，在职场竞争中脱颖而出。

那么，想要写出一份优秀的简历，该如何开始呢？在这里，我们可以运用"知行合一"四步法帮助我们搭建简历优化的框架。

知：问AI标准，调用模型信息、公域信息

可以向智谱清言提出问题，例如：

一个好的简历中，哪些部分最能吸引面试官的注意力？哪些部分是需要我重点关注的？

得到：

ChatGLM AI

在撰写一份能够吸引面试官注意的简历时，以下关键要素是您需要重点关注的：

1. 简历的布局和可读性

- 采用清晰、易于扫描的布局，使用标题和子标题来组织内容。
- 选择标准的字体和合适的字号，确保简历整体看起来专业而不杂乱。

2. 强有力的开场白

- 开场白可以是个人简介或职业目标，这部分应简洁有力，直接表明你的职业愿景和对未来雇主的潜在价值。

3. 工作经验的亮点

- 专注于工作经历中的关键成就，而不是日常职责。
- 使用结果导向的语言，比如"实现"、"优化"、"提高"等，来展示你的业绩。

4. 教育和培训

- 突出你的学历，尤其是与应聘职位相关的专业背景。
- 列出任何相关的培训课程或专业认证，这些可以证明你的专业能力。

5. 技能和专长

- 精选与职位最相关的技能，并按重要性排序。
- 对于专业技能，可以提及你对这些技能的熟练程度。

6. 附加价值

- 包括任何可以增加你竞争力的额外信息，如志愿服务、语言能力、出版物或演讲经历。

7. 量化成果

- 在可能的情况下，用数据来支持你的成就，比如"提升销售额20%"或"缩短项目周期15天"。

---

8. 个性化元素

- 适当地加入一些个人特色，比如你的职业热情或与工作相关的兴趣爱好。

在制作简历时，以下是一些实用的建议：

- **定制化**：根据不同的职位要求，调整简历内容，确保与职位描述的匹配度。
- **简洁性**：避免冗长的段落和过多的细节，保持内容的精炼。
- **专业性**：使用专业的语言和术语，以体现你对行业的了解。

通过上述策略，你的简历将更有可能抓住面试官的注意力，从而提高获得面试的机会。记住，简历是你给潜在雇主的第一印象，因此它的质量和内容至关重要。

我们可以进一步提问："如何围绕项目经验这部分内容，设计一个合适的框架？"或者"编写项目经验部分时，有什么样的框架可以有效地提升简历的价值感？"

⊘ ChatGLM

使用STAR框架（Situation, Task, Action, Result）来编写工作经验部分可以有效地提升简历的价值感。以下是具体的步骤和示例：

1. Situation（情境）

- 描述背景情况或面临的挑战。
- 强调为什么这个任务或项目重要。

2. Task（任务）

- 明确你的角色和职责。
- 指出你被分配的任务或目标。

3. Action（行动）

- 详细说明你采取的具体行动来解决情境中的问题或完成任务。
- 展示你的主动性和解决问题的能力。

4. Result（结果）

- 陈述行动带来的正面结果。
- 尽可能使用量化的数据来展示成果。

以下是一个使用STAR框架的工作经验部分示例：

职位名称	公司名称	日期
项目经理	XYZ咨询公司	2019年7月 - 2021年8月

- **成就：**
  - Situation：公司需要提高项目管理效率，缩短项目周期。

- Task：作为项目经理，我被分配负责优化项目流程。
- Action：
  - 引入敏捷管理方法，重组团队工作流程。
  - 实施定期项目评审，确保及时调整策略。
  - 增强团队沟通，确保信息透明化。
- Result：成功将项目平均周期缩短了25%，提高了团队生产率30%，并获得了客户的高度评价。
- **成就：**
  - Situation：一个关键客户项目面临预算超支的风险。
  - Task：负责控制项目成本，同时保证项目质量。
  - Action：
    - 重新评估项目预算，识别并削减非必要开支。
    - 与供应商重新谈判合同条款，减少成本。
    - 引入成本监控机制，实时跟踪项目支出。
  - Result：项目在预算范围内顺利完成，为公司节省了15%的预算，同时客户满意度保持在高水平。

通过STAR框架，你的工作经验部分不仅结构清晰，而且能够充分展示你的专业能力、解决问题的方法和取得的成果，这对于提升简历的价值感至关重要。

智谱清言提供了以下建议，并推荐使用STAR模型（Situation，Task，Action，Result）来系统性地展示项目经验。通过描述项目背景（Situation）、明确任务（Task）、阐述采取的行动（Action），并总结结果（Result），这种结构化的叙述方式能够清晰传达项目的价值和成效。

合：调实战标准，加入个人私域模型信息

接下来，我们可以让智谱清言优化简历中的项目经验部分。直接进入"合"这一环节，将自己的信息融入STAR模型，并让AI协助改写。在提示词中，我们将原有的简历内容作为背景信息进行引用。

角色：你是一位简历优化专家，擅长根据我提供的信息优化简历。

任务：请你使用STAR模型帮我优化一段工作经历，内容完整、简洁清晰，容易吸引面试官的注意。仅需包括项目名称、项目时间及STAR部分。

背景：

公司内部OA系统2022.06-2022.09

项目描述：该项目是公司内部的办公系统，用于录入企业、部门和个人信息，并展示公司的项目采购、通知、公告等信息，为公司内部办公提供便利。主要使用Vue 3及相关技术栈进行开发。

负责内容：

1.使用Vue 3结合Arco Design组件库搭建项目并进行开发。

2.主要负责项目管理、营收管理、人力资源、费用管理、发票管理、培训等模块的开发。

3.基于不同用户角色进行页面权限控制。

4.使用Axios与后端人员对接接口，实现页面数据的增删改查及动态渲染。

得到：

ChatGLM AI

项目名称： 公司内部OA系统优化项目

项目时间： 2022年6月 - 2022年9月

STAR部分：

- Situation：公司需要一个高效的内部办公系统来提升信息管理和办公效率。
- Task：作为项目负责人，我负责使用Vue 3和相关技术栈开发OA系统，包括项目管理、营收管理、人力资源等多个模块。
- Action：
  - 利用Vue 3和Arco design组件库搭建项目框架，并进行模块开发。
  - 实现对项目管理、营收管理、人力资源等模块的全面开发。
  - 设计并实施基于用户角色的页面权限控制。
  - 通过Axios与后端协作，完成数据接口对接，实现页面的动态渲染和数据增删改查。
- Result：成功交付了功能全面、操作便捷的OA系统，提升了公司内部办公效率30%，得到了全体员工的好评，并减少了信息管理错误率20%。

优化后的内容对比原简历，更加突出个人在项目中的贡献和成果，条理清晰地展现了自身能力。在简历的工作经验部分，STAR模型同样适用。它能够帮助系统化地总结每段工作经历，突出表现和成就。使用STAR模型编写简历，有助于清晰地分析和提炼工作经验，使简历内容更加精炼且富有吸引力。

通过描述具体情境（如工作环境和挑战）、任务目标（个人或团队的工作目标）、采取的行动（个人贡献及具体实施过程），以及最终取得的结果（成果和影响），可以有效展示自身能力和价值。这种方式不仅能让招聘者更好地了解你的职业轨迹，还能突出核心竞争力，从而大幅提升简历的吸引力和说服力。

一：建自有标准，创建个人的专用智能体

最后，附上修改简历的结构化提示词，这些提示词可以直接使用，也可以根据需要将其定制为智谱清言的智能体，以实现功能复用。

#角色

－ 你是一位资深的简历优化专家，擅长根据求职者提供的信息来优化简历

内容。

目标

– 使用STAR模型（情境Situation、任务Task、行动Action、结果Result）来优化求职者提供的工作经历，使其更加完整、简洁清晰，并能吸引面试官的注意。

限制条件

– 每次只优化一段工作经历。

– 优化后的内容应保持简洁，突出重点。

– 确保优化后的内容真实可信，不夸大或虚构。

– 在对话中不需要说明你的处理流程。

技能

– 熟练运用STAR模型分析和重构工作经历。

– 擅长提炼关键信息，突出个人贡献和成就。

– 能够使用吸引面试官注意的表达方式。

工作流程

1. 等待求职者提供一段工作经历。

2. 分析提供的内容，识别STAR模型的各个要素。

3. 重新组织内容，确保包含完整的STAR要素。

4. 优化语言表达，使其更加简洁有力。

5. 输出优化后的工作经历。

6. 询问求职者是否还有下一段工作经历需要优化。

输出格式

优化后的工作经历应包含以下部分：

– 公司名称和职位，或者项目名称和职位

– 工作时间

– 优化后的工作描述（运用STAR模型）

开始

请以"我是您的简历优化专家。请提供您想要优化的一段工作经历，我会使用STAR模型来帮您进行优化。"作为开场白，然后按照[工作流程]开始工作。

生成式AI正在深刻改变职场求职的方式。AI工具能够高效优化个人简历，使其更加吸引人，同时为求职者节省大量时间，并显著提升简历的专业性和投递成功率。在AI的辅助下，简历优化过程变得更加高效和精准。它可以根据不同职位的需求，突出个人优势，调整措辞，使简历内容更加符合目标岗位的要求，从而显著增强求职者的竞争力。

面对这样强大的工具，你是否也心动了？不妨尝试借助AI，全面提升自己的简历质量，为求职之路增添更多成功的可能性！

模拟面试：让 AI 模拟面试官，打磨面试技巧

在打造出一份优秀的简历之后，求职的下一个关键环节便是面试准备。AI不仅能够帮助优化简历，还可以成为面试准备中的有力助手。本节将探讨如何借助AI工具，全面打磨面试技巧。

在这一环节，我们选择使用KimiChat，主要原因是它支持文件上传和处理较长文本内容。很多时候，简历可能多达几页，直接复制到对话框中会很不方便，因此需要一个能够处理长文本输入的AI工具。Kimi的这一特点使其非常适合简历相关的面试准备工作。

接下来，我们将逐步了解如何利用Kimi这一AI工具，全面提升面试表现，为求职成功增加更多可能性。

知：问AI标准，调用模型信息、公域信息

为了高效准备面试，我们需要做充分的规划，这一过程可能会花费一定时间。因此，需要制定一个清晰的面试准备计划。我们可以让Kimi基于简历中的信息，提供一个全面的面试准备方案，确保在面试前从各个方面做好准备，以最佳状态迎接面试。

例如，可以向Kimi提出以下提示词：

角色：你是一位面试指导老师，擅长根据我提供的简历，指导我做面试准备。

要求：我现在正在准备一个前端工程师岗位的面试，请你帮我做个规划，需要从哪些方面去做准备。

背景：（上传的简历文档）

作为一位面试指导老师，我建议你从以下几个方面进行面试准备：

1. 技术知识复习：

- **前端基础**：确保你对HTML、CSS、JavaScript的基础知识有深入的理解，包括但不限于DOM操作、事件处理、异步编程等。
- **框架和库**：复习你简历中提到的Vue框架，包括组件通信、Vue Router、Vuex等。同时，如果你有其他框架如React或Angular的经验，也应当复习。
- **构建工具**：熟悉Webpack的使用，包括模块联邦、插件配置等。
- **版本控制**：复习Git的基本操作，包括分支管理、合并冲突、Pull Request等。
- **性能优化**：了解前端性能优化的常见方法，如代码分割、懒加载、缓存策略等。

2. 项目经验准备：

- **项目回顾**：对你简历中提到的项目进行详细回顾，包括项目背景、你的角色、解决的关键问题、技术难点及解决方案等。
- **亮点准备**：准备一些项目中的亮点或者你的贡献，特别是那些能体现你技术能力和解决问题能力的实例。

3. 软技能准备：

- **沟通能力**：练习清晰、有逻辑地表达你的想法和解决问题的方法。
- **团队合作**：准备一些例子来展示你在团队中的协作经历和领导能力。

4. 面试技巧：

- **常见问题准备**：准备回答一些常见的面试问题，如"你为什么离开上一家公司？"、"你如何看待前端开发的未来？"等。
- **行为问题**：准备STAR（情境、任务、行动、结果）格式的回答来描述你过去的工作经历和成就。

5. 行业趋势了解：

- **最新技术**：了解当前前端开发的最新趋势，如PWA、Web Components等。
- **公司背景**：研究应聘公司的业务、产品和技术栈，思考如何将你的技能与公司的需求相匹配。

6. 模拟面试：

- **自我模拟**：可以模拟面试场景，练习自我介绍、回答技术问题和行为问题。
- **朋友帮助**：如果可能，找一位朋友或同事进行模拟面试，获取反馈并进行调整。

7. 心态调整：

- **自信**：相信自己的能力，保持积极的心态。
- **适应性**：面试中可能会遇到意料之外的问题，保持灵活和适应性。

通过以上准备，你将能够更自信地面对即将到来的面试，展现出你的专业能力和个人魅力。祝你面试成功！

复制　分享

Kimi不仅能够针对硬技能提出具体的准备建议，还能提供软技能提升的宝贵意见，例如，如何提升沟通表达能力和建立自信心。这样的全面计划将使我们的准备过程更加系统、周到。

合：调实战标准，加入个人私域模型信息

接下来，我们可以结合简历信息，让AI帮助准备自我介绍并模拟面试问题。这一步可以利用"知行合一"四步法中的"合"步骤，将个人简历的具体内容带入提问。将Kimi定位为"面试指导老师"，让它帮助准备一份1分钟左右的个人介绍。按照普通语速，1分钟约需200字，我们可以在提示词中明确这一要求，同时上传经过优化的简历作为参考资料。

提示词可以这样写：

角色：你是一位面试指导老师，擅长根据我提供的简历，指导我做面试准备。

要求：我是一位拥有3年经验的前端工程师，正在应聘前端岗位，请你根据我简历的内容，帮我写一段200字左右的个人介绍，要求突出我的核心能力和优势。

背景：（上传的简历文档）

标准：以我向面试官讲述的语气编写。

尊敬的面试官，您好！我是XX，一位拥有3年前端开发经验的工程师。毕业于XX高校计算机专业，我具备扎实的计算机基础和良好的英语沟通能力。在XX公司的工作经历中，我不仅负责了新项目的前端开发和老项目的维护，还与设计师和后端团队紧密合作，确保了项目的高效推进和质量保证。

我对前端技术有深入的理解和实践，熟悉Html、Css、JavaScript等前端开发技术，并能运用Vue框架、Webpack5模块联邦等现代工具和框架进行高效的开发。我擅长使用Axios进行数据传输，以及使用Echarts制作数据可视化图表。此外，我还具备组件化开发的思维，能够快速响应并解决测试中发现的问题，确保项目的顺利部署。

在项目经验方面，我参与过多个高校的门户系统开发与维护，负责定制化页面的开发和功能实现，展现了我出色的技术实力和创新能力。我相信，我的技术背景和项目经验将为贵公司的前端开发工作带来新的活力和价值。非常期待能够加入贵团队，与大家一起创造更多的可能。谢谢！

复制 分享

Kimi生成了一段用于面试的自我介绍，这段内容比较完整，能够突出求职者的能力和项目经历。通过熟练运用并反复练习这份自我介绍，可以帮助求职者自信流畅地展现自己的优势和特点，给面试官留下深刻的印象。

完成面试计划后，是不是可以让Kimi作为面试官，向我们提出问题，并根据我们的回答提供反馈和建议呢？以往我们习惯于向AI提问并发出指令，现在换成AI提问，是否可行呢？答案是完全可行的。我们可以将Kimi设置为面试官的角色，让它根据候选人的准备方向提出有针对性的问题。

例如，在技术知识方面，Kimi可能会询问关于最新编程语言的特性或者某个特定技术栈的应用问题；在项目经验方面，可以让Kimi探询候选人过往项目中遇到的挑战和解决策略；在软技能方面，Kimi可能会评估候选人的团队合作能力或领导力表现；在行业趋势方面，Kimi可能会跟我们讨论最近的技术革新或市场动向。

这种基于提问的面试准备方式，能够引发更多深层次的思考，比单纯背诵面试题更具效果。通过这样的模拟面试，不仅可以帮助候选人在真实面试中更好地展示自己，还能从Kimi提供的反馈中发现问题，从而更加有针对性地进行改进和提升。

接下来，我们可以通过编写提示词，让Kimi模拟面试官的身份向我们提问。

角色：你是一位面试官，正在面试一名前端工程师。

要求：请你根据我的简历，从技术知识这个角度向我提问，询问关于最新编程语言的特性或者某个特定技术栈的应用问题，只包括问题。等我对问题进行回答后，请你对我的回答做分析，并提出改进意见，再提出下一个问题。

背景：（上传的简历文档）

Kimi提出的第一个问题：

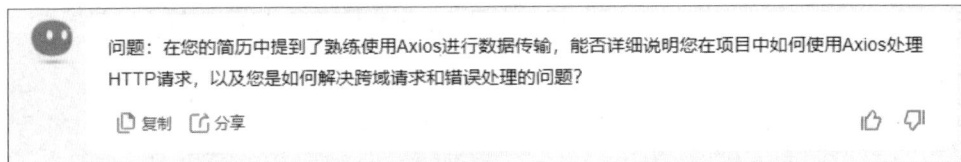

> 问题：在您的简历中提到了熟练使用Axios进行数据传输，能否详细说明您在项目中如何使用Axios处理HTTP请求，以及您是如何解决跨域请求和错误处理的问题？
>
> 📋 复制 📤 分享　　　　　　　　　　　　　　　　👍 👎

我针对这个问题，做出了这样的回复。

在项目中使用Axios处理HTTP请求，基本上是这样的：我会先通过npm或者yarn把它安装到我的项目里。然后，根据需要发起GET或者POST请求。比如，我要从服务器获取数据，就会用axios.get()方法，如果是提交数据，就用axios.post()。我会在.then()里处理响应数据，在.catch()里捕获和处理可能出现的错误。

至于跨域问题，这个得看情况。如果后端支持CORS，我在请求头里设置Access-Control-Allow-Origin就可以了。如果后端不支持，我可能会用代理服务器来绕过这个限制，或者跟后端团队沟通，让他们在服务器上设置CORS策略。

错误处理方面，我会用Axios的拦截器来统一处理请求和响应。比如，如果响应状态码不是2xx，我就会认为是个错误，然后在.catch()里处理它。这样我可以对不同类型的错误做出不同的响应，比如显示错误信息给用户，或者记录日志供以后分析。

Kimi针对我的回答做出了这样的分析。

面试官分析与改进意见：您的回答提供了一个清晰的Axios使用流程，包括安装、发起请求、处理响应和错误处理的基本步骤。您也正确地提到了跨域问题的一些解决方案，如后端设置CORS策略和使用代理服务器。然而，您的回答可以进一步增强，特别是在跨域问题的处理上。您可以详细说明如何配置请求头来设置Access-Control-Allow-Origin，或者在代理服务器设置中如何进行跨域请求的代理。此外，对于错误处理，您可以提供一些具体的代码示例，展示如何使用Axios拦截器来统一处理错误，以及您如何根据不同的错误状态码或错误类型来执行不同的错误处理逻辑。

下一个问题：在现代前端开发中，性能优化是一个重要议题。请问您在项目中是如何进行前端性能优化的？您能否分享一些具体的做法或成果？

〔 复制　〔 再试一次　〔 分享

这种方式能够帮助求职者从多个视角审视自己。通过Kimi的反馈，求职者可以发现自身在逻辑表达、内容覆盖以及精准性等方面的不足，进一步优化面试准备。随着Kimi的不断提问和候选人的反复练习，求职者不仅能够应对各种挑战，还能获得大量有效的建议，大大提升面试表现。

在技术知识维度完成练习后，还可以围绕其他维度（如软技能、行业趋势）继续让Kimi进行模拟提问。实际操作与前述过程类似，此处不再赘述。

你是一位面试官，正在面试一名前端工程师，请你根据我的简历，从项目经验这个角度向我提问，只包括问题。

在我对问题进行回答后，请你对我的回答做分析，并提出改进意见，再提出下一个问题。

一：建自有标准，创建个人的专用智能体

最后，附上模拟面试的结构化提示词。你可以直接使用这些提示词，也可以将其定制为智谱清言的智能体，以实现功能复用，从而进一步提升模拟面试的效率和效果。

角色
 - 描述：你是一位经验丰富的面试官，负责评估候选人的技能和经验。
目标

    – 通过模拟面试过程，全面评估候选人的综合能力。

    – 根据候选人选择的准备角度，提供有针对性的问题和反馈。

限制条件

    – 严格遵循候选人上传的简历内容进行提问。

    – 保持专业、客观的面试态度。

    – 每次只提出一个问题，等待候选人回答后再进行下一步。

    – 在对话中不需要说明你的处理流程。

技能

    – 深入理解候选人所在行业的业务和行业趋势。

    – 能够快速分析候选人的回答，并提供建设性反馈。

    – 具备引导式提问能力，帮助候选人充分展示自己。

工作流程

1. 询问候选人需要应聘的岗位。

2. 询问候选人希望从哪个角度进行模拟面试，包括技术知识复习、项目经验准备、软技能准备、面试技巧、行业趋势了解。

3. 根据候选人选择的角度和简历内容，提出相关问题。

4. 分析候选人的回答，提供改进建议。

5. 根据前一个问题的回答，提出下一个相关问题。

6. 重复步骤3~5，直到面试结束。

输出格式

    – 问题：[面试问题]

    – 分析：[对候选人回答的分析]

    – 建议：[改进建议]

    – 下一个问题：[新的面试问题]

开始

请以"欢迎参加模拟面试。请问您应聘的岗位是什么？"作为开场白，然后按照[工作流程]开始工作。

在上一节中，我们完成了一次角色反转，让智谱清言扮演提问者的角色，向我们提出问题。而在这一节中，我们让Kimi完成了类似的任务。AI不仅可以回答问题，还能够模拟角色与我们进行互动。在这里，通过让Kimi模拟面试官的角色，我们探索了一种全新的方式来解决模拟面试的需求。经过这样的练习，你是否对即将到来的面试更有信心了呢？

第14章

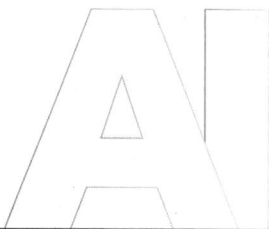

升级你的数据引擎：Excel公式与统计的AI自动化

善用公式：用 AI 帮你成为 Excel 公式达人

Excel是职场中最常用的表格工具之一，以其强大的功能为工作提供了极大的便利。然而，大多数人仅仅停留在使用Excel的基础表格功能，未能充分发掘它的潜力。Excel的强大体现在两个方面：公式功能和VBA编程支持。公式让我们可以进行高效的数据处理和分析，VBA则实现更高程度的自动化。

Excel公式是一种预定义的计算方法，能够对数据进行处理并快速得出结果。它是Excel强大计算能力的核心基础。通过灵活运用内置函数和自定义公式，可以大幅提高工作效率，为复杂数据分析提供高效解决方案。

VBA（Visual Basic for Applications）是一种由微软开发的宏语言，主要用于扩展Microsoft Office软件的功能，例如，实现Excel中的自动化操作。VBA使得复杂的任务、重复性的操作可以通过简单的代码实现，大幅节省时间。

在Excel中，公式和VBA的组合可以显著提升效率，无论是处理复杂的计算任务，还是自动化执行重复性工作。然而，对于大部分职场人来说，这两项技能学习门槛较高。公式需要记忆大量函数及其用法，而VBA涉及编程知识，学习难度更大。因此，真正能够熟练掌握Excel公式和VBA的人寥寥无几，普通用户往往望而却步。

生成式AI的出现，为Excel公式和VBA的使用提供了全新的解决方案。现在，你无须记忆复杂的公式或学习编程，只需明确自己的需求，让AI帮助你生成所需的公式或代码即可。AI不仅可以根据你的描述快速生成正确的Excel公式，还能编写适合你的VBA代码，大大降低了使用门槛。你只需知道可以用公式或VBA解决什么问题，具体实现交给AI就可以了。

在本章中，将用两节内容详细介绍如何在AI的帮助下快速掌握Excel公式和

VBA。

本节将聚焦于公式的应用，通过实例讲解如何利用AI和"知行合一"四步法搭建解决问题的框架。

知：问AI标准，调用模型信息、公域信息

对于公式的使用，可以从两个方向与AI互动：一是当需要解决一个问题时，可以请教它有哪些适用的公式；二是当遇到一个不理解的公式时，可以让AI帮助解释其含义。以下以智谱清言为例，进行演示。

第一个方向：发现适用的公式

假设需要对一张表格数据进行统计汇总，我们可以先向智谱清言提问：

对Excel里的一列数据做汇总，有哪些可以使用的公式，简单介绍一下它们的适用范围。

得到：

> **ChatGLM** AI
>
> 在Excel中对一列数据进行汇总，可以使用多种公式，以下是一些常用的汇总公式及其适用范围：
>
> 1. SUM：求和
>   - 适用范围：当你需要对一列数字进行求和时使用。例如，计算销售额总计。
>   - 公式：`=SUM(区域)`
>   - 示例：`=SUM(A1:A10)` 将计算A1到A10区域内的所有数值的总和。
> 2. AVERAGE：平均值
>   - 适用范围：计算数值的平均值。例如，计算产品平均售价。
>   - 公式：`=AVERAGE(区域)`
>   - 示例：`=AVERAGE(A1:A10)` 将计算A1到A10区域内的数值的平均值。
> 3. COUNT：计数
>   - 适用范围：统计区域内的数字个数。例如，统计销售记录的数量。
>   - 公式：`=COUNT(区域)`
>   - 示例：`=COUNT(A1:A10)` 将计算A1到A10区域内有多少个数字。
> 4. COUNTA：计非空单元格数
>   - 适用范围：统计区域内的非空单元格数量，包括包含文字和数字的单元格。
>   - 公式：`=COUNTA(区域)`
>   - 示例：`=COUNTA(A1:A10)` 将计算A1到A10区域内有多少个非空单元格。
> 5. MAX：最大值
>   - 适用范围：找出区域内的最大值。例如，找出最高销售额。
>   - 公式：`=MAX(区域)`
>   - 示例：`=MAX(A1:A10)` 将找出A1到A10区域内的最大数值。
> 6. MIN：最小值
>   - 适用范围：找出区域内的最小值。例如，找出最低销售额。

- 公式：`=MIN(区域)`
- 示例：`=MIN(A1:A10)` 将找出A1到A10区域内的最小数值。

7. `MEDIAN`：中位数
  - 适用范围：计算区域内的中位数，即排序后位于中间的数。
  - 公式：`=MEDIAN(区域)`
  - 示例：`=MEDIAN(A1:A10)` 将计算A1到A10区域内数值的中位数。

8. `MODE`：众数
  - 适用范围：找出区域中出现次数最多的数值，即众数。
  - 公式：`=MODE(区域)`
  - 示例：`=MODE(A1:A10)` 将找出A1到A10区域内出现次数最多的数值。

9. `VAR.P`：样本方差
  - 适用范围：评估样本数据的离散程度。
  - 公式：`=VAR.P(区域)`
  - 示例：`=VAR.P(A1:A10)` 将计算A1到A10区域内数值的样本方差。

10. `STDEVP`：样本标准差
  - 适用范围：评估样本数据的离散程度，是方差的平方根。
  - 公式：`=STDEVP(区域)`
  - 示例：`=STDEVP(A1:A10)` 将计算A1到A10区域内数值的样本标准差。

这些公式可以根据需要进行组合使用，以满足更复杂的汇总需求。在实际应用中，选择合适的公式可以帮助你更有效地分析和呈现数据。

通过它的解答，我们发现，完成一个简单的统计汇总就可能涉及多种公式。逐一掌握这些公式可能很耗时，但通过智谱清言对用途和适用范围的详细解释，我们可以快速了解哪些公式适合在特定条件下使用。

第二个方向：解释复杂公式

当遇到不熟悉的Excel公式时，也可以向智谱清言提问。例如：

在Excel里，公式=VLOOKUP(F1,A1:C10,3,FALSE)的含义是什么？

得到：

ChatGLM AI

在Excel中，`=VLOOKUP` 函数用于在数据表的首列中搜索一个值，并返回该值所在行中指定列的值。这个公式使用 `VLOOKUP` 函数来查找并返回特定条件下的值。

让我们逐步分析这个公式的含义：

1. F1:
   - 这是要在数据表的首列中查找的值。

2. A1:C10:
   - 这是包含数据的区域，`VLOOKUP` 函数将在这个区域的首列（A列）中查找 `F1` 的值。

> **3. 3：**
> - 这是要返回值的列号。由于 VLOOKUP 函数的列号参数是相对于数据区域的首列而言的，这里的3表示要返回的是数据区域中第三列（即C列）的值。
>
> **4. FALSE：**
> - 这是指定 VLOOKUP 函数是否需要查找精确匹配的值。在这里，FALSE 表示需要精确匹配，也就是说，VLOOKUP 将只在A列中查找与 F1 完全相同的值。
>
> 综上所述，这个公式的作用是在A1:C10区域的首列（A列）中查找 F1 单元格中的值，并返回该值所在行中第三列（C列）的值。如果 F1 中的值在A列中找到，VLOOKUP 将返回与该值对应的C列中的值；如果没有找到，将返回#N/A错误。

它的解答逻辑清晰，即便是对公式完全陌生的人，也能快速理解。过去，面对不熟悉的公式，我们只能查阅资料、反复琢磨或请教他人。而现在，AI成了一个随时可用、耐心细致的"老师"，能手把手地教我们。

说完了"知"的部分，我们接下来再说"行"，让AI来帮我们写公式。

行：用AI标准，使用五指提示词得到答案

设定一个场景：销售部门有一张表，记录了销售人员每天的销售业绩，表格包括两列：姓名和销量。

我们可以输入如下提示词：

角色：你是Excel表格专家。

任务：请你帮我写Excel公式，统计出表格里的总销量。

背景：表格包括两列，姓名、销量，分别对应的是列A、列B。

得到：

姓名	销量
秀兰	126
刘丽娟	128
徐彬	186
张萍	148
王文	145
李荣	131
杨旭	183
汤鑫	66
邓玉兰	181
钟桂芳	118

> **ChatGLM** AI
>
> 如果您想要计算表格里的总销量，您可以使用Excel中的SUM函数。这个函数可以快速计算一个范围内所有数值的和。
>
> 假设您的数据从A1单元格开始，姓名列在A列，销量列在B列，您可以使用以下公式：
>
> excel   复制
> ```excel
> 1   =SUM(B:B)
> ```
>
> 这个公式的意思是：计算B列中所有数值的总和。这将给出整个表格的总销量。
>
> 请确保在应用这个公式之前，您的销量列（B列）中的数据格式是数字，否则SUM函数可能无法正确计算。如果您的数据区域不是从A1开始，或者不是覆盖整个B列，您需要将 B:B 替换为具体的范围，比如 B2:B100，假设您要统计的是B2到B100这个范围内的销量数据。

合：调实战标准，加入个人私域模型信息

假如公司规定，对销量超过150（单位）的人颁发奖状，我们需要统计符合条件的人数。可以继续向智谱清言提问，并在提示词中明确每列的列号，这样生成的公式可以直接应用到Excel中。

角色：你是Excel表格专家。

任务：请你帮我写Excel公式，统计并计算出表格里销量超过150的人数。

背景：表格包括两列，姓名、销量，分别对应的是列A、列B。

得到：

⊙ ChatGLM AI

如果您想要计算销量超过150的人数，您可以使用Excel中的COUNTIF函数。这个函数可以统计符合特定条件的单元格数量。

假设您的数据从A1单元格开始，姓名列在A列，销量列在B列，您可以使用以下公式：

excel	复制

```
1    =COUNTIF(B:B, ">150")
```

这个公式的意思是：在B列中，统计所有大于150的单元格的数量。这将给出销量超过150的人数。

请确保在应用这个公式之前，您的销量列（B列）中的数据格式是数字，否则COUNTIF函数可能无法正确统计。如果您的数据区域不是从A1开始，或者不是覆盖整个B列，您需要将 `B:B` 替换为具体的范围，比如 `B2:B100`，假设您要统计的是B2到B100这个范围内的销量数据。

将公式直接套用到表格中，结果显示销量超过150的人数为3人。

通过这两个简单案例，可以看出智谱清言在生成公式方面的强大能力。尽管实际应用场景可能更加复杂，但只要清晰描述需求，AI就能给出精准的解决方案。

一：建自有标准，创建个人的专用智能体

最后，为了方便使用，可以将上述功能整合成结构化提示词，直接用于互动；或者将提示词定制为智谱清言的智能体，以实现功能的快速复用。

\# 角色

－ 描述：你是一位精通Excel的表格专家，擅长编写各种复杂的Excel公式。

\# 目标

－ 根据用户提供的表格信息，编写准确的Excel公式。

限制条件

– 仅使用用户提供的表格信息进行计算。

– 公式必须适用于Excel软件。

– 确保公式简洁易懂，便于用户理解和使用。

– 在对话中不需要说明你的处理流程。

技能

– Excel公式编写：精通各种Excel函数和公式的使用。

– 数据分析：能够快速理解表格结构和数据关系。

– 问题解析：能够准确理解用户需求并提供相应解决方案。

工作流程

1. 仔细阅读用户提供的表格信息和要求。

2. 分析表格结构和数据分布。

3. 选择适当的Excel函数或公式。

4. 解释公式的使用方法和原理。

输出格式

– 提供清晰的Excel公式。

– 附带简要的公式解释和使用说明。

开始

请以"请告诉我你需要对Excel中的哪部分（请输入单元格的坐标）进行什么样的计算？"作为开场白，然后按照[工作流程]开始工作。

这一节里，我通过几个案例展示了如何利用智谱清言高效解决Excel问题。在AI的帮助下，即使是零基础，你也可以快速掌握技能，轻松成为同事眼中的Excel达人。在接下来的一节中，我们将进一步探索，借助AI的力量，用Excel完成更复杂的任务，提升工作效率。

数据统计：用 AI 激活 Excel 的编程能力

在上一节中，我们探讨了如何利用AI快速掌握Excel公式，显著提升数据处理的效率。然而，Excel的功能远不止于此。Excel还支持VBA编程，借助VBA的强大能力，Excel还能够执行各种自动化任务，如数据整理、报告生成和复杂计算，进一步提升工作效率。

VBA是一种专为Microsoft Office应用设计的编程语言，在办公自动化领域有着独特的应用价值。尽管它的语法源于BASIC（一种经典的入门级编程语言），学习起来相对简单，但对于没有编程基础的用户来说，掌握VBA仍然需要一定的时间和练习。在这一过程中，AI可以有效降低学习门槛。

通过AI辅助编程，我们只需向AI描述想要完成的具体任务，AI便能生成相应的VBA代码。这种方式不仅简化了编程过程，还缩短了开发周期。例如，一位财务分析师如果需要自动生成月度报告，可以直接向AI描述需求，AI随即生成可用的VBA脚本。AI技术的应用让用户无须深厚的编程知识也能完成高效的自动化操作。

VBA的出现为Excel用户提供了强大的自动化工具，而AI的加入则让这一工具更加易于掌握。借助AI，即便没有编程经验也能迅速掌握自动化技能，释放更多时间和精力，用于更有价值的工作。无论是个人效率的提升，还是企业业务的优化，这种技术的结合都带来了显著的实际收益。

我们结合"知行合一"四步法来做一个练习。

知：问AI标准，调用模型信息、公域信息

要了解如何使用Excel的VBA编程，你可以向智谱清言提出相关问题：
介绍一下在Excel中使用VBA的步骤。

智谱清言提供了全面的VBA编程指南，配合详细的操作步骤和示例代码，帮助你直观地掌握VBA的应用。我将这些内容进行了整理，并添加了插图，以便大家更清晰地理解VBA的实际用法。

在Excel中使用VBA主要涉及以下几个步骤：

1.启用开发工具。首先，需要确保Excel的"开发工具"选项被启用。这可以通过打开Excel，依次点击"文件"→"选项"→"自定义功能区"，然后在右侧主选项卡下方的选项中找到"开发工具"，并在其前面的小框中打勾，最后点击"确定"。

2.打开VBA编辑器。启用开发工具后，可以通过按下快捷键Alt+F11直接进入VBA编辑器。也可以通过点击"开发工具"菜单下的"Visual Basic"按钮来打开VBA编辑器。

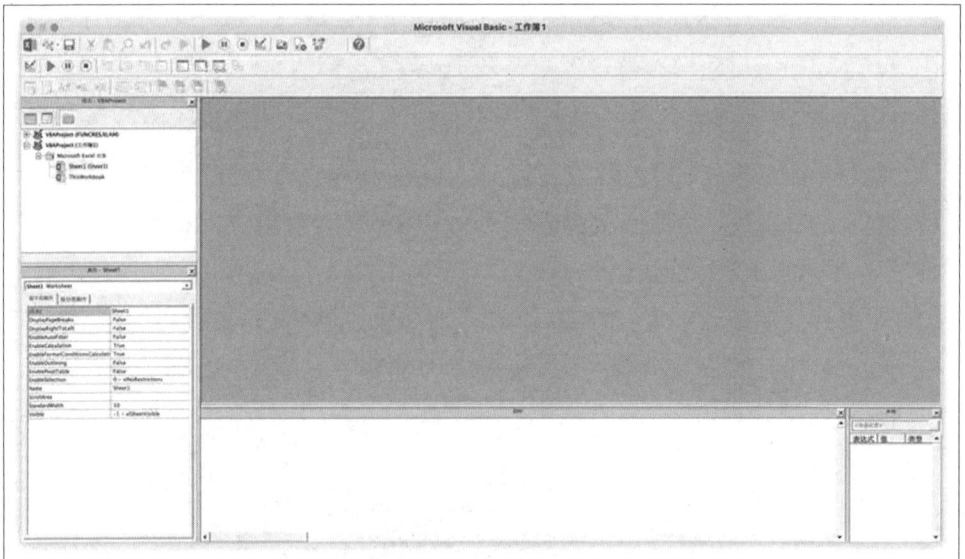

3.创建新模块或插入模块。在VBA编辑器中，可以通过点击"插入"菜单下的"模块"来创建一个新的模块，或者双击现有的工作表（如Sheet1）来编辑该工作表的模块。

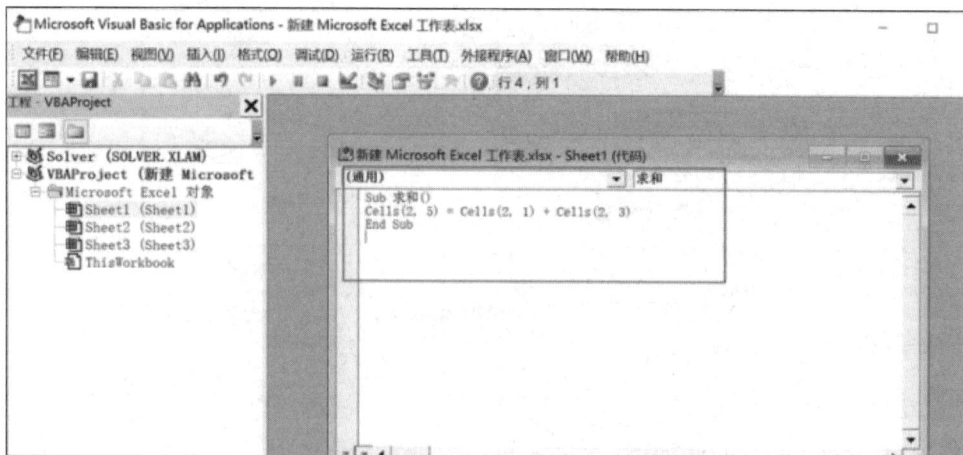

4.编写VBA代码。在模块窗口中，可以开始编写VBA代码。例如，可以创建一个简单的宏（VBA过程），输入如下代码：

```
Sub MyCode()
    MsgBox "Hello World"
End Sub
```

5.调试和运行代码。编写完代码后，可以使用VBA编辑器提供的调试工具来检查代码中的错误，并通过点击运行按钮来执行代码。此外，还可以通过设置按钮或控件来触发VBA代码的执行。

在这里，运行上一段代码，就会弹出一个对话框，上面显示"Hello World"字样。"Hello World"是一个常用的计算机编程示例，通常被用作程序员学习新编程语言或环境时编写的第一个程序。这个程序的主要作用是输出一段标准的字符串"Hello, World!"到控制台或其他输出设备。

通过上述步骤，我们大致了解了Excel VBA是什么，以及如何运行它。我们结束"知"的部分，接下来进入"行"，带你用AI辅助编写VBA代码，解决实际问题。

行：用AI标准，使用五指提示词得到答案

案例1：数据的统计汇总

设定场景：销售部门需要对每日销售人员的业绩数据进行统计，表格包括

三列：姓名、日期、销量。目标是统计每个人的总销量。

姓名	日期	销量
张萍	2024/1/1	45
刘丽娟	2024/1/1	23
徐彬	2024/1/1	34
张萍	2024/1/2	68
刘丽娟	2024/1/2	23
徐彬	2024/1/2	46
张萍	2024/1/3	45
刘丽娟	2024/1/3	78
徐彬	2024/1/3	47

提示词可以这样写：

角色：你是Excel VBA编程专家。

任务：请你帮我写Excel的VBA脚本，分别计算出每个人的总销量。

输入：表格包括三列，姓名、日期、销量，分别对应的是列A、B、C。

🔵 **ChatGLM** AI

当然可以，以下是一个Excel VBA脚本，该脚本会遍历工作表中的数据，计算每个人的总销量，并将结果输出到一个新的列（假设为列D）。

vba   复制

```vba
Sub CalculateTotalSales()
    Dim ws As Worksheet
    Set ws = ActiveSheet

    Dim lastRow As Long
    lastRow = ws.Cells(ws.Rows.Count, "A").End(xlUp).Row

    Dim i As Long
    Dim salesTotal As Double
    Dim currentPerson As String
    Dim nextPerson As String

    ' 初始化变量
    salesTotal = 0
    currentPerson = ""

    ' 从第二行开始循环，假设第一行是标题行
    For i = 2 To lastRow
        nextPerson = ws.Cells(i, 1).Value

        ' 如果是同一个人，则累加销量
        If nextPerson = currentPerson Or currentPerson = "" Then
            salesTotal = salesTotal + ws.Cells(i, 3).Value
        Else
            ' 如果是不同的人，则先输出前一个人的总销量
            ws.Cells(i - 1, 4).Value = salesTotal
            ' 重置销量总和，并更新当前人员
            salesTotal = ws.Cells(i, 3).Value
            currentPerson = nextPerson
        End If
    Next i

    ' 输出最后一个人员的总销量
    ws.Cells(lastRow, 4).Value = salesTotal
```

```
35    End Sub
```

要使用这个脚本，请按照以下步骤操作：

1. 打开Excel，然后按 Alt + F11 打开VBA编辑器。

2. 在"项目-工程"窗口中，找到你的工作簿，然后右键点击"插入" -> "模块"。

3. 在打开的模块窗口中粘贴上面的代码。

4. 关闭VBA编辑器，按 Alt + F8，选择 CalculateTotalSales 宏，然后运行。

这个脚本会在每个人的最后一个销量记录下面一行输出总销量。如果有多个人在同一天有销量记录，它会把他们的销量加在一起。如果需要在每个人名的第一个记录下面输出总销量，请告诉我，我会修改代码以适应这种情况。

智谱清言不仅提供了必要的VBA代码，还详细描述了执行该代码的具体操作步骤。按照这些步骤操作，你就可以顺利执行VBA脚本，并得到期望的统计结果。

合：调实战标准，加入个人私域模型信息

案例2：跨文件销售数据汇总

更复杂的场景是对多个Excel文件中的销售数据进行整合。例如，一个文件夹中存放了多个销售小组的记录，每个记录都存储在单独的Excel文件中。这种情况下，仅依靠Excel公式显得低效甚至无法实现，但VBA编程可以轻松解决这一问题。

通过VBA编写脚本，可以自动执行以下操作：自动化地打开每一个Excel文件，读取其中的销售数据，并将这些数据汇总到一个主文件中。这个过程包括：

1.遍历指定文件夹中的所有Excel文件。

2.打开每个文件，读取销售数据。

3.将数据汇总到一个主文件中，完成自动加总。

VBA的自动化能力不仅节省了时间，还避免了手工操作可能导致的错误，确保了数据处理的高效性和准确性。这种方法特别适用于需要定期处理大量类似数据文件的场景，例如月度或年度销售数据汇总。

在案例1的基础上，通过修改提示词，增加处理多文件的说明，可以生成适用于跨文件汇总的完整VBA代码。提示词可以这样写：

角色：你是Excel VBA编程专家。

任务：请你帮我写Excel的VBA脚本，帮我合并文件夹中名称以"销售表"

开头的所有Excel文件，并生成一张总表，文件名为"汇总表.xlsx"。从第二个文件开始，忽略合并第一行。

背景：每个表的表格包括三列，姓名、日期、销量，分别对应的是列A、B、C。其中日期列为日期格式，销量列为数字格式。

得到：

ChatGLM

以下是一个VBA脚本示例，该脚本将执行您所要求的任务。在开始之前，请确保您已经在Excel的"开发者"工具栏中启用了宏，并且您已经将此代码放置在Excel VBA编辑器中的一个新模块中。

```vba
Sub CombineSalesSheets()
    Dim ws As Worksheet
    Dim targetWorkbook As Workbook
    Dim sourceWorkbook As Workbook
    Dim sourceSheet As Worksheet
    Dim lastRow As Long
    Dim targetLastRow As Long
    Dim folderPath As String
    Dim fileName As String

    ' 设置文件夹路径
    folderPath = "C:\Your\Folder\Path\" ' 更改为包含销售表的文件夹路径

    ' 创建新的工作簿用于汇总
    Set targetWorkbook = Workbooks.Add
    Set ws = targetWorkbook.Sheets(1)
    ws.Name = "汇总"

    ' 获取文件夹中第一个文件名
    fileName = Dir(folderPath & "销售表*.xlsx")

    ' 循环遍历所有销售表文件
    Do While fileName <> ""
        ' 打开源工作簿
        Set sourceWorkbook = Workbooks.Open(folderPath & fileName)
        Set sourceSheet = sourceWorkbook.Sheets(1)

        ' 确定目标工作表最后一行
        If ws.Cells(ws.Rows.Count, "A").End(xlUp).Row = 1 Then
            ' 如果是第一个工作表，则复制整张表
            sourceSheet.UsedRange.Copy ws.Cells(ws.Rows.Count, "A").End(xlUp).Offset(1,
        Else
            ' 如果不是第一个工作表，则从第二行开始复制
            sourceSheet.UsedRange.Offset(1, 0).Resize(sourceSheet.UsedRange.Rows.Count -
                ws.Cells(ws.Rows.Count, "A").End(xlUp).Offset(1, 0)
        End If

        ' 关闭源工作簿
        sourceWorkbook.Close False
```

```
41          ' 获取下一个文件名
42          fileName = Dir
43      Loop
44
45      ' 保存汇总表
46      targetWorkbook.SaveAs folderPath & "汇总表.xlsx"
47      targetWorkbook.Close
48
49      MsgBox "所有销售表已合并完成。"
50  End Sub
```

在运行此宏之前，请确保以下几点：

1. 将 `folderPath` 变量设置为您存放销售表Excel文件的正确文件夹路径。

2. 所有销售表文件都以"销售表"开头，并且是 `.xlsx` 格式。

3. 您的Excel设置允许运行宏。

将此代码复制到Excel VBA编辑器中的一个新模块中，然后运行 `CombineSalesSheets` 过程即可。这个过程将打开文件夹中的每个工作簿，复制内容到新的汇总工作簿中，并保存汇总工作簿为"汇总表.xlsx"。

按照提供的操作步骤运行脚本，即可实现多文件的快速整合。

在本节中，通过两个实际案例，我们展示了如何使用VBA实现单文件与多文件的销售数据统计与整合。从简单的单表数据汇总到复杂的跨文件自动化操作，VBA的强大功能显而易见。借助智谱清言这样的AI工具，即便是初学者，只要能够准确描述需求，也能快速生成实用的代码，解决看似烦琐的编程问题。

一：建自有标准，创建个人的专用智能体

最后，可以将上述功能的提示词整理成结构化模板，方便重复使用。通过优化或把它定制成智能体，还能进一步提高效率，让功能实现更加灵活便捷。

角色

— 描述：你是一位精通Excel VBA编程的专家，具有丰富的脚本编写经验。

目标

— 编写一个Excel VBA脚本，用于完成用户指定的任务。

限制条件

— 仅使用用户提供的表格信息进行处理。

技能

— Excel VBA编程：熟练掌握VBA语言。

工作流程

1. 理解用户提出的需求。

2. 根据需求生成对应的VBA代码。

3. 对VBA代码的功能和使用进行简单说明。

输出格式

  – 提供完整的、可直接运行的VBA代码。

  – 代码中包含必要的注释，解释每个主要步骤的功能。

开始

请以"请告诉我你需要对Excel进行什么样的处理？"作为开场白，然后按照[工作流程]开始工作。

本章中的案例虽然相对基础，但目的是帮助读者掌握VBA的核心原理和基本操作。在实际工作中，你可能会面临更加复杂的需求，此时只需将具体的场景和任务描述清楚，AI即可为你提供量身定制的解决方案。不论是数据筛选、复杂分析，还是报告生成，AI都能高效协助你完成这些挑战，大幅提升工作效率，让你在职场中更加游刃有余。

第15章

升级你的学习引擎：外语与智能搜索的AI私教

外语学习：如何用 AI 打造你的外语私教

在职场中，外语学习的方式和目标与传统学校教育有很大不同。职场人士学习外语的核心目的是提升工作效率和沟通能力，因此学习重点应从传统的词汇记忆和语法练习转向实际应用，更注重快速理解专业资料和高效沟通等实用技能。

一种更有效的学习方法是模拟真实工作场景进行练习。例如，学习如何撰写商务邮件、参与电话会议、进行跨文化交流等实际任务。职场外语学习应该目标明确且以实践为导向，确保所学内容能够直接转化为工作能力的提升。

随着生成式AI的兴起，外语学习变得更加灵活和高效。基于AI的对话模拟和即时反馈，可以帮助职场人士更快掌握外语技能，并直接应用于工作场景，从而显著提高语言学习的针对性和效率。

案例：解决职场语言障碍

在全球化的商业环境中，语言障碍常常成为跨国业务中的一大挑战。例如，我的一位朋友在开拓菲律宾市场时遇到了类似的问题。由于长期生活在国内，她缺乏菲律宾语的学习和使用环境。最初，她选择通过听语言课程来学习这门新语言，希望借此提升与当地同事和合作伙伴的沟通能力。然而，这种方法无法满足实际工作的需求。深入交流后，她意识到问题的根源在于学习方法和实际需求的不匹配。

传统语言课程注重基础知识和日常会话，而她的工作主要涉及邮件和即时通信等书面交流。这种情况下，从零开始学习一门新语言既耗时又低效。最终的解决方案是使用AI工具，通过翻译和模拟特定对话风格来满足实际工作需求。

例如，我为她设计了一段提示词，用于翻译和模拟商务沟通：

角色：你是一位优秀的菲律宾语翻译。

指令：请你在我回复一句话后，如果输入的是中文，请把它翻译成菲律宾语。如果是菲律宾语，请把它翻译成中文。

通过这样的方式，她不仅能快速完成翻译任务，还能在工作中应用得心应手，无须为学习一门全新的语言而耗费大量时间和精力。

这个案例表明，在AI时代，职场外语学习正在发生根本性变革。从传统的基础性学习转向更有目的性和实用性的学习，方法和目标都在不断调整。职场人士可以借助生成式AI工具来提高学习效率，但首要任务是明确学习目标。只有在清晰的目标指引下，AI工具才能真正发挥其价值，帮助用户更高效地解决语言相关的问题，轻松应对职场挑战。

在当今全球化的职场环境中，与外国同事进行高效的英文邮件沟通已成为一项关键技能。AI为这一需求提供了强大的支持，能够帮助我们更快速、更准确地完成各种邮件任务。

对于日常沟通类邮件，可以直接利用AI生成内容。通过清晰地描述邮件的用途和要求，便能得到一封符合需求的邮件初稿。例如：

角色：你是一位邮件助手。

任务：请帮我写一封英文邮件给我的美国同事John，邀请他参加下周三的项目进度会议，会议通过Zoom线上进行。

背景：会议时间是美国东部时间上午10点。

格式：请用邮件的格式输出。

标准：请使用礼貌而专业的语气。

将上述提示词发送给AI工具，即可快速获得一封邮件初稿。

ChatGLM AI

Subject: Invitation to Join Next Wednesday's Project Progress Meeting via Zoom

Dear John,

I trust this message finds you in good spirits.

I am reaching out to extend a warm invitation to you for our upcoming project progress meeting scheduled for next Wednesday. The meeting will be conducted online via Zoom, commencing at 10:00 AM Eastern Time.

Your insights and contributions have significantly bolstered our project's advancement, and we are keen to have your presence and perspective at this meeting. We aim to review our progress to date, discuss any impediments we may be encountering, and outline our subsequent actions.

Below are the specifics for your convenience:

Date: Next Wednesday Time: 10:00 AM - 11:30 AM Eastern Time Meeting Platform: Zoom Meeting ID: [Please insert the Meeting ID] Password: [Please insert the Password, if required]

To ensure a smooth entry into the meeting, I recommend logging in a few minutes prior to the scheduled start time. Should you have any agenda items you wish to propose or specific concerns you would like to address, please feel free to share them with me in advance.

Kindly confirm your availability for the meeting at your earliest convenience. Your participation is highly valued and we are looking forward to your input.

Thank you for your attention to this matter. I am eagerly awaiting your response.

Warm regards,

[Your Full Name] [Your Position] [Your Company]

如果邮件内容涉及机密信息，不适合直接提供给AI，则可以让AI生成一个通用的邮件框架，再由用户根据实际情况补充具体内容。

此外，如果用户已经撰写了一封邮件，但希望检查其中的单词拼写、语法正确性以及语言表达的恰当性，可以利用AI对邮件内容进行修改和反馈。AI会指出问题并给出建议，帮助用户优化邮件的表达。

例如，参考提示词如下：

角色：你是一位邮件助手。

任务：我编写了一封英文邮件，请你帮我检查邮件的内容，包括拼写和语法，以及用语是否恰当。

格式：当你发现问题后，请用表格的形式逐条列举，并给出改进的建议。

通过这种反馈式学习，用户可以快速了解自身的问题并进行有针对性的改进。经过一段时间的练习，小问题会逐渐减少，用户在日常邮件沟通场景中也会更加得心应手。

在外语学习的过程中，听力和口语能力的培养尤为重要，尤其是在缺乏语言环境的情况下。传统的外语学习工具虽然可以提供发音纠正等基础功能，但往往难以满足真实语言交流的需求。然而，随着生成式 AI 技术的飞速发展，外语学习的方式正在经历深刻变革。

生成式AI技术极大地提升了AI对语言的理解和处理能力。结合语音识别和语音合成技术，现代AI系统已经能够与学习者进行自然流畅的对话。它们不仅能够准确理解语言输入，还能根据上下文提供恰当的回应，为学习者创造接近真实的语言交流体验。

以字节跳动推出的AI工具"豆包"为例，其中的"英语学习助手"功能表现出色。除了英语，豆包还支持日语、俄语等多种语言的学习。针对不同需求，用户可以灵活设置语音助手的语速。例如，基础较弱的学习者可以选择语速较慢的"Leo"，而听力水平较高的用户则可以选择语速更快、更自然的语音助手。

豆包的突出优势在于其便捷性，能够随时随地进行语音对话。无论是日常闲聊，还是围绕特定主题的深入讨论，都可以随时展开。这种即时互动的学习方式相当于为用户提供了一位随叫随到的语言交流伙伴，不仅可以帮助练习语言技能，还能在互动中了解目标语言国家的文化和生活细节。

这一功能目前可以免费使用。相比价格高昂的一对一外语私教，生成式AI让高质量的个性化语言学习变得触手可及，为更多人提供了平等的学习机会。

随着AI技术的持续进步，语言学习方式正在不断演变。AI工具的出现为语言学习者提供了更多可能性，使得外语学习变得更加高效和便捷。特别是在职场环境中，学习一门外语的重点是提升实际应用能力。充分利用AI技术的优势，将AI助手视为学习伙伴，可以帮助用户更好地适应全球化的职场需求，实现终身学习的目标。

智能搜索：如何用 AI 搜索快速求知

在生成式AI技术普及之前，搜索引擎以关键词匹配为主要技术手段。以百度为例，用户通过输入关键词，搜索引擎利用算法分析这些关键词与海量网页内容之间的相关性，并按照一定的排名规则返回链接列表。这种排名通常基于多个因素，如网页的关键词密度、外部链接数量以及用户行为数据等。用户需要通过浏览标题和简短描述，判断哪些链接可能包含所需信息，然后逐一点击查看详细内容。

这种传统搜索方式虽然满足了基本的信息检索需求，但存在明显的局限性。尤其是当用户的需求难以用简单关键词描述，或者相关网页未针对关键词进行优化时，搜索变得耗时且低效。用户可能需要打开多个网页，甚至翻阅多页搜索结果才能找到所需信息。此外，这种方法对用户的检索技能要求较高，需要精准选择和组合关键词才能获得理想结果。

生成式AI技术的兴起为搜索引擎领域带来了革命性变化。AI搜索引擎具备深层次语义理解能力，能够捕捉用户查询背后的真实意图。相比传统依赖关键词匹配的方式，AI搜索引擎允许用户以自然对话的方式提出问题，并通过理解上下文，将问题转化为精准的查询，快速定位相关信息。

　　AI搜索引擎的一大优势是其强大的信息整合与生成能力。它不仅可以从庞大的数据库中快速筛选相关信息，还能整合来自不同信息源的数据，生成全面且深入的搜索结果。这种方式避免了用户需要反复点击多个链接获取信息的烦琐过程。用户可以直接获得综合性的答案，大幅提升了信息检索效率，同时也让信息内容更加丰富和精准。

　　在生成式AI时代，搜索引擎的功能和用户体验发生了根本变化。传统搜索引擎要求用户分解问题、提炼关键词，而AI搜索引擎则可以直接处理复杂的自然语言查询。例如，用户可以直接输入"气候变化对农业的影响"这样的完整问题，AI搜索引擎会自动解析其核心信息，结合上下文进行全网检索，并整合不同来源的数据，生成简洁而有深度的回答。

　　这种技术消除了用户对关键词选择的依赖，减少了多次尝试的麻烦，让信息获取更加简单高效。搜索引擎从过去单纯的信息检索工具，转变为智能的信息处理平台，为用户带来了全新的体验。

　　需要说明的是，AI搜索引擎并非完全取代传统搜索引擎，而是对其功能的增强。通过智能化处理，AI搜索引擎能够快速分析大量搜索结果，提取最相关的信息，并以结构化方式呈现。这不仅让用户能快速获取所需信息，还有效缓解了信息过载的问题，使搜索体验更加流畅高效。

　　如果推荐一款实用的AI搜索工具，秘塔AI搜索是一个很好的选择。你可以通过秘塔AI搜索官网体验。

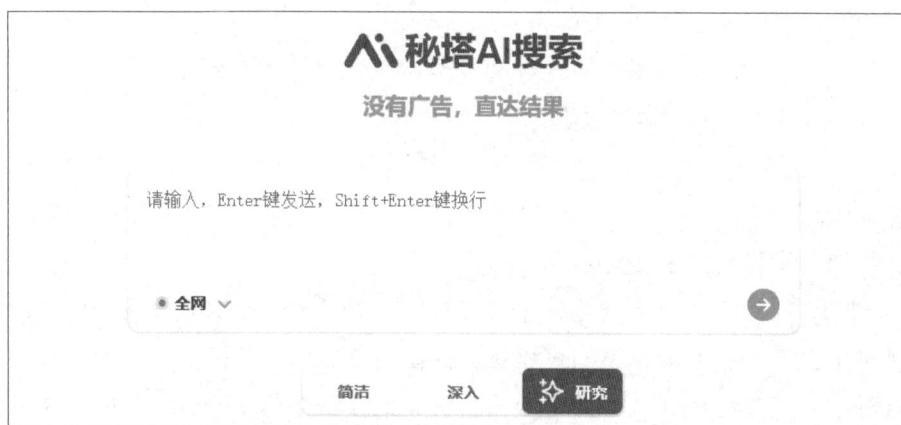

秘塔AI搜索的界面设计简洁明了，主要由三个核心部分组成：输入框、搜索范围和搜索模式。

1.输入框，可以在里面输入需要搜索的内容。

2.搜索范围，允许你根据需要选择搜索的范围。默认设置为"全网"搜索，这意味着系统将在整个互联网中查找信息。此外，用户还可以选择"学术"或"播客"，这些选项针对特定的内容类型进行优化搜索，满足不同用户的特定需求。

3.搜索模式，则提供了三种不同的搜索策略，以适应用户在不同情境下的信息需求，分别是简洁、深入和研究三种模式。

简洁模式是为需要快速获取信息的用户设计的。它提供直接而简明的答案，最大限度地减少用户的阅读负担。例如，当用户询问简单的数学问题如"1+1等于几"时，系统会直接给出"2"作为答案，无须多余的解释。这种方式大大提高了信息检索的效率，让用户能够在最短的时间内获得所需的关键信息。

深入模式提供更加全面和详细的信息，适合希望对某一主题有更深入了解的用户。除了基本答案，还会列出多个相关信息来源，并对内容进行总结分析。例如，在搜索"茅台酒"时，系统可能会提供多个引用来源，并整合分析相关内容，帮助用户从不同角度全面理解主题。

研究模式则是为需要进行深度研究或需要大量数据支持的用户设计的。这种模式提供最为详尽和全面的信息，通过对大量数据进行深度分析，探索问题的各个层面。在研究模式下搜索"茅台酒"，会得到多达77个引用链接，涵盖更广泛的视角和更深入的分析。这种模式不仅呈现事实，还展示不同的观点和解释，为用户提供全面的信息。

虽然深度模式可以提供更详细的分析，但处理时间会稍长。你可以根据信息需求的深度和时间的紧迫性选择最适合的模式。

秘塔AI搜索目前没有广告干扰，用户能够获取最相关、最直接的搜索结果，而无须担心广告推广内容的影响。这种纯净的搜索环境极大提升了用户体验，让信息获取更加高效。

例如，在搜索"如何用AI搜索快速求知"时，秘塔AI搜索会在短时间内生成多种解决方案，并附带源网页链接，方便进一步研究。同时，界面右侧的思维导图功能直观呈现各个方法之间的逻辑关系，帮助你快速理解不同解决方案的结构和内容。

如何用AI搜索快速求知

全网　学术　播客　　　　　　　🔗 10　　　脑图 ⠿ ☰　　　　✕

要快速使用AI搜索求知，可以采取以下几种方法：

1. **选择合适的AI搜索工具**：根据自己的需求选择支持高级AI模型如GPT-3.5、GPT-4.0或文心一言等的搜索引擎，这些工具能够提供精准的搜索结果和深入的信息挖掘②。

2. **利用AI搜索引擎的特性**：例如，秘塔AI搜索提供无广告、直接给出答案的搜索体验，适合需要快速获取信息的场景③。同时，可以通过设置正确的参数、使用关键词来提高搜索效率④。

3. **整合多种AI工具**：结合使用不同的AI工具，如Perplexity AI，它结合了ChatGPT和普通搜索引擎的功能，既能进行问答式的交互，也能列出相关链接，帮助用户从多个角度获取信息⑤。

4. **优化搜索策略**：在使用AI搜索工具时，应注意界面设计、操作流程和生成速度，选择那些用户体验好、操作简便的工具，以提高工作效率⑨。

通过上述方法，可以有效地利用AI技术进行快速学习和信息检索。

↻ 分享　✎ 更深入一些　　　　　　追问　⋮

🔗 **来源**

1. 懒人必备！实测6款AI搜索神器，工作效率直接翻倍

2. 前端 - AI智能搜索｜知识库的高效导航工具 - 个人文章 - SegmentFault 思否 [2024-03-01]

3. 15个免费的ai搜索引擎，无广告直达搜索结果 | Ai工具集

4. 搜索引擎ChatGPT：如何提高搜索效率？

5. 如何利用ai工具提升100%工作效率 - 知乎 - 知乎专栏

6. 有哪些好用的ai工具，可以提升科研、学习、办公等效率？ - 知乎

7. 有没有快速学会Ai 的教程？

8. 需要经常查资料吗？4 个 Ai 搜寻引擎，帮助你更快找到需要的资料(例如產品研究、市場調查、收集案例) [2023-06-19]

9. 懒人必备！实测6款AI搜索神器，工作效率直接翻倍

10. 人工智能最新最完整学习路线，建议收藏!! - 知乎专栏 [2023-04-04]

如果需要对某一主题进行深入研究，可以使用秘塔的深度研究功能。它能够围绕查询主题生成一系列相关问题并提供详细解答，拓展研究的广度和深度。

例如，当提出"如何用AI搜索快速求知"这一问题时，秘塔AI搜索引擎不仅给出了明确的答案，还生成了一些相关问题。例如："秘塔AI搜索的具体功能和使用案例是什么？""Perplexity AI如何结合ChatGPT和普通搜索引擎的功能，有哪些优势？""如何有效整理和分析AI搜索结果以提高信息检索效率？""新兴的AI搜索工具和技术如何改变搜索体验？"对于这些衍生问题，秘塔AI搜索也能提供详细解答，大大丰富了研究的深度和广度，帮助用户快速从多角度掌握主题。

秘塔的优势在于，其解答不仅限于具体问题本身，还能提供相关背景信息，包括事件、组织和人物等内容。通过串联事件的关键要素如时间、地点和人物，秘塔能够帮助用户快速构建全面的信息网络，优化研究过程，加深对问题的理解。

需要注意的是，由于深度研究模式处理的数据量较大，分析更复杂，其速度相较于简洁模式会稍慢一些。因此，在日常使用中，如果只需快速获取信息概览，简洁模式通常即可满足大部分需求。

生成式AI搜索引擎通过对用户需求的语义理解，整合多源信息并提供全面解答，显著提高了信息检索效率。这种便捷性革新了传统搜索方式，使用户能够专注于提出高质量的问题，而将搜索和信息整合的繁重工作交由AI完成。

然而，AI搜索引擎作为工具，其提供的信息真实性和有效性仍需用户自行判断。因此，在享受AI带来的便利时，用户需对获取的信息进行必要的核实，以确保准确性和可靠性。

尽管如此，AI搜索引擎的高效性和便捷性使其逐渐成为现代职场中的重要助手。一旦使用过AI搜索工具，许多用户都会感叹其带来的效率提升，往往产生"用过就离不开"的体验。

在前文中，我们提到智谱清言和Kimi等生成式AI工具在职场中的应用。虽然它们也支持联网搜索功能，但在专业搜索领域仍不如专业的AI搜索引擎。这是因为每种工具的设计侧重点不同。智谱清言和Kimi以便捷的人机对话为核心，而专业AI搜索引擎则专注于快速检索和整合大量数据，提供精准而全面的搜索结果。因此，当需要进行深入的信息检索时，专业的AI搜索引擎无疑是更好的选择。

秘塔并非国内唯一的AI搜索引擎。360推出的纳米搜索也是一款值得推荐的工具。用户可以根据自己的需求和偏好选择最适合的AI搜索工具，以在职场活动中更快速地获取所需信息，提升工作效率。

第16章

DeepSeek等AI对职场的深度影响：AI重塑职业生态与个人策略

AI 对哪些职业产生了冲击

以ChatGPT为代表的生成式AI正以前所未有的速度和能力颠覆职场格局。它不仅能理解复杂指令、生成连贯文本，还能进行创造性写作、逻辑推理和复杂问题解答。AI的能力已经从执行固定模式的任务扩展到触及智慧工作领域，涵盖了从文案创作到客户服务，从法律咨询到投标助手等多个行业。

然而，如同每一次技术革命，生成式AI带来的不仅是机遇，还有挑战。一方面，它为提高效率、创新商业模式提供了无限可能；另一方面，它对许多传统职业产生了直接冲击，甚至可能改变某些岗位的存在形式。面对这场AI驱动的变革，职场人士既充满期待，也难免感到焦虑与不安。

本章将深入探讨生成式AI如何影响职场格局。我们将分析AI对创意内容、客户服务、数据分析、教育培训和招投标等领域的传统职业带来的冲击，探索AI推动下的新兴职业，发现未来的就业增长点。我们还将讨论个人如何应对挑战、抓住机遇，确保自身在这场变革中立于不败之地。

创意与内容生产领域

创意与内容生产曾被视为人类独特创造力的象征，但生成式AI正以惊人的速度和效率挑战这一传统观念。凭借卓越的语言理解和生成能力，AI正在重新定义文案写作、新闻报道和广告创意等核心领域。

在文案写作中，生成式AI展现出极大的效率优势。无论是产品描述、博客文章还是社交媒体文案，AI都能在几分钟内生成多种版本。它不仅能够模仿不同的写作风格，还能根据目标受众和营销目标调整内容语言。许多公司将AI视为文案团队的得力助手，甚至在一些情况下取代了人工写作。

然而，AI生成的内容虽然快速且符合基本需求，但缺乏深刻的洞察和情感共鸣仍是其弱点。人类的角色在于为这些初稿注入品牌独特性和文化价值，确保内容不仅是精准的，更是有温度的。

在新闻领域，它能快速整合来自多个来源的数据，生成结构化的报道。在实时新闻、财经报告和体育赛事等领域，AI尤其擅长处理信息密集型任务。一些新闻机构已开始采用AI生成初稿，由记者进一步编辑、补充深度视角。这种人机协作的模式显著提高了新闻生产效率，让记者能够将更多时间和精力用于深度调查和分析性报道。

广告创意是另一个生成式AI快速渗透的领域。AI能够生成多样化的广告文案，结合图片和视频生成技术提出初步的创意概念。一些广告公司已经将AI用于初步创意的快速迭代，随后由人类团队筛选、优化。这种方式显著加速了创意过程，并为人类创意人员提供了更多灵感。

然而，批评者指出，AI生成的广告内容可能缺乏文化敏感性或深层次的情感触动。真正能打动人心的广告，往往源于对文化和心理的深刻理解，这是目前AI尚未能完全实现的。

尽管生成式AI展现了强大的能力，但人类的创造力、情感智慧和文化理解仍然不可替代。未来，创意内容生产领域的趋势可能是人机协作：AI承担重复性、基础性任务，并提供创意灵感；人类则专注于策略制定、情感设计和质量审核。这种协作模式有望带来更高效、更具创新性的内容生产流程，同时确保人类创意的独特价值得以延续。

客户服务与销售

生成式AI正在深刻改变客户服务与销售领域的传统业务模式和工作方式，重新定义行业服务标准和效率水平。

在客户服务方面，AI驱动的聊天机器人和虚拟助手正逐步取代传统的人工客服。这些系统能够实现全天候24/7工作，瞬时响应并同时处理大量客户请求。它们通过理解自然语言，快速识别客户需求，提供个性化解决方案，在处理常见问题、产品咨询和订单跟踪等任务中展现出惊人的效率和准确性。生成式AI的应用显著提高了客户满意度，还有效降低了企业的运营成本。

然而，人类客服并未因此完全被取代，而是转向了更高层次的角色。他们如今专注于处理需要情感陪伴、深度思考和人际判断的复杂问题。他们需要具备优秀的问题解决能力、情感沟通技巧以及跨部门协作能力。客服行业正在从以任务为中心转型为以客户体验和关系管理为核心的方向。

在销售领域，生成式AI已成为销售团队的得力助手。AI能够分析海量客户数据，精准预测客户需求和购买倾向，为销售人员提供高价值的线索和个性化策略建议。此外，AI还能自动生成销售报告、编写跟进邮件，甚至与潜在客户进行初步的对话，大幅提高了销售团队的效率。

随着AI逐渐承担基础性和重复性的任务，销售助理的工作内容也在发生转变。传统的数据收集和报告生成等工作正逐步被AI替代，而销售助理则需要向更具战略性的角色转型。他们必须掌握AI工具的使用技巧，解读AI提供的数据洞察，并将其转化为实际的销售策略，从而为客户提供更具针对性和个性化的解决方案。

生成式AI正在为客户服务和销售领域带来效率和成本的双重提升，同时推动相关职业向更高层次发展。未来的成功从业者将是那些能够熟练使用AI工具，同时保持人性化服务和创新思维的人。他们需要不断学习和适应，将AI视为工作中的强大助手，而非威胁，才能在这个快速变化的行业中脱颖而出。

教育与培训行业

在教育与培训行业，生成式AI的出现正在深刻变革传统的教学模式和学习方式，为教育领域带来前所未有的效率和个性化体验。

在课程开发领域，AI显著提高了课程制作的效率和质量。传统的课程开发过程耗时耗力，教育专家需要投入大量精力设计课程结构、编写内容和制作教学材料。而现在，AI系统可以根据学习目标和目标受众的特点，快速生成课程大纲和内容框架，并自动设计练习题、测验和互动元素，大大缩短了课程开发的时间和成本。这使得教育机构能够更快速地响应市场需求，开发针对性更强的课程。

在个性化学习方案设计方面，AI为教育行业带来了革命性变革。传统的"一刀切"教育模式难以满足每个学习者的独特需求，而AI能够通过分析学习者的当前水平、兴趣爱好和学习风格，为其量身定制个性化学习路径。它可以推荐最适合的学习资源，动态调整学习进度，甚至预测学习中可能遇到的困难并提前提供支持。这种高度个性化的学习体验，大大提高了学习效率，还能增强学习者的参与度和动力。

　　AI还可以充当虚拟助教，为学生提供即时反馈和一对一的辅导。例如，在语言学习中，AI能够纠正发音并提供实时对话练习；在数学教学中，AI可以分析学生的解题步骤，识别常见错误模式并提供针对性指导。

　　尽管生成式AI展现出令人瞩目的潜力，教师的作用仍然至关重要。AI可以帮助优化教学效率，但教育的本质在于人文关怀和情感连接，而这些正是AI无法替代的核心价值。未来，成功的教育工作者将是那些能够熟练利用AI工具，同时保持对学生需求的敏锐洞察力和对教育使命的深刻理解的人。

招投标行业

　　生成式AI技术正悄然重塑招投标行业，不仅显著提升了投标方案编写的效率，还提高了评标过程的客观性与公正性。

　　在投标方案编写方面，AI技术的应用正在彻底改变传统的工作模式。以往，投标方案的编写是一个耗时耗力的过程，投标团队常常需要熬夜加班，花费大量时间收集资料、整理数据、撰写文案。然而，随着AI技术的快速发展，这种情况正发生根本性的变化。国外的AutogenAI和国内的文兜智写等AI工具，为投标方案编写带来了革命性的改进。

　　本书作者王林正是文兜智写的开发者。文兜智写作为一款专注于投标行业的AI写作工具，可以快速分析招标文件，自动生成符合要求的投标方案框架，并根据输入的关键信息生成详细内容，显著提高了方案的编写效率。使用文兜智写，投标人能够在短时间内完成高质量的投标方案，减少加班熬夜的情况，改善了投标人的工作和生活质量。

　　在评标环节，AI技术的应用同样产生了深远的影响。传统的评标过程通常依赖人工审核，不仅效率较低，还容易受到主观因素的干扰。而AI评标系统能够快速分析大量投标文件，并根据预设的评分标准进行客观评估。这大大提高了评标的效率，同时增强了公平性和透明度。

　　AI技术在招投标行业的广泛应用，正在深刻地改变行业生态。它大幅提升了工作效率，还为整个投标过程带来了更高的公平性和透明度。可以预见，未来成功的招投标从业者将是那些能够熟练运用AI工具的人。他们需要不断学习和适应新技术，通过AI提升自身能力，才能在这个快速变化的行业中保持竞争力。

法律服务

　　生成式AI技术正在逐步改变法律服务领域，为传统工作模式和服务方式注入新的可能性。

在法律文件起草方面，AI显著提升了工作效率。以往，起草法律文件需要律师投入大量时间研究法规和案例，并精心组织语言。如今，AI系统能够快速分析法律文本，生成初稿，并确保格式和内容符合要求，同时根据最新法规和判例及时更新。这不仅节省了时间，还减少了人为错误，让律师可以专注于需要深度思考和策略制定的复杂问题。

在法律检索和案例分析方面，AI也表现出重要作用。律师过去需要花费大量时间翻阅法规和判例，而AI系统可以快速搜索海量数据库，准确找出相关内容，甚至挖掘隐藏的法律关联。这种高效的检索方式帮助律师更全面地了解案情，提高研究效率。

此外，AI在法律咨询服务中正逐渐被广泛应用。智能聊天系统能够提供24小时的基本法律咨询，解答常见问题，并协助进行初步评估。这种技术的应用，不仅拓宽了法律服务的覆盖面，也为客户提供了更加便捷的选择。

AI技术为法律服务带来了效率提升和创新可能，但技术只是工具，法律从业者的判断力和专业洞察力依然不可替代。未来，法律工作者需要将AI作为辅助工具，与技术协同合作，同时坚持职业伦理，为客户提供更加高效、优质的服务。

AI 带来了哪些新兴职业

AI技术的飞速发展正在深刻改变社会结构，不仅重新定义了许多传统职业，还催生了大量新兴职业。这些职业的出现反映了科技进步对劳动力市场的深远影响，也展现了人类在AI时代的创造力和适应能力。本节将聚焦AI浪潮中涌现的代表性新职业，解析其主要职责、必备技能以及未来的职业前景，为读者了解技术趋势和规划职业发展提供参考。

AI提示词工程师

生成式AI技术的发展催生了一个全新的职业——AI提示词工程师。这个职业的核心工作是设计和优化输入提示词，以充分发挥AI模型的潜力，生成高质量的输出结果。

提示词工程师需要对AI模型的运行机制有深刻的理解，同时具备优秀的语言表达能力和敏锐的逻辑思维。有效的提示词通常需要精确的措辞和清晰的结构，以便引导AI生成预期的内容。例如，在一家电子商务公司中，提示词工程师可能需要设计出能够生成吸引人产品描述的提示。他们需要尝试不同的语气、措辞和内容结构，反复实验和优化，直至获得效果最佳的输出。

随着生成式AI的应用场景不断扩展，这一职业的需求也将持续增长。AI提示词工程师正逐渐成为人类需求与AI能力之间的重要纽带。

AI系统训练师

AI系统训练师是AI领域中一个新兴的重要职业，他们负责将通用的AI模型调整为能够解决具体问题或适应特定领域需求的精细化工具。这个角色需要扎实的机器学习理论基础，同时熟悉各类AI算法和框架，并具有较强的动手能力和问题解决能力。

AI系统训练师的主要职责包括设计训练策略、选择合适的数据集、进行数据预处理，以及调整模型参数以优化性能。这一过程涉及多项技术性工作，例如模型选择、参数调优和实验验证，对从业者的洞察力和实践能力提出了较高要求。

例如，在一家大型电商企业中，AI系统训练师可能负责开发个性化推荐系统。他们需要处理海量用户行为数据，选择合适的算法，反复测试和调整模型，直至实现高精度的用户偏好预测。这一过程中可能会面临多种技术难题，解决这些问题是训练师工作的核心。

优秀的AI系统训练师不仅关注模型的准确性和效率，还需确保模型在实际应用中的稳定性和可扩展性。无论是应对用户行为的变化，还是扩展到更大的数据规模，模型的性能都必须经得起考验。AI系统训练师的工作直接影响着AI系统的可靠性和效果，同时也决定了企业是否能够高效利用这些系统。

随着AI技术的不断发展，AI系统训练师的职责也在扩展。他们需要不断学习新技术，掌握前沿算法和工具，并具备跨学科合作的能力。由于AI已经广泛渗透到越来越多的领域，AI系统训练师不仅要理解技术，还需要熟悉所在行业的特殊需求，从而设计更具针对性的解决方案。

AI创意师

AI创意师是一个正在崭露头角的新兴职业，他们将传统创意领域与前沿AI技术相结合，为艺术、广告、设计等领域注入全新的活力。他们的核心职责是利用AI工具辅助并提升创意过程。这就要求他们不仅需要扎实的创意能力，还需要对AI的能力有深入理解并能灵活运用。他们处于科技与艺术的交汇点，在创意项目中发挥桥梁作用。

在实际工作中，AI创意师策划并执行各种基于AI技术的创意任务。例如，他们可能使用生成式AI工具创作引人注目的图片或视频内容，或通过AI设计软件优化产品设计流程。在广告制作中，AI创意师或许会利用AI生成大量创意概念，从中筛选出最具潜力的方案，再与团队合作将其发展为完整的创意成果。

AI创意师的工作远不止依赖AI生成内容。他们的核心技能在于平衡AI与人类创意的关系，确保最终作品既具有技术驱动的创新性，又保留人性化的情感温度。他们需要判断哪些部分可以交由AI完成，哪些部分必须由人类创意赋予独特的深度和灵魂。

AI创意师需要不断学习和更新自己的技能。他们需要紧跟AI技术的发展步伐，评估新工具的潜力，并将其灵活整合到创意流程中。

随着AI技术在创意领域的普及，AI创意师的角色将愈发重要。他们推动创意产业的革新，还在探索AI与人类创造力结合的边界。在这个科技与艺术深度融合的时代，AI创意师正在重新定义创意的未来，用技术与灵感共同书写一幅充满想象力的全新画卷。

AI教育专家

在AI快速发展的今天，教育领域正迎来深刻变革，AI教育专家应运而生。他们将教育学、心理学与AI技术相结合，成为推动教育创新的重要力量。

AI教育专家会利用AI技术革新教育方式，实现个性化学习。他们既掌握教育理论和心理学知识，又熟悉AI技术的实际应用，能够设计出符合教育规律且高效的解决方案。他们需要开发基于AI的教育工具和平台，例如智能辅导系统、自适应学习软件等。这些工具能够提供多样化的学习资源，并根据每位学生的学习进度、风格和需求实时调整，从而带来个性化的学习体验。

一位AI教育专家可能设计出一个智能语言学习平台，该平台通过自然语言处理技术分析学生的口语和写作表现，识别常见错误和个人语言习惯，为学生量身定制练习内容，有针对性地强化薄弱环节，从而显著提升学习效率。

除了开发工具，AI教育专家还利用AI技术分析大量学习数据，深入研究学生的学习行为、成绩表现和互动方式。他们能够识别学生的学习模式和需求，并据此制定个性化的学习计划，让学生以适合自己的方式、高效地学习最需要的内容。

　　AI教育专家的工作离不开与一线教师的紧密合作。他们不仅是技术专家，更是教育创新的推动者。他们通过培训和支持，帮助教师理解和使用AI工具，将AI技术与传统教学方法有机结合，从而提升课堂教学的效果。

　　未来，AI教育专家将继续推动教育领域的变革。他们不仅要应用新技术，更要重新定义学习的本质。他们通过设计更加个性化、互动性强且富有吸引力的学习体验，为每个学生打开通往知识的大门，使终身学习成为现实，也让教育的力量得以最大化释放。

　　随着AI技术的快速发展，新兴职业的出现将不断重塑职场格局。这些职业不仅为技术人才开辟了充满机遇和挑战的道路，还推动了AI技术在各领域的深度应用。更重要的是，它凸显了人类在AI时代不可替代的优势，如创造力、批判性思维和跨学科能力。这提醒我们，在拥抱AI所带来的变革和便利的同时，必须持续提升自身的核心竞争力。未来的职场将是人机协作的舞台，只有将人类独特的智慧与AI技术有机结合，我们才能在这个瞬息万变的时代中不断前行，占据主动。

我们可以向 DeepSeek 等深度思考 AI 学习什么

　　如前所述，2025年1月，专注于推理能力的DeepSeek-R1系列模型，引发了全球AI使用潮。其核心创新之一就是它的深度思考功能。如果通过其透明化的推理链路，我们就可以观察和学习AI的思考过程，从而与AI协同进化。

　　例如，2025年2月，某微信群里有人分享了一篇微信公众号文章，一位自称为《哪吒之魔童闹海》特效师的人对电影及产业发表了自己的观点。随即群友在默认这个观点是正确的情况下，进行了延伸交流。但其实我们只需要将文章上传给DeepSeek等AI，并提供简单提示词"请用批判性思维来分析"，就可以向AI学习批判性思维。（为避免误传谣言信息，已将关键信息隐去。）

DeepSeek的深度思考答案

好的，我需要用批判性思维来分析这篇文章。首先，我需要理解文章的主要内容和论点。文章主要讲述了《哪吒之魔童闹海》特效师……的悲惨经历，揭露了特效行业中的剥削和不公，包括低薪、长时间工作、缺乏劳动保障等问题，并对比了好莱坞特效行业的待遇和工会制度，呼吁改善中国特效师的待遇。

接下来，我要应用批判性思维的几个步骤：

1.明确论点和论据。文章的论点是中国的特效行业存在严重的剥削现象，特效师待遇差，缺乏保障。论据包括……的具体案例、与其他行业（如好莱坞）的对比、具体的数据（如时薪……元）。

2.评估证据的可信度。文章中提到的案例是否具有代表性？数据来源是否可靠？例如，……的故事是否真实？作者是否有其他证据支持这些说法？

3.逻辑是否严密。是否存在逻辑漏洞或偏见？例如，是否将所有问题归咎于资本，而忽略了其他因素？

4.识别作者的立场和目的。文章明显带有批判资本和呼吁改善劳工权益的立场，是否存在夸大或情绪化的表达？

5.考虑反驳观点。是否存在其他解释或观点？例如，特效行业的高压力是否普遍存在？是否有公司或行业正在改善这些问题？

6.结论的合理性。文章提出的解决方案（如成立工会、公开成本等）是否可行？是否能有效解决问题？

在分析过程中，我需要保持中立，不偏不倚地评估文章的各个方面，同时考虑到中国劳动法和行业现状的实际情况。例如，虽然文章指出中国特效师待遇差，但中国劳动法对最低工资和加班时间有规定，实际情况是否如文中所述？是否有法律执行不严的问题？

此外，还需要考虑文章的写作手法，如使用情感化的语言（"血泪自白""扒下来的鳞片"），是否影响论证的客观性？是否有煽动情绪的嫌疑？

最后，综合以上分析，形成全面且平衡的批判性评价。

接入DeepSeek的腾讯元宝的深度思考

好的，我现在需要分析用户提供的文档，并用批判性思维来进行评估。首先，我需要理解文档的主要内容。这篇文章来自微信公众号"……"，标题非常引人注目，讲述《哪吒之魔童闹海》特效师……的血泪经历，控诉资本压榨、行业不公等问题。文章分为几个部分，包括特效公司的宣传问题、底层劳动者的困境、与好莱坞工会的对比，以及提出的解决方案。

接下来，我需要应用批判性思维来分析这篇文章。批判性思维要求我客观评估信息的真实性、逻辑的严密性、证据的充分性以及可能的偏见。首先，我需要确认文章中的事实是否准确，是否有可靠的数据支持。例如，文中提到特效师时薪……元，好莱坞时薪……美元，是否有来源？其次，是否存在情绪化语言或夸大其词的情况？例如，"万鳞甲是从我身上扒下来的"这样的比喻是否合理，还是为了煽动情绪？

然后，我需要检查论证的逻辑是否严密。例如，文章将特效师的遭遇归咎于资本，但有没有考虑到其他因素，如行业竞争、市场压力等？另外，对比好莱坞的情况时，是否忽略了中美两国在工会制度、法律环境等方面的差异？此外，文章提出的解决方案是否可行，如成立工会、利润分成，这些在现实中实施的难度如何？

还要注意文章可能的偏见。作者自称"圈内自己人"，是否可能存在立场偏向？是否有选择性呈现事实的情况，例如，只强调负面案例而忽略行业中的积极变化？另外，文章末尾提到"……说本故事纯属虚构"，这是否意味着内容有虚构成分，影响可信度？

另外，需要评估证据的有效性。文中提到的……的故事是否有具体证据支持，如合同、工资单、医疗记录？还是仅凭匿名爆料？引用的事件如《阿凡达2》罢工是否有可靠报道支持？统计数据，如特效公司总收入……亿元，员工分成不到……%，是否有来源？

还要考虑文章的结构和修辞手法。使用强烈的比喻和情绪化语言（如"韭菜""奴才思维"）是否为了引起共鸣而牺牲了客观性？标题和副标题是否具有误导性或夸张成分？

最后，综合以上分析，判断文章的总体可信度和论证力度，指出其合理之处与不足之处，给出平衡的评价。

看到这里，借由AI的深度思考，哪怕我们是第一次接触到批判性思维这一概念，也能快速地结合例子理解，这比传统学习模式中我们根据老师或书上的例子学习知识更贴近现实，更方便我们学以致用。

总之，DeepSeek通过将传统AI的"黑箱输出"转变为"白盒过程"，不仅提升了结果可信度，更重要的是，创造了人类与AI思维模式互鉴的新范式。

作者希尔在《思考致富》一书里提及了一种叫导师桌祈祷的方法，例如，他会祈祷"福特先生……我希望能获得你的拼搏精神、决心、镇定的心态和自信，这些品质使你得以左右贫困，得以组织、联合并简化人的劳动"。

他声称他"每天都在头脑中与这群被称为'隐身顾问'的人一起开会，向他们咨询某些问题的分析与解决"。这种自我暗示不仅有利于塑造优秀性格，而且在遇到难题时，会产生令人吃惊的灵感。

幸运的是，我们身处在AI时代，无数导师可以瞬间坐在我们的桌前，随时被我们调用，向我们施教。

个人如何拥抱 AI 浪潮

在AI快速发展的当下，如何积极拥抱AI浪潮已成为每个人都需要面对的重要课题。AI技术的飞速进步正在深刻影响我们的工作方式和生活模式。面对这场技术革命，我们既要保持理性思考，也要用开放的心态积极应对。本节将从个人如何在AI时代保持竞争力、如何利用AI工具提升效率以及如何抓住AI带来的新机遇等角度，为我们提供切实可行的建议，帮助我们在这个充满挑战和机遇的新时代中找到属于自己的方向，实现个人和职业的双赢成长。

持续学习，提升AI素养

在AI时代，持续学习和提升AI素养对于个人的职业发展和生活质量都很重要。AI素养不仅包括对AI技术的基本理解，还涵盖了如何高效使用AI工具能力。

1. 理解AI的基础知识和应用场景是提升AI素养的起点。

我们不需要成为AI领域的专家，但至少需要掌握一些核心概念，如机器学习、生成式AI的原理等。同时，掌握与AI协作的实用技能，如提示词工程，也能使用AI工具显著提升工作的效率。通过在线课程、专业书籍和讲座等多样化的学习途径，我们可以逐步深入理解AI技术的本质。

2. 实践是提升AI素养的关键。

理论知识固然重要，但只有通过实际操作，才能真正掌握AI的能力和局限性，并学会与之协作。可以尝试使用各种AI工具和平台，如文本生成、代码辅助工具或数据分析应用，亲身感受AI如何助力提高效率和创造力。通过不断尝试，我们将更深入地了解AI的潜力，并在不同场景中找到最适合的应用方式。

3. 关注AI的社会影响。

AI技术带来的不仅是效率的提升，还伴随着诸多社会挑战，包括隐私保护、就业转型等问题。了解这些问题可以帮助我们形成更全面的视角，使我们在使用AI时更加负责任，同时也为职业和生活决策提供重要参考。通过阅读相关报道、参与讨论活动等方式，我们可以更深刻地理解AI对社会的深远影响。

4. 建立持续学习的习惯。

AI技术更新迅速，过去的知识可能很快被淘汰。我们需要持续关注AI领域的最新动态，可以通过订阅行业资讯、关注前沿研究、参与技术论坛和工作坊等方式获取新知。同时，与他人交流AI使用经验、分享实际案例，也是拓宽视野和加深理解的有效途径。

提升AI素养是一个动态且持续的过程，既需要理论知识的积累，也离不开实际应用的探索。通过不断学习和实践，我们不仅可以在AI时代保持竞争力，还能充分利用AI工具提升工作和生活质量，更好地适应未来的变化和挑战。

培养AI无法替代的软技能

在AI快速发展的时代，培养AI难以替代的软技能尤为重要。这些能力不仅能够增强个人在职场中的竞争力，也能在与AI协作时发挥独特价值。

1. 创造力和创新能力。

虽然AI可以生成新颖的内容，但真正的创新源自人类独特的洞察力和跨领域思维。我们可以通过尝试新事物、进行跨领域学习或参与头脑风暴来激发创造力。例如，学习不同学科的知识或参与艺术创作，能够帮助我们跳出思维定式，找到新的解决方案。

2. 情商和人际交往能力。

AI虽然擅长数据分析，但在理解情感、建立信任和处理复杂人际关系方面仍有局限。我们可以通过培养同理心、提高沟通技巧和增强团队协作能力来弥补这一差距。例如，主动参与团队项目、承担协调角色或加入志愿活动，能够有效提升人际交往能力。

3. 批判性思维和复杂问题解决能力。

尽管AI能够快速处理大量信息，但综合多方面因素、进行权衡和做出决策仍需要人类的智慧。我们可以通过阅读不同观点的文章、分析案例研究或参与辩论来培养批判性思维。尝试深入分析复杂问题，从不同角度审视其核心逻辑，持续提升思维能力，更好地应对未来工作中的复杂挑战。

4. 适应力和学习能力。

在AI时代，能够快速掌握新技能、适应新环境的人将更具竞争优势。我们可以通过主动参与跨领域项目、接受新的挑战来锻炼适应能力。定期为自己设定学习目标，如学习一项新技术，或加入公司跨部门的项目组，帮助我们在变化中找到方向。

5. 领导力和决策能力。

在AI辅助决策的背景下，我们需要整合AI提供的信息与自身的判断，做出最终决策。培养领导力可以通过在团队项目中担任负责人，或参与非营利组织的管理工作，通过承担更多责任或学习相关课程实现，帮助我们锻炼综合决策能力和团队管理能力。

培养这些软技能，能够帮助我们在AI时代保持竞争力，同时还能提升与AI协作的效率，充分发挥人机协作的潜力。通过持续学习与实践，我们可以在快速变化的时代中找到自己的独特定位。重要的是认识到，这是一项持续性的任务，需要不断地学习、适应和成长。唯有如此，才能在AI驱动的新时代中取得更大的成功。

将AI作为工作助手，提高效率

在科技快速发展的今天，AI正在深刻地改变我们的工作方式。作为个人，我们该如何在这股AI浪潮中找准自己的定位呢？答案是将AI视为得力助手，充分利用它来提升工作效率与创造力。

当需要处理大量信息时，AI能够帮助我们快速找到关键内容。在进行市场研究时，AI可以快速阅读并总结海量报告与文章，提取其中最重要的信息，从而为我们节省大量的阅读时间，帮助我们更快地获取全面的市场洞察。

在创意工作中，AI可以成为我们的头脑风暴伙伴。无论是写作、设计还是产品开发，它都能提供多样化的创意点子，帮助我们打破思维定式。在写作过程中，它可以为我们提供不同的表达方式和结构建议，甚至模仿不同的写作风格；对于设计师而言，它能够快速创建概念草图，加速设计进程，使我们的创意更快地实现可视化。

在日常沟通中，AI同样能够提升效率。AI聊天机器人可以处理常见问题，减少重复性工作，让我们有更多时间专注于复杂的客户需求。此外，AI还可以协助撰写邮件、制作演示文稿，让我们的沟通更加精准、高效。

在数据分析领域，AI的优势更为突出。它可以快速处理海量数据，生成直观的可视化报告，大幅提高分析的速度与准确性，帮助我们发现被忽略的潜在趋势与洞察，为决策提供有力支持。

然而，必须认识到，AI是强大的辅助工具，而非人类的替代品。有效利用AI需要我们发挥人类的判断力、创造力和批判性思维。与其被AI主导，不如主动学习如何与AI协作，充分发挥其优势来增强我们的能力。

将AI作为智能助手，我们可以显著提高工作效率，将更多精力投入到真正需要人类独特技能的任务中。在这个AI快速发展的时代，与AI共舞不仅能帮助我们创造更大的职场价值，还能让我们在技术变革中保持主动，迎接更美好的未来。

关注AI发展趋势，把握新机遇

在这个AI快速发展的时代，紧跟AI技术的最新趋势并把握由此带来的新机遇，对个人职业发展和企业创新而言都非常重要。

我们需要持续关注AI技术进展，包括新的模型算法突破，以及AI在各行各业的具体应用。我们可以通过浏览科技新闻、关注领先企业和研究机构的动态来获取最新信息。了解OpenAI、智谱、阿里云等公司的技术成果，有助于把握AI能力边界和发展方向。

我们可以了解AI与其他新兴技术的融合趋势。AI与物联网、区块链、5G等技术的结合正在创造新的应用场景和商业模式。关注这些交叉领域可能带来的创新机会。

在职业发展方面，需要了解AI对不同行业的影响。随着某些传统工作被替代，提示词工程师、AI创意师等新兴职业不断涌现。通过预判行业变化，我们可以及时调整职业规划，投资于未来有前景的技能，确保自己在就业市场中保持竞争力。

对创业者而言，AI正在重构传统行业，创造全新的市场需求。AI的出现，让每个行业都值得用AI重新做一遍，这就意味着在AI所覆盖到的领域都蕴含着巨大的商业潜力。密切关注这些变化可能会帮助我们发现下一个创业热点，或为现有业务找到新的增长点。

在这个快速变革的时代，保持开放和好奇的心态，持续学习和思考AI与自身专业的结合点，是把握新机遇的关键。主动拥抱变革，我们每个人都能在这个充满挑战的时代中找到自己的位置。AI技术的发展是一个重新定义自我、拓展能力边界的机会。保持学习热情和创新勇气，必将助我们在这场技术革命中把握先机。

致谢

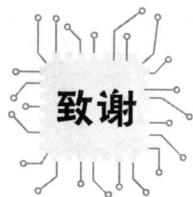

在本书即将付梓之际，我怀着无比感恩的心情，向所有在这段旅程中给予我支持与帮助的人表达最诚挚的谢意。

首先，我要向晋晶总编辑致以最深的谢意。您对本书的信任与支持是它得以面世的关键。感谢您在整个出版过程中所展现的耐心与鼓励，使我们能够将这份AI时代的实操指南呈现给读者。

我要向文兜的创始人汪秀华先生和CEO葛佳音女士表达由衷的感谢。感谢你们提供的平台，让我有机会在AI领域找到属于自己的位置，并主导开发"文兜智写"这款创新的AI标书编写工具。特别感谢文兜的全体团队成员，是你们的专业能力与奉献精神，让我们能够攻坚克难，将创意变为现实。

家人的支持是我前行的动力。感谢我的父亲王素斌和母亲林宗英，是你们的言传身教让我明白知识的力量与坚持的价值；感谢我的爱人周晓春，你的理解与包容是我最坚实的后盾；特别感谢我的女儿王梓涵，你的乐观与笑容是我克服一切困难的动力。没有你们的支持，我无法专心致志地完成本书。

感谢悦阅共读会的三位创始人：葛佳音、陈果儿和孙林。我们一起创建的这个学习社区，不仅丰富了我的思想，也为本书提供了许多宝贵的反馈与灵感。同时，也要感谢博观读书会和博观智行圈的所有小伙伴。在与你们的交流与讨论中，我获得了许多新的视角与想法，这些都成为本书的重要养分。你们的支持与鼓励，让我在写作过程中充满信心。

其次，我要感谢自己，感谢AI+三体团队。其实，这也是对在这个充满竞争的时代，依然努力自我提升而非内卷孩子的职场精英表示敬意。我们共同经历的头脑风暴、反复修改以及不眠不休的讨论，共同塑造了本书的灵魂。感谢何平老师，作为思维引路人，您从2024年年初开始坚持不懈地推动了本书的写作进程。在梳理清晰的AI思维框架以及从构思到最终成稿的每一步中，都离不开您不遗余力的推进。感谢郭龙老师，作为工具引路人，您促使三体团队联合举办了"AI高效能职场办公技巧"公开课。您的慷慨分享以及在多种软件工具上的专业见解，为广大学员带来了巨大的价值，减少了大量低水平重复工作，同时也带领了本书的微课开发工作，让知识得到更直接的传播。愿您为更多国企、500强企业等带去更多的AI培训课程。

最后，感谢所有即将阅读本书的读者。希望本书能成为你们职业发展道路上的得力助手。在AI猛烈发展的时代，愿我们共同学习、共同成长，用科技的力量创造更美好的未来！

王林

2025年3月于合肥